日本海軍潜水艦戦記

明治から昭和への40年間
――241隻の戦い

勝目純也

イカロス出版

日本海軍潜水艦戦記

目次

contents

●執筆協力

今西三郎、泉雅爾、川上鉄男、植田一雄、小灘利春、佐丸幹夫、左近允尚敏、高塚一雄、竹内釼一、寺本正義、徳永道男、得能光照、鳥巣建之助、永井友二郎、名村英俊、南部伸清、西岡英也、引地正明、深野作弥、細谷孝至、本田徳生、松下太郎、八十島奎三、山田穣、谷輪英男、吉村研二、伊呂波会、海上幕僚監部、海上自衛隊幹部学校、海上自衛隊潜水艦教育訓練隊

●参考資料／参考文献

『あゝ伊号潜水艦』板倉光馬　潮書房光人社
『伊17潜奮戦記』原 源次　朝日ソノラマ
『伊25出撃す』槙 幸　潮書房光人社
『伊号58帰投せり』橋本以行　河出書房
『伊号潜水艦』坂本金美　サンケイブックス
『海軍水雷史』海軍水雷史刊行会　原書房
『海軍造船技術概要』牧野茂 福井静夫　原書房
『「回天」とその青春群像』上原光晴　翔雲社
『海底十一万里』稲葉通宗　朝日ソノラマ
『艦長たちの軍艦史』外山操　潮書房光人社
『写真　日本の軍艦　潜水艦』潮書房光人社
『深海の使者』吉村 昭　文春文庫
『正伝　佐久間艇長』法本義方
『世界の艦船別冊　日本潜水艦史』海人社
『戦史叢書　潜水艦史』防衛研究所　朝雲出版社
『戦史叢書　海軍軍戦備』防衛研究所 朝雲出版社
『潜水艦』堀元美　原書房
『潜水艦隊』井浦祥二郎　朝日ソノラマ
『潜水艦気質　よもやま物語(正続)』
槙 幸　潮書房光人社
『潜水艦』福田一郎　河出書房
『総員起シ』吉村 昭　文春文庫
『鎮魂の海（決戦特殊潜航艇）』
佐々木半九 今和泉喜次郎　図書出版社
『特殊潜航艇』佐野大和　図書出版社
『日本潜水艦戦史』坂本金美　図書出版社
『どん亀艦長青春記』板倉光馬　潮書房光人社
『日本海軍史　将官履歴』
海軍歴史保存会　第一法規出版
『日本潜水艦物語』福井静夫　潮書房光人社
『日本潜水艦の技術と戦歴』丸 戦争と人　潮書房光人社
『人間魚雷回天特別攻撃隊』全国回天会編
『米機動部隊を奇襲せよ』南部伸清　潮書房光人社
『幻の潜水空母』佐藤次男　潮書房光人社
『輸送潜水艦 伊号第361型列伝』
吉野泰貴　大日本絵画
『潜水空母 伊号第14潜水艦』吉野泰貴　大日本絵画
『日本海軍の潜水艦』勝目純也　大日本絵画
『甲標的全史』勝目純也　イカロス出版
『ああ特殊潜航艇』特潜会編
「伊36潜思い出の記」伊36潜刊行会編
『伊366潜水艦戦記』鉄鯨会
『伊呂波会記念誌（20年25年30年35周年）』伊呂波会
『桜医会名簿』桜医会
『海軍機関学校名簿』
『海軍義済会員名簿』海軍義済会
『海軍現役士官名簿』国立国会図書館　防衛研究所
『海軍辞令公報』防衛研究所
『海軍兵学校出身者（生徒）名簿』
海軍兵学校出身者（生徒）名簿作成委員会
『海軍辞令公報』防衛研究所
『海軍潜水学校史』海上自衛隊潜水艦教育訓練隊
『公文備考』国立公文書館
『潜水艦関係者名簿』潜水艦関係者名簿刊行会
『潜水艦行動表』防衛研究所
『鉄の棺(私家版)』渡辺博史
『特潜会報』特潜会
『どん亀話』福田一郎
『日本海軍潜水艦戦史』日本海軍潜水艦戦史刊行会
『特潜会会員名簿』特潜会
『日本海軍戦史　潜水艦作戦』渋谷龍　防衛研究所
『メインタンクブロー』呉鎮潜水艦戦没者顕彰会
『浴恩会名簿』
『我国潜水艦の揺籃時代』重岡信次郎
『没収舊独逸潜水艦梗概』海軍艦政本部

第一章

太平洋戦争3年8ヵ月の戦い

日本潜水艦の戦歴

日本海軍の潜水艦は、飛行機より早くに日本にもたらされたが、第一次世界大戦や日中戦争では敵と交戦することはなかった。初の実戦は太平洋戦争であり、その戦いは3年8ヵ月に及ぶ。まず、特に代表的な日本海軍潜水艦の戦いを見ていこう。

ハワイ真珠湾に突入した第一次特別攻撃隊の甲標的、酒巻艇。ジャイロが故障した状態で母潜を離れ、針路を失い座礁。酒巻艇長と艇附は脱出するも、艇附は戦死し酒巻艇長は捕虜一号となった（Photo/USN）

日本海軍最初の潜水艇、ホランド型を上空から捉えた貴重な写真。ホランド型は極めて小型で、潜舵もなく作戦に耐えうるものではなかったが、船体形状は流線形で水中抵抗が少ない涙滴型に近い（写真提供／勝目純也）

ハワイ作戦

明治38（1905）年に導入されたホランド型を嚆矢として、日本海軍は潜水艦の導入と建造を進めてきたが、当時戦われていた日露戦争には間に合わず、大正3（1914）年に始まった第一次世界大戦、昭和12（1937）年に全面戦争に突入した日中戦争でも、日本の潜水艦が敵と交戦することはなかった。当時の潜水艦乗りは、華やかな中国戦線へ転勤させてくれと、幹部を困らせたという。

潜水艦の初陣は昭和16（1941）年12月8日、太平洋戦争を勃発させたハワイ作戦であり、潜水艦初の「戦死者」は真珠湾に突入した5隻の特殊潜航艇の搭乗員だった。

開戦時、連合艦隊は7個潜水戦隊64隻の潜水艦を保有していた。第六艦隊第一～第三潜水戦隊の潜水艦29隻は連合艦隊の兵力部署で「先遣支隊」と呼称されてハワイ作戦に参加し、その後も主として東太平洋で行動した。

第四、第五、第六潜水戦隊は南西方面の進行作戦（マレー、フィリピン）に、第七潜水戦隊はウェーキ島攻略作戦に投入された。特にハワイに投入された3個潜水戦隊は、最新型もしくはそれに準じる潜水艦で占められていた。艦長も兵学校50期前後の経験豊富な人材で固められ、特に第一潜水戦隊は甲型に指揮された乙型と丙型で編成された最新鋭であった。第二潜水戦隊は遠大な航続距離を有し、かつ飛行機を搭載した巡潜一型から三型で編成され、第三潜水戦隊は高速を誇る海大六型で編成されていた。

　これら29隻の最精鋭部隊は、開戦時にぐるりとハワイを取り囲んでいた。また特殊潜航艇を搭載した潜水艦5隻もその中に含まれている。彼ら先遣部隊は、味方空母攻撃隊の空襲に対し反撃、もしくは退避してくる敵艦艇を湾外で待ち伏せし、撃破することを期待されていたのである。

　ところがハワイでは米艦艇を1隻も損傷させることができなかったばかりか、逆に1隻の潜水艦を失ってしまう。その原因は、対潜哨戒が極めて厳重だったためだ。駆逐艦50隻、旧型駆逐艦を改造した掃海艇が19隻も対潜哨戒に就き、飛行機に至っては、25中隊247機ものカタリナ双発飛行艇が1日平均4時間の対潜パトロールを交代で実施しており、陸軍も双発の爆撃機や観測機などを投入して警戒していたのである。

　つまり日本の潜水部隊が長年にわたり研究し、訓練してきた敵港湾監視は、敵の厳重な警戒の前に全く

インド洋交通破壊戦のためペナンを出撃する伊一〇潜。同艦はインド洋の交通破壊戦に活躍し、多数の船舶を撃沈している。その活躍は記録映画「轟沈」に登場する（写真提供／勝目純也）

と言ってよいほど本来の働きをさせてもらえなかったのだ。かくて敵艦隊の追躡触接、反復襲撃という潜水艦による米国艦隊の漸減作戦の根本であるところの、敵出撃艦隊の捕捉が充分にできないということは、その後の一連の作戦に大変な支障をきたすことになる。

しかし、全く敵を発見できなかったというわけではない。12月10日未明、オアフ島東方で米空母を発見し、第一潜水戦隊の9隻がこれに索応した。米空母を目指して米本土沖まで追躡したものの、ついに襲撃することはできなかった。そこでせっかく米本土近くまで進入を果たせたこともあり、9隻は米西海岸交通破壊戦を実施した。

多数の潜水艦による交通破壊戦であったが、意外にも戦果は少なかった。その理由は実施期間が約1週間と短かったこともあるが、商船への襲撃が未経験で失敗が多かったこと、商船に対しての場合は魚雷を1発しか発射してはならないと定められていたこと等が原因と考えられる。結局商船2隻撃沈、7隻損傷とロースコアに終わった。これは敵の重要航路であったとしても、戦果を挙げるためには、長期にわたり哨戒任務を実施しなくては、期待できる効果を挙げられないことを意味している。

第四、第五潜水戦隊は、開戦時には第一南遣艦隊の指揮下においてマレー作戦部隊として活動していた。有名なマレー沖海戦で英戦艦「プリンス・オブ・ウェールズ」と「レパルス」を発見したのは、これらの潜水艦である。ある潜水艦は先頭の「プリンス・オブ・ウェールズ」に対して艦首6本の魚雷を発射しようとしたが、1門の発射管扉が開かなくなり、ついに発射するチャンスを失った。そこで後続する「レパルス」に今度は5本を発射するが1本も命中しなかった。日本海軍が長年夢見た戦艦を魚雷で撃沈するという企図は失敗に終わったのである。これは高速で移動する主力艦を捕捉・撃沈することがいかに難しいかを物語っている。

第二次真珠湾攻撃——K作戦

昭和17（1942）年に入ると、あまり知られていない、潜水艦ならではの作戦が実施されている。K作戦である。K作戦とは同年2月に制式化されたばかりの最新鋭の二大艇を使い、真珠湾を再度空襲しようと計画された作戦である。

二式大艇は、高度5000mで最高速度465km／h、偵察過荷時の航続距離約7150kmを誇った大型4発飛行艇で、武装も800kg魚雷を2本ないし、250kg爆弾を8発搭載できる。途中1回補給することができれば、マーシャルから真珠湾を攻撃することが可能だったのである。

軍令部も連合艦隊も、再度、真珠湾に脅威を与えることを望んでおり、第二次真珠湾奇襲を計画した。

二式大艇は日本海軍では数少ない四発の航空機で、長大な航続距離を活かした任務に従事した。我が国は四面海に囲まれ、河川も多いことから水上機や飛行艇が発達し、名機も多い（Photo/USN）

計画内容は、潜水艦5隻を投入してフレンチフリゲートに待機させ、第二四航空隊の二式大艇2機に燃料約100tを補給する。その後2機の二式大艇は真珠湾を空襲、帰還するというものだった。

潜水艦は補給を行う潜水艦2隻、予備1隻、途中の無線誘導1隻の計5隻で、無事飛行艇とのランデブーに成功し、敵の抵抗を受けることなく補給を成功させている。

潜水艦の補給を得た2機の二式大艇はオアフ島上空に達したが、悪天候に阻まれ、推測爆撃を実施せざるを得なかったため、さしたる損害を与えることはできなかった。しかしその後2機の大艇はヤルートとウオッゼに無事帰還を果たしている。

しかし潜水艦が無線誘導を実施するということは、敵を誘導することも可能性として大であり、飛行艇への補給中に敵の空襲や魚雷攻撃を受ければひとたまりもない。現に第二次K作戦が計画された際には、フレンチフリゲートに敵の艦艇が在泊していたため、作戦が中止になった。敵に見抜かれていたのである。

潜水艦はこのように、開戦当初からさまざまな作戦にいわば便利使いのように使用され、それでなくても第一線に使用できる作戦用潜水艦が少ない中で、ますます多忙を極めることになる。

開戦後の戦訓

ハワイ作戦から米本土交通破壊戦、マレー沖海戦と開戦劈頭に惹起した潜水艦作戦には、多くの示唆が含まれていた。厳重に警戒された敵の港湾において敵を捕捉襲撃するのは困難であること、警戒厳重かつ高速で移動する敵主力艦を捕捉するのは極めて難しいこと、交通破壊戦の作戦実施について本格的な検討がなされていなかったことなどが挙げられる。

ハワイ作戦後、第三潜水戦隊が開催する潜水艦用法の検討会議がクェゼリンで行われた。この研究会において、敵の警戒厳重な港湾に対する緊密な監視は極めて困難で、到底監視の目的を達成できないという意見が出された。これは極めて深刻な事態であった。敵の港湾の監視が困難であれば、その後の追躡や触接も不可能であることを意味する。

そこで三潜戦は、潜水艦は海上交通破壊戦に主用すべきであると主張した。それに対して先遣部隊司令部は、監視の困難なことは分かったが、敵空母等に対してなお監視の必要性は変わっていないと反論。先遣部隊司令部は次々と起こる任務に忙殺され、艦隊決戦支援と交通破壊戦を同時に実施できる潜水艦数を保有していなかったこともあり、第八潜水戦隊を編成してインド洋で交通破壊を実施させた以外、交通破壊戦を積極的に進めることはなかった。

第二段作戦の潜水艦戦

日本海軍の各潜水艦は、昭和17年4月末まで第一段侵攻作戦の一段落と同時に、ほとんどが内地に帰って整備休養と訓練に従事した。その中で4月10日、第二段作戦に応ずる戦時編制の改訂が行われ、新しく第八潜水戦隊が編成された。八潜戦は甲乙丙の3個支隊に区分され、甲先遣支隊は特設巡洋艦2隻と潜水艦5隻、乙先遣支隊と丙先遣支隊はそれぞれ潜水艦3隻を有し、乙と丙先遣支隊が同一方面に作戦行動する際は東方先遣支隊と称した。

八潜戦は特殊潜航艇を用いた第二次特別攻撃を主たる任務として編成されており、甲先遣支隊はインド洋を経てマダガスカル島ディゴスワレス湾へ、東方先遣支隊は豪州シドニー湾に向かった。この両先遣支隊に与えられた任務はまさしく日本海軍の潜水艦運用を象徴している。特殊潜航艇の任務に加えて飛行機偵察、対陸上砲撃、交通破壊戦、遣独任務など、実にさまざまな任務が盛り込まれていたからだ。日本海軍の潜水艦は多種多様な任務が与えられることを常としたのである。

典型的な例としては、甲先遣支隊の伊三〇は特殊潜航艇の攻撃が確実となるようにアデン、ジブチ、ザンジバル、ダルエスサラムに飛行偵察を行い、その後は交通破壊戦を実施、補給を得てインド洋からアフリカ喜望峰を回り、遣独潜水艦として大西洋まで進出するという過酷な任務の連続であった。

このような盛り沢山の任務の中で行われた第二次特別攻撃隊において、甲先遣支隊はマダガスカル島デ

海大三型b型の伊一五九潜。海大型は太平洋戦争で主力となったタイプで、甲乙丙型の増勢により同じ海大型の潜水艦でも二桁と三桁の艦名が存在する（写真提供／勝目純也）

ィゴスワレス湾へ2艇、東方先遣支隊は豪州シドニー湾へ3艇の特殊潜航艇を出撃させ、英戦艦撃破、英油槽船撃沈、豪宿泊艦撃沈という戦果を挙げたものの、ハワイ同様、全艇未帰還に終わった。

第二段作戦において、軍令部はソロモンからフィジー、サモアまで占領地を拡張し、ハワイからオーストラリアまでの交通路に楔を打ち込むことで、米豪分断を企図。潜水艦部隊はフィジー、サモアの攻略と交通線遮断に投入される予定であった。

しかし連合艦隊司令部は東方及び北方からの直接の脅威を除くべくミッドウェー島とアリューシャン列島を確保する作戦を強硬に主張した。空母からB - 25爆撃機を発艦させたドゥーリトル隊の日本本土初空襲もあり、ミッドウェー作戦、アリューシャン作戦が発せられ、かくして一潜戦、二潜戦はアリューシャン作戦に、三潜戦、五潜戦及び機雷潜はミッドウェー作戦に参加することとなった。

ミッドウェー作戦の結果や敗北の経緯は改めて書くまでもないが、そもそも敗因の一つが、海戦を通じ敵空母の正確な情報がつかめていなかったことである。潜水艦部隊はなぜ敵空母の出撃や進撃について把握できなかったのだろうか。

それはまず先述の大型飛行艇によるハワイ偵察、第二次K作戦が、事前に察知され実施を断念したこと、ハワイとミッドウェーの中間に散開して、西進してくる米艦隊を迎撃する計画だった三潜戦、五潜戦による哨戒任務の失敗などが挙げられる。

そもそも齟齬の始まりは5月初旬に行われた連合艦隊の図上演習に、潜水艦隊である第六艦隊の司令部から誰も参加しなかったことが挙げられる。三、五潜戦の潜水艦は老旧化のため内地での修理に手間取り、クェゼリン進出が5月24日頃となったが、ミッドウェー作戦についてクェゼリン進出まで知らされていなかった。早速三潜戦はK作戦協力後に甲散開線へ、五潜戦は乙散開線における哨戒任務に就くように行動したが、所定の6月2日までに配備に就いたのは1隻のみで、その他の潜水艦は6月4日以降までずれこんだ。

それに対し米機動部隊は、5日夜明けにはミッドウェー島北方200マイルに所在しており、各潜水艦が散開線に就く前にすでに米機動部隊は通り過ぎていたのである。少しでも哨戒配備に遅れをとれば、高速で移動する敵空母部隊を発見することは困難である。

しかしその後、ミッドウェー海戦の予想外の大敗において潜水艦が一矢を報いることになる。手負いの米正規空母「ヨークタウン」の撃沈である。「ヨークタウン」は再三空母機の攻撃を受け損傷しながらも沈没はまぬがれ、護衛の駆逐艦に守られながらハワイ真珠湾に向かっていた。ちょうどその頃、ミッドウェー島に夜間艦砲射撃を加えた伊一六八に驚くべき命令が入ってきた。「飛龍」攻撃隊によって損傷した「ヨークタウン」を発見、襲撃せよとの命が届いたのである。これに対して伊一六八は田辺艦長の冷静な判断により「ヨークタウン」を発見追躡し、警戒厳重な護衛網をかいくぐり、見事米正規空母撃沈に成功した。開戦まもない昭和17年1月、伊六が驚異的な遠距離である4300mから「サラトガ」を大破させることに成功していたが、撃沈は初の快挙であった。

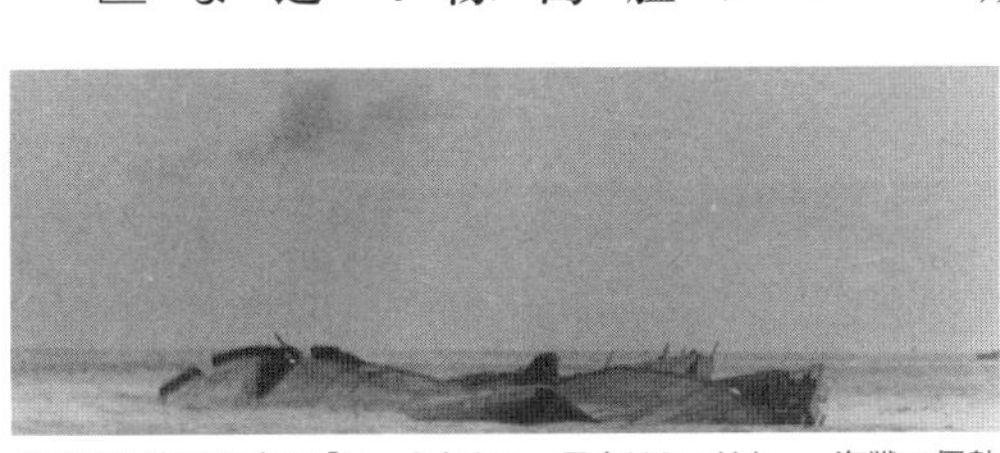

沈没する米正規空母「ヨークタウン」。日本はミッドウェー海戦で優勢な状態にもかかわらず大敗北を期したが、伊一六八潜の襲撃により本艦を沈め、一矢を報いた(Photo/USN)

交通破壊戦の実施

先に述べた通り、5月30日、八潜戦の甲先遣支隊はマダガスカル島ディエゴスワレス湾に、東方先遣支隊は豪州シドニー湾に特別攻撃隊を発進させた。しかしながら突入した5艇は全艇未帰還となり、6月3日には捜索が打ち切られた。

その後各支隊の潜水艦は、各々の海域において交通破壊戦を開始し、その結果、東方先遣支隊は撃沈5隻、撃破3隻、甲先遣支隊は撃沈12隻、さらに特設巡洋艦「報国丸」「愛国丸」から補給を受けて行った第二次交通破壊戦で10隻撃沈の戦果を挙げた。インド洋、豪州方面での交通破壊戦の戦果を受け、大本営はついに交通破壊戦の強化を企図する。

6月22日付の軍令部総長から山本五十六連合艦隊司令長官に発せられた大海指（大本営海軍部指示）において、作戦方針として「他の作戦に支障ない限りであらゆる使用可能兵力及び機会を利用して極力敵の海上交通を破壊撹乱し敵を屈服せよ」とされた。これを受け、第六艦隊はインド洋と南太平洋の交通破壊戦の強化を企図し、八潜戦に加えて、一潜戦、二潜戦をインド洋に、三潜戦を豪州方面に向けることとし、五潜戦は、7月14日に解隊され、第三十潜水隊と伊八が南西方面艦隊の付属となってインド洋方面に投入されることになった。

インド洋に投入される潜水艦は、3個潜水戦隊強の約30隻近くで、これらの潜水艦はドイツの潜水艦とともに、イギリスを屈服させることができるのではないかと期待された。それには根拠があり、米英の開戦前の保有船舶量及び米英の造船力、それに対する日独の撃沈数を比較した場合、月70万tを撃沈できれば約8ヶ月、月80万tを撃沈できれば約6ヶ月で米英の絶対必要量を割り込めると分析していた。ドイツは当時、300隻のUボートを保有しつつあり、これに加え日本海軍がインド洋で交通破壊戦を繰り返せば、連合軍側に深刻な打撃を与えられると確信するに至ったのである。

開戦以来、日本海軍の潜水艦は大型で強力な攻撃力を有しながら、その特性を活かした作戦になかなか従事することがかなわず、特に部隊側からも、交通破壊戦に特化すべきとの意見具申が相次いでいた。開戦7ヵ月を経て、ついに交通破壊戦を大々的に実施する戦略構想に向けて潜水部隊は動きだしたのである。

計画を頓挫させたガダルカナル島攻防戦

ミッドウェー海戦に敗れた日本海軍は、南東方面から連合軍の反抗が開始されるものと予測していた。そのため、ポートモレスビー、ギルバート諸島を確保し、珊瑚海を制して防衛体制の確立を企図していた。第四艦隊は連合艦隊の命令に基づき、ガダルカナル島飛行場を含む航空基地強化作戦を実施し、ポートモレスビーの連合軍航空兵力と対峙する計画であった。

このように日本軍が南東方面の防衛体制強化を企図した矢先の8月7日早朝、突如連合軍はガ島及びツラギ島に上陸を開始した。当初の楽観的観測に反して連合軍の本格的な反抗作戦と認識すると、連合艦隊は水上決戦兵力である第二、第三艦隊の稼動全力をもってガ島奪回を実施することとなった。

潜水部隊も、インド洋交通破壊戦への展開を中止し、直ちにソロモン方

1942年8月、「サラトガ」(左端)を中核として展開する米機動部隊。本艦は伊六潜と伊二六潜から二度にわたって魚雷攻撃を受けたが、いずれも沈没に至らず、強運とダメージコントロール能力の高さを発揮した（Photo/USN）

面に兵力を集中させる準備がなされた。しかし連合艦隊のこの決定に対して、軍令部からは異論が出た。軍令部としては基本的には交通破壊戦を重視する考えを示し、それに対して連合艦隊はあくまであらゆる好機を捉えて米艦隊を撃滅するという方針であったからだ。

打ち合わせの結果、八潜戦の1個潜水隊をそのままインド洋に留まらせて交通破壊戦を継続し、豪州方面やニューカレドニアに展開中の三潜戦を急速北上させることとなった。内地において整備中の一潜戦も、インド洋ではなくソロモン方面に向けて出撃準備を急がせた。これにより、宿願というもいうべき潜水艦の特性を活かした大規模な交通破壊作戦も、連合軍のガ島上陸という状況の急変により、あえなく崩れ去ってしまったのである。結果論であるが、連合軍の反抗時期と場所は実に的確であり、日本軍にとって絶妙なタイミングで反抗の楔を打ち込まれた結果となった。こうして潜水部隊はガ島攻防戦におけるさまざまな任務に駆り出され、多くの犠牲を出すことになる（第十章参照）。

第三段作戦の潜水艦の戦い

ガダルカナル島からの撤退が終了した昭和18（1943）年3月における日本の保有潜水艦数は64隻で、開戦から19隻を失い、22隻が新造されていた。ガ島撤退後、第六艦隊は各主要地域での交通破壊戦を作戦の主眼として、豪州や印度洋などで引き続き戦果を挙げつつあった。しかし、5月に米軍がアッツ島へ上陸を開始したことにより、再び交通破壊戦に従事していた潜水艦はアリューシャン作戦に転用されることとなった。

キスカ島撤退作戦には延べ12隻の潜水艦が投入され、キスカ島から潜水艦で帰還した人員は海軍が

２９９名、陸軍55名、軍属４６６名、合計８２０名で、キスカ島に揚陸した弾薬・物資は兵器・弾薬１２５ｔ、糧食１９６ｔであった。しかしそのために伊二四、伊九、伊七の３隻が犠牲となった（第八章参照）。

昭和18年３月から同年末まで、ガ島やキスカ島の攻防戦で潜水艦が多数使われたとはいえ、南太平洋とインド洋では交通破壊戦がそれなりに実施されていた。南太平洋では潜水艦が25隻参加し、21隻の敵船舶を撃沈・撃破し、６隻の潜水艦が還らなかった。インド洋では27隻を撃沈・撃破し被害はなかった。

しかし昭和18年の７月以降は戦果と損害に大きく変化が出ている。これは連合軍側の監視任務の強化と、レーダーを始めとする対潜能力の向上が大きな原因である。日本側としては、敵のレーダー装備や、南太平洋方面における潜水艦作戦の困難さから、潜水艦の用法を検討、転換すべき状況にあったが、具体的な検討はなく、やがて日本海軍の潜水艦が致命的劣勢に至るギルバート作戦、あ号作戦を迎えるのである（第十三章参照）。

巡潜三型の伊七潜。開戦時から真珠湾偵察を実施するなど活躍していたが、霧中のキスカ島への補給任務で、レーダーで捕捉され砲撃を受け、満身創痍となり沈没した（写真提供／勝目純也）

転機となったギルバート作戦

昭和18年後半以降は、日本の潜水艦にとり非常に厳しい戦いが続くことになる。その始まりがギルバート作戦である。昭和18年11月１日に、連合軍はブーゲンビル島タロキナ岬に上陸。北部ソロモン諸島を制圧し、さらに東部ニューギニアのフィンシュハーフェンでも連合軍は優勢で、ラバウルはますます孤立化を進めていった。そのような情勢に鑑みて、中部太平洋方面への連合軍の侵攻は昭和18年末と予想されていた。ところが11月19日、米機動部隊はギルバート諸島に来襲。21日タラワ、マキン両島へ上陸を開始した。同島を守る守備隊は海軍の特別根拠地隊や特別陸戦隊だったが、海軍の陸戦隊の中でも特に精鋭の部隊であり、米軍の損害は多大で、後に「恐怖のタラワ・マキン」と呼ばれた。

連合艦隊は、同地区の航空部隊は兵力が少なく、目立った反撃は期待できないと判断。巡洋艦部隊を送りかけたが、トラック島からでは遠過ぎるとして中止となった。結局、潜水艦で阻止するしか方法はなく、第六艦隊の潜水艦が派遣されることとなった。しかし、南東方面部隊（ソロモン・ニューギニア）及び南西方面部隊（フィリピン・インドネシア・マレー）への派遣兵力が多く、先遣部隊の兵力は16隻しかなかった。

その中で、ギルバート諸島に急派できる潜水艦は9隻に過ぎず、うち2隻は竣工したばかりでこれが初陣であった。先遣部隊指揮官は、直ちに9隻で甲潜水部隊を編成、散開線を展開し、後に配備の一部を変更して3隻をタラワ島周辺へ、1隻をマキン島周辺に向かわせた。

だが、結果としてタラワ島に向かった3隻すべてを含む6隻が未帰還となった。この6隻はレーダーやソーナーで探知され、執拗な爆雷攻撃を受けて次々と撃沈されていったのである。生還した3隻も爆雷な

マキン島への上陸作戦は激しい戦いとなった。マキン・タラワをめぐる戦いは島を守る守備隊だけでなく、潜水艦作戦においても苦戦を強いられ、6隻もの戦没艦を出している（Photo/USN）

どによる被害が大きく、場合によっては全隻未帰還という可能性も有り得た惨憺たる結果となった。戦果は伊一七五が護衛空母「リスカムベイ」を撃沈しただけであった。

ただし、太平洋戦争中、無傷の米空母を撃沈したのは伊一九の「ワスプ」と、この「リスカムベイ」の2隻だけであり、その意味では大きな戦果といえる。「リスカムベイ」は魚雷を弾庫に受け、航空機用爆弾が誘爆を起こして後部1／3が吹き飛んでわずか23分で沈没し、643名の乗員が戦死するという米海軍三大悲劇の一つに数えられる。

ギルバート作戦における9隻中6隻未帰還の深刻な損害を受け、第六艦隊司令部では原因探求に努め、次の結論に達した。

1. 敵の進攻地点や時期の判断を誤り、潜水艦作戦に時間的余裕がなく、他の作戦途中の潜水艦も投入せざるを得なかった。
2. 派遣できる潜水艦が少なかったため、竣工間もない潜水艦まで投入することになった。
3. 敵の対潜警戒が特に厳重な海域に、比較的多数の潜水艦を派遣する傾向にあった。
4. 敵情の変化に応じて潜水艦を配備することは当然であるが、その移動が過敏であり、無駄な移動が多かった。
5. 進歩する敵の対潜兵器の具体的な状況を得られていない。

これらの諸問題は戦争初期から何度も問題視されていることであり、潜水艦の運用を根本的に変更し、敵主力艦への襲撃重視から交通破壊戦に重点を置くべきではないかと論議されても、なかなか変更することはできなかった。そればかりか、毎日のように散開線の配備を変更し、加えてしばしば敵情報告を求めており、最も重要な潜水艦の隠密性を維持するような運用になっていなかった。

さらに、生還した潜水艦長が第六艦隊司令長官に対し、「飛行機と駆逐艦を中心とする水上軽快艦艇が協同した対潜掃討法に対して、電探も持たない、水中速力2ノットから3ノットで40時間しか連続潜航できない潜水艦で正面からぶつかれば自滅するのみだ。少しも戦果を挙げ得ずして撃沈されたと認めざるを得ない」と所見を述べたところ、長官は、「還らざる艦はみな戦果を挙げたものと認める」と断固として使用法の不可なる理由を認めなかった（橋本以行著「日本潜水艦戦」より）。

海大六型aの伊七一潜の後甲板。海大六型は機関の国産化に成功した潜水艦で海大型の完成型といえる。六型bと合わせて8隻が建造されたが、最前線で戦い続け全艦戦没している（Photo/USN）

マリアナ沖海戦「あ号作戦」での潜水艦

昭和19（１９４４）年に入り、戦局はますます急を告げていた。ギルバート諸島に次いで、2月上旬にはクェゼリンが失われ、米軍はマリアナ諸島、カロリン諸島、そして西部ニューギニアに迫りつつあった。日本は米軍の次の上陸地として、パラオ空襲などを基に、カロリン諸島と想定していた。第六艦隊でも、ニューギニア北岸やパラオ諸島方面に米空母部隊が現れると予測し、アドミラルティ諸島の北東１２０浬に、7隻の潜水艦を30浬ずつの距離を置いて配置した「ナ散開線」を敷いた。ところが同一海域で1隻の駆逐艦に5隻もの潜水艦が相次いで撃沈されるという悲劇に見舞われる（第五章参照）。

昭和19年6月11日、米機動部隊がマリアナ諸島に来襲した。連合艦隊司令長官は直ちに「あ号作戦決戦用意」を発令。6月15日に米軍がサイパン島に上陸を開始したのを受け「あ号作戦決戦発動」が下令された。

第六艦隊は潜水部隊をマリアナ方面に集中、甲潜水部隊5隻、乙潜水部隊4隻、丙潜水部隊3隻、丁潜水部隊は六艦隊直率で第七潜戦を加えて2隻がサイパン島周辺と3つの散開線に配備された。

あ号作戦においては、参加潜水艦34隻中、実に18隻の潜水艦が未帰還となった。しかも代償となるべき潜水艦による戦果は皆無であったのである。

伊一七六潜は昭和19年にブカへの輸送で米駆逐艦の攻撃を受け沈没した。戦争後期、日本の潜水艦作戦は苦境に陥った。本艦は海大型の完成形、海大七型の1番艦で、以降10隻が建造されている（Photo/USN）

あ号作戦において戦果がなく、損害が甚大であった最大の原因は、米海軍の対潜能力が飛躍的に向上し、しかもそれに対して日本側の認識が十分でなかったことにある。キスカ島沖の伊七の最後や、ギルバート作戦の戦訓が活かされていなかったことが分かる。レーダーで撃沈された潜水艦の記録を見ると、多くは夜間に探知されていた。当時の潜水艦は、昼間は潜航し、航空機や水上艦から発見されにくい夜間に浮上し、充電することが多かった。ところがこの時期には、米海軍のレーダーは5000～1万m、時には2万mまで探知可能となっていた。レーダーで目標を探知した対潜艦艇は速力を上げて近接を開始する。気象条件により異なるため、一概には言えないが、日本の潜水艦の見張りは依然として肉眼である。日本海軍は夜戦をお家芸としており、専門の見張り員の夜間視力は極めて優秀であった。しかし、それでも敵の接近を確認できるのは2000～4000mに過ぎない。

米艦艇に装備されているソナーの探知距離も飛躍的に進歩を遂げ、2700～2800mまで向上しており、レーダーとソナーの連携動作もスムーズとなっていた。つまりレーダーで発見した目標を、高い確率でソナー探知することが可能となっていたのである。

これでは日本の潜水艦はひとたまりもない。潜水艦が1日かけて逃げ延びた距離を、駆逐艦なら30分もあれば追いつくことができる。潜水艦の位置を正確に把握した米艦は、爆雷攻撃を開始する。対潜艦は2隻以上で掃討することが多く、1隻が攻撃点から離れて探知を続けながら攻撃艦を誘導する戦術を「クリーピング・アタック」と言った。ソナーで前方を探知するという方法であれば、艦の前方に対潜弾を投射する前投兵器が有効だが、その要望に応えてヘッジホッグと呼ばれる対潜迫撃砲も開発されていた。

あ号作戦で沈没した18隻のうち、レーダー探知による発見が10隻。いよいよ日本の潜水艦は追い詰められていった。

末期的様相を呈したレイテ沖海戦以降

昭和19年10月の捷一号作戦発動に伴い、惹起したレイテ沖海戦は4つの海戦の総称で、世界史上最大の海戦と言っても過言ではない。戦艦「武蔵」の最後や栗田艦隊の謎の反転など、水上艦の戦いが中心となっているので、レイテ沖海戦での潜水艦作戦はあまり知られていない。

レイテ沖海戦の戦機が熟した昭和19年10月23日、先遣部隊指揮官は伊号潜水艦7隻の甲潜水部隊と呂号潜水艦5隻の乙潜水部隊を、敵機動部隊の奇襲攻撃及び輸送路の遮断に任じた。しかし伊号潜水艦6隻が未帰還となり、戦果は駆逐艦1隻撃沈、軽巡とLST（戦車揚陸艦）各1隻撃破と低調であり、ギルバート作戦、ナ散開線、あ号作戦、レイテ沖海戦で実に40隻近くが沈没した。以後、潜水艦の出撃イコール未帰還の可能性が高くなり、末期的な様相を呈するに至る。

しかしながら、レイテ沖海戦の潜水艦作戦は、これまでのギルバート作戦やあ号作戦に比べると作戦指導に苦心の後が見られる。例えばあ号作戦に比較して、戦闘海域への集中が早かった。また問題視されていた散開線に代わり散開面を採用していた。それに伴い、潜水艦の行動範囲を制限することはなかった。ただ、警戒厳重な要地付近に潜水艦を配備すれば戦果も期待できるかもしれないが、反面、被害も増大するというのはギルバート作戦以来の戦訓だが、これは依然として変わっていない。散開線の移動が頻繁であることは、再三反省として論じられているが、捷一号作戦においても配備の移動は連日のように発令され、しかも強行に進撃を命じている。

こうした作戦指導によって潜水艦にとって最も重要である隠密性が損なわれ、潜水艦の伏在面をいたずらに暴露するという結果になっていた。

レイテ沖海戦では初の神風特別攻撃隊が出撃し、以後、日本の戦争は末期的様相を呈していく。写真は初の体当たり攻撃を受けた米護衛空母セント・ロー。空と水中からの特攻に米軍は悩まされ続ける（Photo/USN）

決死の戦い　回天作戦

回天作戦は、昭和19年11月8日が初攻撃である。潜水艦3隻に積載された菊水隊の回天12基は、大津島

昭和19年11月20日菊水隊によりウルシー泊地において撃沈された艦隊随伴油送艦「ミンシネワ」。米軍側が認めている回天攻撃の戦果は少ない(Photo/USN)

からウルシー方面とパラオ方面に出撃して行った。レイテ沖海戦で77隻の水上艦艇、７１６機の航空機を失った連合艦隊に残された反撃の戦力として、大きな期待を担ったのが人間魚雷「回天」だったのである。

続いて、大津島の基地からは、金剛隊が昭和19年12月から翌年1月まで6回出撃した。泊地において突然攻撃してくる回天は、当初、対抗手段のない兵器として米軍から恐れられた。しかし、出撃を重ねるにつれて、米軍の警戒も徐々に厳しくなり、警戒厳重な敵泊地への襲撃は困難と判断され、昭和20（１９４５）年4月から、回天作戦は航行艦襲撃と移行した。

これは、潜水艦長が敵艦船を発見した場合、回天戦を実施するか魚雷戦を実施するか選択する余地が生まれたことを意味する。現に、月明かりがある際には回天戦を、暗夜の場合や遠距離の場合などは魚雷戦を実施した。

その後も、千早隊は硫黄島へ、多々良隊、天武隊は沖縄へ、轟隊は沖縄及びマリアナへ、多聞隊は西太平洋上や沖縄へと出撃し、連合艦隊が事実上壊滅した後も、潜水艦隊は海軍唯一の艦隊として奮戦した。

終戦までに回天を搭載した潜水艦は延べ32隻、出撃搭乗員は延べ１４８名、戦没者は母潜水艦の乗員８１２名を含め、自決した搭乗員など総計１２９９名で、うち搭乗員は１０６名である。それに対して戦果はどれほどであったのであろうか。終戦後、米軍は日本に対して「回天を積んだ潜水艦は太平洋に何隻残っているかと」と真っ先に尋ねたという。海中の見えない脅威である回天に対して、米軍への心理的効果は大きかったが、実際の戦果は前述の犠牲に対して極めて少ないものであった。

各回天隊の報告では、発進後大きな爆発音があれば命中・轟沈と判断していたが、戦後米海軍から正確な発表がないこともあり、確認された戦果は極めて少ない。艦名が明確な戦果は、菊水隊で艦隊随伴油送艦1隻、金剛隊で歩兵揚陸艇1隻、多聞隊で駆逐艦1隻だけである。その他で、駆逐艦2隻と輸送船2隻が損傷とある。これは、艦隊や船団が被害を受けても、原因が不明で回天による攻撃なのか、潜水艦によるものなのか、機雷や事故なのか判然としないからである。

わずか4隻が戦った硫黄島の戦い

昭和20年2月に入り、米機動部隊は硫黄島を繰り返し空襲し、加えて昼夜を問わず艦砲射撃を行い、ついに2月19日、硫黄島に上陸を開始した。その後の日本軍の奮戦は、近年、映画にもなり周知されることが多くなったが、硫黄島をめぐる戦いでの潜水艦戦は知られることは少ない。なぜなら、硫黄島の戦闘が開始された時点で、同島に直ちに派遣できる潜水艦はわずか4隻であったからだ。そのうち3隻は伊号潜水艦で、回天特別攻撃隊である千早隊を編成した。しかしうち2隻と回天を搭載できない呂号潜水艦1隻が未帰還となり、わずかに伊四四のみがかろうじて帰還を果たした。

千早隊として硫黄島方面に出撃した伊四四潜。硫黄島周辺の警戒が厳重なため47時間もの連続潜航に耐え、無事脱出に成功したが、回天突入の機会を得ず帰還している

ところがこの伊四四の生還は、後日、物議をかもすことになる。伊四四は回天4基を搭載して硫黄島に向かったが、3隻の哨戒艇による47時

間にも及ぶ制圧を受けて一時退避を余儀なくされた。後に再度突入を図ったが、今度は哨戒機に40時間制圧され、前進が困難となった。伊四四の艦長は硫黄島への回天による攻撃は困難と判断したが、先遣部隊指揮官は回天が1基も発進していない事実を知り、さらに硫黄島方面へ進出するよう命じたのである。その4日後、硫黄島方面潜水艦作戦中止により伊四四は帰投を果たしたが、第六艦隊司令部は伊四四の行動を命令違反と受け取り、艦長を更迭したのである。

艦長が交代した伊四四は、4月3日、多々良隊として沖縄方面に出撃して未帰還になっている。こうして硫黄島の潜水艦作戦は、4隻が出撃したが何ら戦果を数えることなく、3隻の喪失で終わった。

壊滅的損害を被った沖縄戦

引き続いて戦われた沖縄戦においても、潜水艦は目立った活躍はしていない。まずは回天戦が実施され、回天特別攻撃隊多々良隊を伊号潜水艦4隻で編成、沖縄方面米攻略部隊の攻撃を命じた。しかしそのうち2隻が未帰還となった。

沖縄周辺付近は警戒厳重を極め、引き続き沖縄近海に潜水艦を投入しても、いたずらに被害のみ増大することが容易に予想された。そこで先遣部隊指揮官は、潜水艦の配備を沖縄の200マイル圏付近とすることを決定した。これに対して残存する呂号潜水艦3隻を投入したが、呂五〇を除く2隻が未帰還となり、36隻建造された呂号潜水艦は、この呂五〇以外の35隻が終戦までに沈没する結果となった。

結局、沖縄作戦では、甲潜水部隊4隻が全滅、多々良隊も4隻中2隻が沈没、200マイル沖に配備した呂号潜水艦も3隻中2隻が沈没し、これだけの犠牲にもかかわらず、戦果は駆逐艦1隻撃破だけであった。硫黄島、沖縄戦における潜水艦用法の失敗は、ギルバート作戦、あ号作戦、捷一号作戦における反省が生かされず、これまでの潜水艦用法に終始した結果であった。

日本海軍潜水艦戦の終焉

沖縄戦終了後、残存する潜水艦の中で第一線で行動可能な伊号潜水艦はわずか4隻、呂号潜水艦は1隻であり、その他輸送用潜水艦が4隻あるのみとなった。その他、練習潜水艦など第一線を退いた旧型潜水艦9隻を作戦部隊に編入したが、作戦行動は困難であった。そんな中でも回天戦は引き続き実施され、残存潜水艦で天武隊、振武隊、轟隊を出撃させた。

これより先、昭和19年12月には世界最大の潜水空母と称され、水上攻撃機「晴嵐」3機を搭載する伊四〇〇と、同様に「晴嵐」を搭載できる伊一三によって第一潜水隊が編成されていたが、昭和20年3月14日には、これに伊四〇一、伊一四が編入された。この第一潜水隊4隻により、ウルシー泊地に在泊中の米機動部隊に対する攻撃作戦が立案された（第十一章参照）。しかし作戦は決行直前で終戦を迎え、各艦は横須賀に帰還した。

こうして日本は昭和20年8月15日を迎え、終戦時に編成されていた潜水艦、すなわち残存潜水艦は、連合艦隊、呉鎮守府、南遣艦隊付属を含

伊四〇〇型の3番艦、伊四〇二潜。当時世界最大の潜水艦だったが、昭和20年7月24日の竣工後、出撃の機会を得ず終戦を迎え、戦後は米軍により海没処分され長崎五島沖に眠っている（Photo/USN）

め59隻であった。

開戦時に日本海軍が保有していた潜水艦は62隻、開戦後に竣工した潜水艦１１７隻、及びドイツから譲渡または接収した潜水艦８隻を加えると、戦時中に保有した潜水艦は１８７隻となる。その中で実戦に出撃した潜水艦は１６２隻で、喪失数は１２７隻であった。

残存する潜水艦は、昭和21（１９４６）年４月に九州五島列島北方、佐世保沖、舞鶴沖、伊予灘で海没処分とされ、潜水空母である伊四〇〇型や水中高速潜である潜高型は技術研究のため米国に接収された。これらは、後にハワイ周辺で海没処分されている。

ここに40年にわたる日本海軍の潜水艦史は幕を閉じたのである。


昭和20年10月に呉で撮影された伊五一潜（手前）。その奥には伊五三潜が並んでいる。これらの残存艦も後に呉から佐世保に回航され、海没処分とされた（Photo/USN）

終戦後に佐世保湾で撮影された波二〇三。潜高小型で終戦時60%の完成度であった。日本は戦争末期に至っても続々と小型潜水艦の建造を進めており、本型は「蛟龍」の低機動性を補う小型水中高速潜水艦として40隻が計画され、終戦までに10隻竣工している。写真中央奥には空母「隼鷹」の姿も見える（Photo/USN）

第二章

「第六潜水艇」浮上せず

任務を全うした佐久間艇長の遺徳

日露戦争に間に合わなかった新兵器「潜水艇」。
だが、黎明期の潜水艇乗りたちは
その可能性を見出そうと訓練に余念がなかった。
そんな中で悲劇は起こる。
だが、佐久間艇長以下乗員がとった行動は、
後の世界の海軍軍人の鑑となる
見事なものであった――。

日本海軍潜水艦黎明期の事故

今から約110年前、山口県岩国沖で日本海軍の中で最も小さな潜水艇が訓練中事故により沈没し、艇長以下乗員14名全員が殉職した。世に言う「第六潜水艇」遭難である。乗員は最後まで浮上を試みたが果たせず、全員持ち場を離れることなく倒れ、艇長であった佐久間勉大尉は事故の経緯や原因を克明かつ簡潔に遺書に遺した。その沈着冷静な行動と責任感は、海軍部内はもとより当時の国民に深い感銘を与え、広く海外でも佐久間艇長の精神を学ぼうとする海軍軍人が多数生まれた。

戦時ではなく平時の訓練においての殉職が、なぜこれだけ多くの人に深い感動を与えたのであろうか。そして100年以上経った今日でも、その遺徳を偲ぶ人は決して少なくない。その遺徳とはどんなものなのであろうか。

黎明期の日本海軍潜水艦

日本海軍の潜水艦が誕生したのは日露戦争終結後の明治38（1905）年7月だった。日露戦争以前から日本海軍も米英の保有する潜水艦に関心を抱き、その購入を検討したが、未知の兵器ということもあり、予算を積極的に確保することなく、一度は購入・建造を見送っている。

しかし日露戦争期間中、機雷により戦艦「八島」「初瀬」の2隻を失い、ほかにも事故により多数の艦を失ったため、以前から購入を検討していた米国、エレクトリック・ボート社の「ホランド型」潜水艇5隻を購入、急ぎ米国から船で資材が輸送された。潜水艇は横須賀で組立・建造されることになったが、当然のことながらその建造は初めてのことであり、米国から招聘した技師らとの言葉の壁もあって、想像以上に建造が難航した。

結局、数多の苦難の末、明治38（1905）年7月31日に一号艇が竣工したが、残念ながら日露戦争には間に合わなかった。その後相次いで建造された5隻の潜水艇で編成されたのが第一潜水艇隊で、横浜沖で行われた日露戦争凱旋観艦式で初めて国民の前にその姿を現した。当時は秘匿のため潜水艇とは呼ばず特号水雷艇と称していた。

「ホランド型」潜水艇を改造

日本が最初に保有した「ホランド型」は、アイルランド生まれのジョン・フィリップ・ホランド博士がアメリカに渡って設計した潜水艇であった。「ホランド型」は米海軍初の潜水艦として就役したものの、このホランド博士はなかなか気難しい人物で、エレクトリック・ボート社と折り合

明治38年10月1日、横須賀で編成された第一潜水艇隊のホランド型。左から第一、第二、第三、第四、第五潜水艇。同月23日に横浜沖で行われた日露戦争凱旋観艦式で、潜水艇は初めて国民に存在を披露した
（資料提供／大和ミュージアム）

いが悪くなり、会社を辞めざるを得なくなった。晩年不遇をかこっていた時に日露戦争が勃発、自分の設計した「ホランド型改」ともいえる最新の潜水艇の青図を日本に送り、建造を勧めてきた。

青図だけで日本独自の潜水艇を建造することはまだ非常に困難であろうと予測されたが、海軍は川崎造船所の松方幸次郎に依頼し、松方は「全部損をしても何程かは国のためになろう」とこの難事業を引き受けたという。

すべて日本人の手で建造されたのが「ホランド型改」といわれた「第六潜水艇」と「第七潜水艇」の2隻であり、「第六潜水艇」は明治39（1906）年4月5日に竣工した。これ以来、川崎造船所では今日にいたるまで潜水艦を建造している。

「ホランド型改」といわれるその中で、「第六潜水艇」は排水量が57tと、先の「ホランド型」の約半分の大きさであった。後の「特殊潜航艇」や「回天」を除くと、日本海軍が保有した241隻の中で最も小さな潜水艇である。一説には「ホランド型」より小型にし、母艦に搭載して攻撃地点近くまで運ばせようという構想があったとされている。これは「特殊潜航艇」の作戦構想とよく似ているといえよう。

佐久間艇長の生い立ちと軍歴

「第六潜水艇」の艇長であった佐久間勉大尉は明治12（1879）年福井県に生まれた。父は神社の神職にあり、村塾の先生も務める教育者であった。

佐久間の幼少の頃は文献によると「色白く、よわよわしい内気な子供だった」と書かれている。しかし中味は実に気骨あふれる忍耐を持っており、小学校まで12㎞の道のりを、暑い夏も厳しい冬も徒歩で通った。特に冬季は積雪と日本海の烈しい吹雪を冒しての通学であり、日によって校長は宿泊を勧めたが「身体を鍛錬する方法なり」として断ったという。

かくして努力の人、佐久間勉は中学4年に特待生として進級し、兵学校を志す。海軍兵学校受験は中学5年が一般的であるが、中学4年から受験が可能だったのだ。明治30（1897）年、金沢で兵学校の入学試験を受けたが、全科通過したにもかかわらず人員超過のため不合格となってしまう。佐久間は再度非常な決心で受験を試み、兵学校のいわば予備校ともいえる東京の攻玉社中学に転校してまでも兵学校合格を目指した。

非常な努力を積み重ねた結果、翌明治31（1898）年に第29期生として海軍兵学校に合格、入校した。クラスには後の海軍大将、米内光政、高橋三吉がいる。

卒業してまもなく日露戦争が勃発し、装甲巡洋艦「吾妻」や水雷艇「雲雀」を経て、巡洋艦「笠置」で日本海海戦に参加した。明治39年7月、潜水母艦「韓崎」、続いて8月には第一潜水艇隊の艇長心得となり、潜水艦乗りとしての一歩を歩み始めたのである。

日本海軍の潜水艦乗員の精神的規範となった第六潜水艇の佐久間勉艇長。彼の遺書は軍人以外にも国内外で深い感銘を与え、110年以上経ってもその遺徳を偲ぶ人は絶えない（写真提供／勝目純也）

その後、第一艦隊の参謀や駆逐艦、二等巡洋艦の分隊長を経験し、再び明治41（1908）年に第一潜水艇隊艇長となり、この年に佐久間は30歳で結婚する。しかし、公私ともに充実していた矢先に悲劇が起きる。

翌明治42（1909）年2月11日、紀元節の

朝に夫人は長女を出産、そのまま午後4時に幼い子を残し亡くなってしまったのである。佐久間の悲しみは想像するに余りある。残した書簡に「如何に気を丈夫に構ふと雖も、断腸哀悼の情、禁ずる能はず」と書いた。

その年の12月7日、残された長女を里子に出し、佐久間は「第六潜水艇」の艇長に着任する。

優秀な人材が選ばれた潜水艇員

当時の記録には、潜水艇の乗員資格は極めて厳格で、優秀な人材が志願によって集められたとある。その厳しい条件は、身体極めて強健なこと、品行方正なこと、酒と煙草を嗜好しない者、となっている。酒と煙草については、嗜む者は不合格ということではなく、喫煙しても飲酒をしてもいいが、しかし酒や煙草を飲みたい気持ちをグッと抑えられないような者は潜水艇に乗る資格はないと、意志の強い乗員を求めたのである。現に潜水艦に乗りたいばかりに、好きな煙草を10年やめた者がいたそうである。

またあるところで海軍の報道部長が講演を行い、潜水艦の苦しい生活を紹介したところ、聴講者の一人が「潜水艦の苦しい話をされたら、誰も潜水艦乗りを志望するものがなくなりはせぬか」と聞いた。それに対し「かかる話を聞いて来ないような人は来てもらいたくない。これほどの実情を訴えてなお且つ潜水艦に行こうという人だけ来て貰えればよい」と答えたという。

そのため志願してきた乗員の中には、日露開戦で過酷な戦いに参加した勇士が少なくなかった。旅順閉塞作戦で広瀬少佐の「福井丸」機関長として重傷を負った栗田富太郎大機関士（機関大尉）は「第三潜水艇」に乗組み、「三河丸」を指揮した匝瑳胤次大尉は「第五潜水艇」の艇長となった。また魚雷を抱いて敵艦攻撃を企てた横尾敬義少尉は同じく「第五潜水艇」に乗艇し、第1回旅順閉塞の際、真っ先に血書の志願書を出した一等兵曹も「第四潜水艇」に乗艦した。

また佐久間艇長と運命を共にする「第六潜水艇」艇附の長谷川芳太郎中尉は兵学校33期の2番、機関長の原山政機関中尉は幼少期には地元新潟で「神童」と言われ、機関学校14期のクラスヘッドだった。

危険なガソリン半潜航走法

明治43（1910）年4月11日、第一潜水艇隊は潜水母艦「豊橋」、母艇「硯海丸」と共に呉軍港を出港、瀬戸内海西部に出動して、別府方面まで巡航することになった。しかし「第六潜水艇」は最も小さな潜水艇であったため耐波力に問題があり、その他の潜水艇と同様の訓練が困難と判断されて

大正2年頃に呉工廠船渠で撮影された第六潜水艇。船体は識別が容易なように上部を白色に塗装している。セイルには竣工時には潜水艇の番号「六」と漢数字で表記されていたが、明治45年よりアラビア数字の「6」に変更された（資料提供／大和ミュージアム）

いた。そのため「第六潜水艇」は、呉に残留を命ぜられたのである。

それを愉快に思わない佐久間艇長は、監視艇である「歴山丸」を伴い、岩国の新湊沖で短期間の単独訓練を願い出て、許された。遭難前日の4月14日、「第六潜水艇」は宮島水道を経て岩国の新湊沖まで約2時間半にわたる潜航訓練を実施している。これは当時の潜水艇としては長距離の潜航になる。

4月15日午前9時38分「歴山丸」と離れ、10時10分からガソリン半潜航訓練のため潜航を試みた。ガソリン半潜航とは、当時は潜航時の電動モーターでの速力が遅く、行動の制約が大きいため、潜航状態で通風筒を海面より露頂し、ガソリン機関を動かしたまま航行する方法で、現在の潜水艦が行うスノーケル航走に近いものと考えてよい。

佐久間艇長は以前から潜航状態で高速が発揮できるガソリン半潜航について有効性が高いと判断しており、潜水艇のベンチレーター（通風換気装置）の改造を強く要求していたが、実現されることはなかった。理由は「第六潜水艇」の実用性能自体に疑問があるため、調査・研究用の予備艇として活用されることが検討段階に入っており、新たな設備投資に積極的ではなかったためである。

よってガソリン半潜航の研究の必要性は認めていても、安全を考慮して母艦では禁止していたという説がある。「第六潜水艇」は危険でまだ明確な訓練規定がないガソリン半潜航訓練を単独で実施したことが事故の遠因となっているのである。

「第六潜水艇」遭難す

「合戦準備」（戦闘準備）の号令を以って潜航準備にとりかかった「第六潜水艇」は、艇長が司令塔を降りてハッチを閉め、キングストン弁を開き、メインタンクに注水して潜航を開始した。当初浮力の調整に戸惑い、10時45分に潜航を開始したが、何らかの錯誤により過度に深入したため、開放状態にあった通風筒から海水が浸入した。

直ちに閉鎖用のバルブであるスルイスバルブを閉塞しようとしたがチェーンが外れ（遺書では切れたとあるが、事故後の調査では単に脱落していた）、手動による閉鎖を試みたが大量の海水が浸水してしまった。そして侵入した海水が、艇の後方に流れ込んだため、艇は後方に約25度傾いて沈降し、17ｍの海底に約13度の傾斜にて着底、沈没してしまったのである。

なぜ、過度の潜航をしてしまったのかについては、事故後のいわゆる事故調査委員会が海軍部内で組織され調査が進められたが、潜航深度10フィート（約３ｍ）の命令が通風筒を上回る深度であったと報告されている。しかし艇の性能を熟知しているはずの艇長が危険なガソリン半潜航をする際、果たしてどれだけ潜航したら危険深度になるかを把握していないということは考えにくい。艇長が誤ったのか、艇員が聞き間違えたのか、あるいは記録のミスか、艇長以下乗員が全員殉職してしまった以上、永遠の謎である。

ちなみに今日の海上自衛隊の潜水艦もディーゼル機関を使用している通常型潜水艦のためシュノーケル運転を行う。その際セイルからシュノーケルを上昇させ海面上で空気を取り入れるが、当然波を被り浸水の可能性があることは今も変わらない。その際頭部弁は、励磁（れいじ）状態で開放となり、海水によって回路が短絡し、無励磁となることで弁が閉鎖する構造になっている。またそれでも海水が浸入してくることを防ぐために吸気内穀弁というものがあり、二重の安全が保たれている。

そのような安全装備がない「第六潜水艇」に浸水した海水は配電盤に至り動力を喪失させ、艇内は電燈が消えて真っ暗闇となった。手動ポンプによる排水作業も艇内の電灯が消えたため困難を極め、配電盤冠水により電纜のゴムが焼けて有毒ガスが発生、艇員を苦しめた。

　佐久間艇長は直ちにメインタンク排水を試みたが、メインタンクの浮力より浸水した海水の量が多かったために浮上できなかった。仕方なく手動ポンプを使い、全員代わる代わる交代で排水に当たった。しかし一向に浮力を回復する様子がないことから、今度は水ではなく燃料のガソリンを空気圧によって艇外に排出しようと試みた。

　ところが、暗い中で作業のため、誤ってパイプを破損、艇内に揮発したガソリンが漏れだしてしまった。暗闇の作業のため空気量を図るメーターが読み取れず過大な空気を送ったため、ガソリンパイプが破損し、その切れ目からガソリンが流れ出て有毒ガスに悩まされることになったのだ。さらにメインタンク排水に使用した高圧空気が弁操作の誤りから艇内に充満、艇内は異常な高気圧に陥ってしまったのである。

ガソリン半潜航とシュノーケル潜航

イラスト／おぐし篤

ホランド型のガソリン潜航

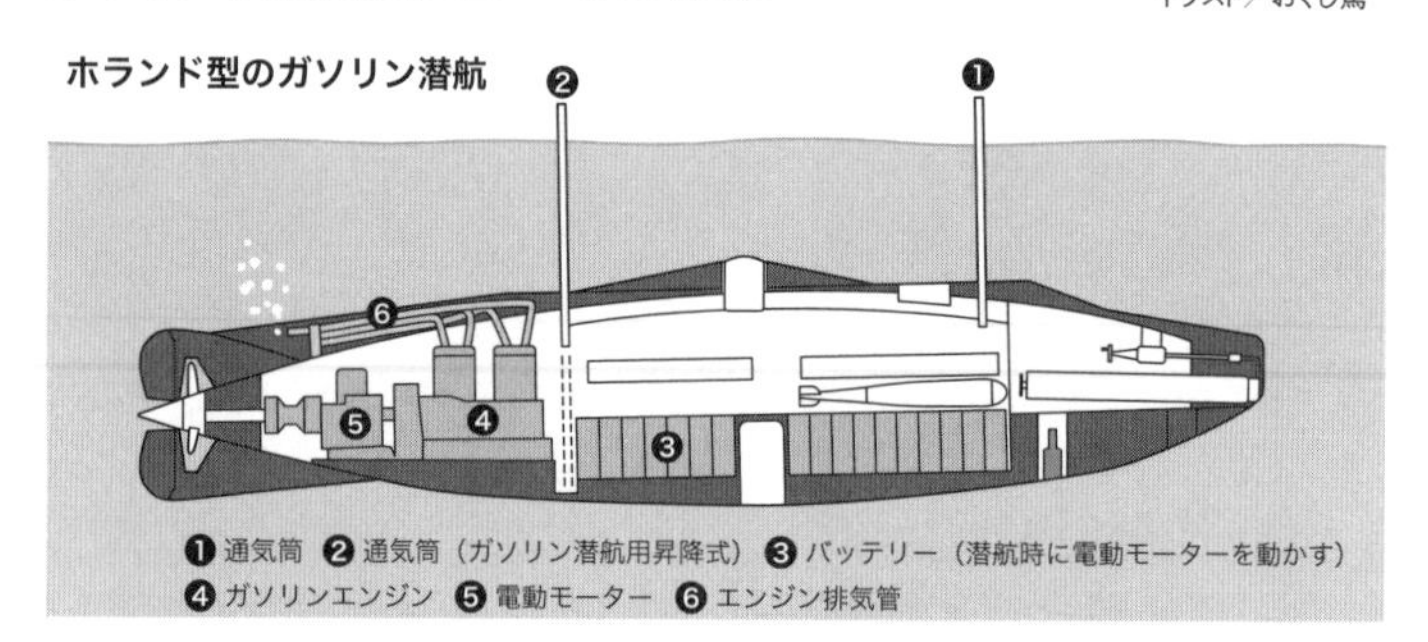

現代の潜水艦のシュノーケル潜航

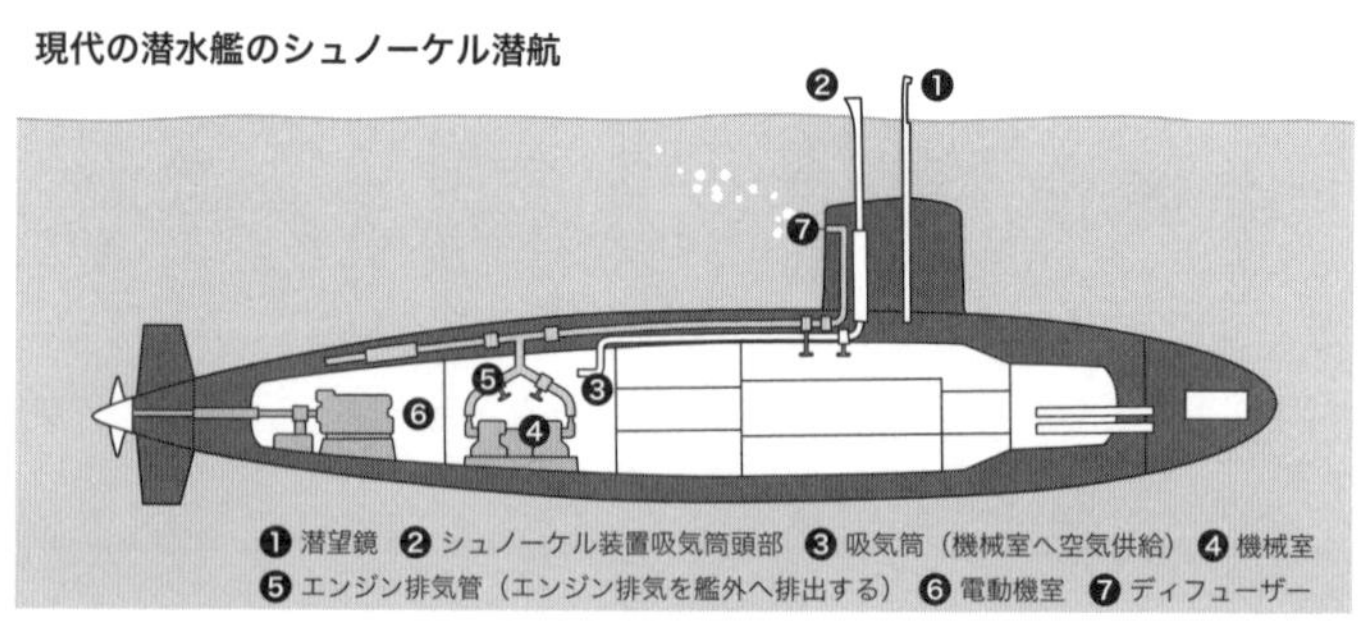

潜水艇によるガソリン半潜航では、弁のない通気筒から直接乗員室と一体となった機関室に外気を取り入れるため、浸水しやすく事故が多かった。現代の潜水艦では乗員室と機関室の通気は分かれ、襲水探知機により弁が自動的に開閉し事故を防いでいる

このような状況に潜水艇が陥ってしまった場合、艇内から脱出するという手段をとることはできなかったのであろうか。沈没の水深が約17mで、キールから昇降筒ハッチ（艦橋ハッチ）までが約4mとすれば、実質13mからの自由脱出になる。艦外に脱出できない深度ではない。

しかし基本的にハッチは艦内外を均圧にしていなければ開けることはできない。つまり「第六潜水艇」の沈没状況から、水深13mならば、2・3気圧以上（海面にかかる1気圧＋水深の圧力で、10mが1気圧分に相当する）を艇内に張ればハッチが開けられることになる。メインタンクの排水に使った高圧空気が艇内にあり、これが2・3気圧に達すればハッチを開くことが可能である。また非常手段として、意図的に艇内に海水を侵入させ、外水圧と拮抗したこと（つまり2・3気圧になったこと）を確認してハッチを開ければ、自由脱出が可能であったと思われる。

しかし当時の日本海軍潜水艇の精神として、命令を得ず、潜水艇を棄てて艇外に脱出することは考えなかったと思われる。艇員は全員、艇附の長谷川中尉の指示に従い、各々の持場で全力を尽くして最後まで復旧に努め、艇から脱出することなく、高圧下のガソリン中毒により、沈没後、約2時間で佐久間艇長以下14名は殉職、文字通り艇と運命を共にしたのである。

佐久間艇長の遺書

「第六潜水艇」がガソリン半潜航訓練を実施すると予期していなかった「歴山丸」は、潜水艇が浮上してこなくても、海底に着底する訓練を実施していると考え、また日頃佐久間艇長は昼の時間を超えても訓練を続けることが多かったため、当初特に気に留めなかったと思われる。

当時の潜水艇は艇内で自炊することはできず、弁当もしくは母艦で昼食をとるようにしていた。だが、あまりの時間超過から「歴山丸」が「第六潜水艇」の異常に気付き潜水艇隊母艦「韓崎」に事故を知らせたのは、潜航後6時間余りも経過した午後5時過ぎになってしまった。

現場に集結した救助部隊の必死の捜索の結果、「第六潜水艇」は翌日の16日午後3時半に発見された。直ちに重機による引き揚げ作業が実施され、困難な作業の末17日午前10時過ぎに浮揚に成功、呉に帰投を果たした。呉在泊艦艇は登舷礼で迎えたという。

「第六潜水艇」は直ちに入渠して艇内から殉職者を収容し、詳細な調査作業を実施することになった。しかし、関係者には一抹の不安があったという。というのも、某国で同様の潜水艇遭難事故が起きた際、ハッチ付近は乗員が先を争って脱出しようとした無残な状態であったという事例があったからだ。

「第六潜水艇」の乗員にそのようなことはなかった。佐久間艇長は司令塔にあり、指揮せる如く息絶え、舵手はハンドルを握り、その他艇員全員はその持場を離れることなく壮烈な殉職を遂げていたのである。

さらに佐久間艇長の胸ポケットには黒い表紙の手帳に鉛筆書きで全文39頁にわたる遺書が残されていた。それを読んだ海軍関係者は驚きと感動に包まれた。その内容は、冒頭自分の不注意により潜水艇を沈め、部下を死なせてしまったことを深く詫びた後、乗員一同死に至るまで持場を守り、冷静沈着に対処したことが報告され、またこの事故により将来、潜水艇の発展研究に悪影響を与えることを憂う内容が記載されていた。

さらに沈没の原因を詳細に記した後に、「公式遺書」と書き、「部下の遺族が生活に困窮する者が出ないようにお願いしたい。自分の懸念することはただこれのみ」と一切私事に触れることなく、12時40分と時刻の記載を最後に遺書は終わっていた。このように遺書は最後まで冷静沈着かつ責任感あふれる内容で、部下の遺族に対してまで心を痛める思いやりの精神にあふれていた。

潜水艦乗りに受け継がれた精神

「第六潜水艇」遭難と残された遺書が公表されたこともあり、国民の間では大きな反響が起きた。盛大な海軍葬が執り行われ、新聞社などが追慕顕彰事業と称して募金を呼び掛け、呉、岩国や、佐久間艇長の郷里の地に慰霊碑が建立された。軍歌や国定教科書の修身の教材にも使われ、乗員全員が沈着に最善を尽くしたことや、艇長が死に臨んで受容と遺書を書き遺したこと、職責を重んずる精神等が教育資料として活用された。また「第六潜水艇」は引き揚げられた後、一度は艦隊に復帰したがその後除籍され、海軍潜水学校に教育参考資料として展示され、潜水学校入校初日に学生は必ず、「第六潜水艇」を見学することになっていた。

この後長きにわたり潜水艦乗りにとって佐久間艇長の遺徳は精神的規範とされ多大な影響を及ぼした。ただし不幸なことに当時の潜水艇・潜水艦の安全に対する技術は未完成で、その後にも潜水艦遭難の事故は続いた。

大正13（1924）年3月19日に「第四三潜水艦」は、演習中佐世保港外で軽巡「龍田」と衝突、沈没した。沈没後、前部発射管室、後部電動機室にも生存者がいることが確認され、特に後部には救難用の電話が装備されており、内外の電話連絡が可能だった。艦内の様子は電話を通じて刻々と伝えられたが、前後部に居た33名の乗員は殉職を遂げた。

そして、1ヵ月後に「四三潜」は引き揚げが行われたが、艦内には多数の遺書が残されていた。その内容においても沈没の状況や最後まで乗員が職務を全うしたこと、部下の遺族に対して配慮してほしい旨が書かれ、佐久間艇長の遺した精神が継承されていることがわかった（第十二章参照）。

遭難100年慰霊祭

平成21（2009）年4月14日と15日、岩国と呉において「第六潜水艇」遭難100周年の慰霊祭が行われた。式は両市の市長や地元の有志、海上自衛隊の協力を得て、盛大かつ厳粛にとり行われた。岩国では前夜祭で基調講演が行われ、天候不良で中止になったが潜水艦救難艦での洋上慰霊祭も計画されていた。呉では好天の中、鯛の宮神社に多数の関係者が集まり、特に地元小学生の参加は印象が深かった。

100年以上経った今日においても、佐久間艇長と乗員が最後まで持場を離れず、事故原因の究明などに努めた崇高な精神を永遠の道しるべとし

平成21年に遭難100年の節目に岩国で開催された「第六潜水艇100周年慰霊祭」。当日はあいにくの雨となり、慰霊碑の前で慰霊祭を行えず体育館で実施された（写真提供／勝目純也）

て後世に伝える義務と責任があると多くの参加者は言う。軍人としての功績を超えた、人間としての崇高な精神があったからこそ、今日でもその遺徳を偲ぶ気持ちが続いているのであろう。

私人としての佐久間艇長

佐久間艇長や「第六潜水艇」の乗員は事故の前日、早朝から宮島を出港し、宮島沖から新湊まで約2時間、当時の潜水艇としては長距離の潜航を行い、投錨後、乗員一同は新湊に上陸し岩国で花見をしたと記録にある。有名な錦帯橋の近くにある吉香公園の桜は満開で実に美事と、佐久間艇長が東京の先輩に宛てた信書に記されている。艇長である士官と下士官である乗員が揃って岩国の散策を楽しんだというのは、潜水艇乗員ならではの家族的雰囲気を彷彿とさせるが、悲惨な遭難事故の前日だけにかえってつらいエピソードでもある。

呉市内の鯛之宮神社にある第六潜水艇遭難慰霊碑。高台にあり、呉の町並みが見下ろせる。海上自衛隊の支援も受けて、毎年慰霊祭が執り行われている。戦前、第六潜水艇は呉の日本海軍潜水学校に展示されていたが、終戦後に進駐軍に解体された。慰霊碑の基部には貴重な遺物である第六潜水艇のスクリューが収められている（写真提供／勝目純也）

佐久間艇長は平素より危険な潜水艇を指揮する以上、殉職の覚悟はできていた。潜水艇で発見された遺書には、一切私事に関することは書かれていない。「私は日常、家を出れば死を覚悟している。遺言状もすでに潜水母艦「韓崎」にある自分の机の引き出しにある」とあった。後日、佐久間の引き出しから遺言が発見された。それによれば、自分の遺産を老父の養老、舎弟の学費、自分の娘の養育・修学・結婚に充てて欲しいと書き残している。そしてその遺書最後に次のような記述があった。「我れ死せば遺骨は郷里に於いて亡妻のものと同一の棺に入れ混葬さすべし」。佐久間艇長は郷里福井県の三方に先祖代々の墓と並んで夫妻一緒の墓に今も眠っている。

2019年4月15日、鯛乃宮神社にある第六潜水艇殉難碑前で、第六潜水艇顕彰保存会主催により行われた第六潜水艇殉難第百十回追悼式。海上自衛隊呉地方隊からは呉地方総監が出席、弔銃発射も行われた（写真／海上自衛隊）

「第六潜水艇」佐久間勉艇長遺言（現代語訳。文意補足）

私の不注意により、天皇陛下の潜水艇を沈め、部下を死なせてしまうことは誠に申し訳ない。しかし乗員一同、死に至るまで持ち場を守り、冷静沈着に事態に対処した。我々は国家の任務に殉職するとはいえ、ただ心残りであるのは、世の人がこの事故を誤解し、潜水艦の発展研究に悪影響を与えないかということである。どうか益々研究を進められ、潜水艦の発展研究に全力を尽くしていただきたい。そうすれば我等一同、一つも心残りはない。

沈没の原因

（水上航走用の）ガソリンエンジンを使った潜航テストの際に、深く潜りすぎたため、（通風筒から海水が侵入し、通風筒を閉じる）「スルイスバルブ」を閉めようとしたところ、（開閉用の）途中でチェーンが切れており、手で操作してバルブを閉じた。しかし、時すでに遅く潜水艇後部に海水がたまり、艇首を25度持ち上げたかっこうで沈み、着底した。

着底後の状況

一、傾斜角約13度（艇首が上）

二、後部に流れ込んだ海水により配電盤が浸水、艇内の電灯が消え、電線ケーブルの絶縁体が燃え、有毒ガスが発生して呼吸が困難になってきた。

14日午前10時頃沈没（実際は15日）。この有毒ガス発生の状況下で手動ポンプでの排水に努める。

一、艇が沈む際にメインタンクを排水した。明かりが消え、ゲージ（計器）が見えないが、メインタンクは完全に排出できたと思われる。艇内の電気系統は全く使用不能。バッテリー液が少々こぼれた。海水は入ってこない。クロリンガス（塩素ガス）も発生しなかった。残気（予備の浮量）は５００ポンド（＝２２６・８kg）程度である。唯一頼みとなるのは手動ポンプだけ。艦のトリム（＝前後のバランス）調整用のトリム・タンクでは、安全のため予備浮量を６００ポンド（モーター使用時は２００ポンド程度）としていた。

（右、11時45分、司令塔の覗き穴から差し込む明かりで記述）

侵入した海水によって乗員の衣類が随分漏れ、寒さを感じる。

私は、常に潜水艇員は沈着冷静かつ細心の注意を払うとともに、大胆に行動しなくては発展が望めない、注意の余り委縮するなと諭してきた。世間では今回の事故を嘲笑する人がいるかもしれない。しかしながら、私は前言に誤りがないことを確信している。

一、司令塔の深度は52フィート（約15・８ｍ）を示し、艇内に浸水した海水の排水に努めたが12時まで着底のまま動かない。

このあたりの深度は10尋（1尋＝１・５１５ｍ）くらいであるから正確なものだろう。

一、潜水艇の士卒は、選りすぐりのなかから採用することが必要である。さもなければこのような事態（沈没事故）において困ったこと（＝パニック）になるだろう。幸いに本艇乗員は全員その職務を全うしており、満足に思う。私は日常、家を出れば死を覚悟している。遺言状もすでに潜水母艦「韓崎」にある自分の机の引き出しにある。
（ただしこれは私事であるため他言無用。田口浅見兄より父に渡してください）

公式遺書

謹んで
天皇陛下に申し上げる。どうか私の部下の遺族に生活に困窮する者が出ないよう、お願いしたい。
私の懸念するところはただこれのみです。

左の諸君によろしく
（順序不同）
一、斎藤大臣
一、島村中将
一、藤井中将
一、名和中将
一、山下少将
一、成田少将
一、（艇内の気圧が高くなり、鼓膜が破れたような感じを受ける）

一、小栗大佐（小栗孝三郎。のち大将、ホランド型を導入した人物）
一、井出大佐（井出謙治。のち大将、ホランド型を導入した人物）
一、松村中佐（純一）
一、松村大佐（竜）
一、松村少佐（菊）（私の兄）
一、船越大佐
一、成田鋼太郎先生（佐久間艇長の恩師、県立小浜中学校教諭）
一、生田小金次先生

12時30分　呼吸が非常に苦しい
ガソリンを排出したつもりであったが、逆にガソリンで意識がもうろうとしてきた。
一、中野大佐
12時40分である

第三章

没収ドイツ潜水艦

日本の潜水艦建造の礎となった戦利艦

第一次世界大戦の敗戦国・ドイツ海軍のUボートを手に入れた日本海軍はそれから多くの技術を習得した。遠くヨーロッパからの苦難の回航の様子と没収潜水艦の調査・実験で何が得られたかを当時の詳細な報告書から読み解く。

性能不足だった日本潜水艦

明治38（1905）年に日本海軍が潜水艦の導入を開始してから、太平洋戦争終結まで40年の歴史があった。戦後は10年のブランクののち、昭和30（1955）年に米国から貸与された潜水艦で海上自衛隊による潜水艦運用がスタート。我が国の潜水艦運用は、2015年で通算100年目を迎えたことになる。なお、潜水艦導入当初の日本海軍は「潜水艇」と呼称していたが、大正8（1919）年頃より「潜水艦」との呼称を使用するようになった。本稿では一括して「潜水艦」で統一する。

日本海軍の潜水艦建造技術が飛躍的に向上するきっかけは、第一次世界大戦後に没収したドイツ潜水艦を調査したことにある。その調査結果の報告書が「没収旧独逸潜水艦梗概」である。この報告書を基に、そのほかの資料も参考にしながら、日本海軍がドイツ潜水艦の技術から何を学び、以後に生かしていったか検証してみたい。

日本に初めて導入された米国エレクトリック・ボート社製のホランド型潜水艇は、排水量が約100t、後に佐久間艇長遭難で有名となる第六潜水艇は続く改良型のホランド改型で、わずか57tと小型だった。航洋性能は劣悪であり、冬の東京湾では訓練が困難であることから、穏やかな瀬戸内で訓練ができる呉に潜水艦基地を移したほどである。

しかし、当時の日本はホランド型の航洋性や速力、攻撃力など、実戦的に発展させるだけの技術力を持たず、潜水艦先進国からの輸入に頼らざるを得なかった。そこでイギリス・ヴィッカーズ社からC型（後にL型）、フランス・シュナイダー社からS型、イタリア・フィアット社からF型を導入する。しかし、明治42（1909）年から大正11（1922）年まで15隻を運用するも、長期間、外洋での実戦運用できる性能を発揮することができなかった。このため、なんとか国産に踏み切るべく建造に着手したのが「海中型」である。

海中型は日本初の国産潜水艦であり、まず海中一型の一番艦として、第一九潜水艦（のちの呂一一）が大正8年7月に竣工し、以来、海中四型まで開発が続けられていく。

各型は後継型に移行する際、排水量が約30〜40t増大し続けていくが、搭載する機関であるズルザー式二号ディーゼルの馬力は変わらないため、船体の増大に機関が追いつけず、当時の潜水艦として重要視された水上航行時の速力が、海中四型に至るまで拡大改良ではなく「拡大低下」せざるを得なかった。

海中四型はその中型潜水艦としての限界を示すもので、如実にその結果が現れたのが大正10（1921）年の第一次南洋巡航だった。

海中型とL型5隻が呉を出港し、沖縄から台湾を目指したあと鹿児島に帰るという予定だっ

大正8年春、呉港外で公試中の呂号第一一潜水艦。海中一型の1番艦で、第一次世界大戦中に日本海軍が独自に設計、建造した中型潜水艦である。当時は第一九潜水艦と称した。水上高速性能を追求した潜水艦であったが機関の故障に悩まされ、航洋性、凌波性は不十分だった（Photo/USN）

たが、機関の不調と凌波性の不足によりトラブルが相次いだ。続いて内南洋コースで大正12（1923）年に実施された第二次南洋巡航も、第二艦隊の全力支援を受けながらも、やはりトラブル続きとなった。

この頃日本海軍は「漸減邀撃作戦」で潜水艦を使うことを考えていたが、外洋での作戦行動が困難で、漸減邀撃作戦に潜水艦を使用することは不可能と判断せざるを得ない状況だったのである。

ドイツ潜水艦の入手

ようやく海中一型を進水させ、艤装を進めていた頃、伸び悩む潜水艦開発に大きな朗報がもたらされた。第一次世界大戦終結に伴い、敗戦国ドイツの潜水艦（Uボート）を日本に提供するという話が持ち上がったのである。休戦条約を検討する連合国海軍会議は大正7（1918）年11月28日に、「示威、広告または見世物」の目的で、ドイツ潜水艦を連合軍で分配することに決めた。残存していたドイツ潜水艦は100隻を超え、分配対象国は、我が国のほか、米、英、仏、伊、ベルギーの諸国であった。

日本の希望を尋ねられた駐英大使館付武官の飯田久恒少将（後に中将。海兵19期）は、巡洋潜水艦で外洋型のU型、沿岸型のUB型、沿岸機雷敷設型のUC型を要望した。早速本国に打電したところ、即座に認められて公式に日本国として要求することとし、ただちに回航員の派遣を検討することとなった。

当時、このUボート分配が海軍省や潜水艦関係者を喜ばせたのには理由がある。第一次世界大戦において、Uボートの活躍は遠く日本にも伝わっており、オットー・ウェディゲン艦長のU9が短時間の間に英海軍装甲巡洋艦3隻を次々と襲撃して全艦沈没させた戦果は、海洋兵器における潜水艦の能力を大きく知らしめることとなった。

第一次世界大戦後、フランス・シェルブールで撮影された残存Uボート。ドイツ戦利潜水艦は調査・研究目的で、艦隊運用することは認められていなかった。日本も研究後は横須賀工廠や佐世保工廠で解装工事が行われ、その後潜水艦救難の沈錘船や桟橋などに利用された（Photo/USN）

結局、Uボートは敗北したとはいえ、大戦終結までに建造されたUボート380隻が、約5000隻を超える商船を撃沈している。交換比は、Uボート1隻の損失に対して約30隻の戦果を挙げたことになる。

それに対して、日本海軍の保有する潜水艦は大正7年の時点でわずか17隻にすぎなかった。後に行われることになる二度の南洋巡航の芳しくない結果を見ても、当時の日本の潜水艦が外洋での艦隊作戦に適応できているとは言い難く、ドイツ潜水艦とは技術と実戦経験で圧倒的な格差があった。

そんな状況下、分配されることになった潜水艦は大型の機雷敷設潜水艦UEⅢ型1隻、量産型の中型潜水艦MS型2隻、中型機雷敷設潜水艦のUCⅢ型2隻、沿岸用小型潜水艦UBⅢ型2隻の計7隻であった。これらは潜水艦建造における参考資料として、極めて有用な戦利品であると歓迎された。

ところが大きな障害が待ち受けていた。先の飯田少将の返電によれば、戦利潜水艦は、戦闘に使用せず展示用のみで、回航は各国自力で行い、最終処分の日程が決まりしだい処分しなくてはならないという条件付きだった。第一次世界大戦では日本海軍の第二特務艦隊が長駆欧州まで進出し、活躍したとはいえ、7隻のうち排水量は500t前後が4隻、700tが2隻と中型の潜水艦を、遠く、しかも迅速にヨーロッパからインド洋を超えて日本に回航するのが大変な航海になることは容易に予想された。実際、諸外国の間でも、さすがに東洋への回航は不可能であろうとささやかれたという。

しかし、日本海軍の回航部隊の努力と不屈の敢闘精神が、ここでいかんなく発揮されるのである。

日本への回航

大正7年12月19日、日本は「〇一(まる)」から「〇七」まで仮の名称を付けられた7隻のドイツ没収潜水艦を、イギリスのハリッジにおいて受領することとなった。これに先立ち、日本海軍は地中海の船団護衛に派遣していた第二特務艦隊に対し、11月17日に第二十四駆逐隊の駆逐艦「檜」と「柳」、11月26日に装甲巡洋艦「出雲」を、マルタ島からハリッジに急行するよう命じた。

この部隊は「特別潜水艇隊」と称され、第二特務艦隊参謀・岸井孝一中佐が司令として回航指揮にあたった。計画では、ハリッジには工廠設備もなく手狭なため、受領だけを行い、日本海軍が根拠地としていたプリマスに潜水艦を曳航して、ここで本格的に日本への回航準備を実施することとした。しかし英海軍省は、新たにポートランドを根拠地にするよう指定してきたため、第二四駆逐隊は、プリマスを経てハリッジに向かい、ポートランドに曳航することとなった。

しかしその間、いきなり事故が起きる。駆逐艦「柳」がノルウェーの汽船と衝突してしまったのだ。やむなく必要な準備を実施した「檜」のみが12月20日、ハリッジに入港した。当初は、第二四駆逐隊の「檜」「柳」をもって7隻の潜水艦を「ハリッジよりプリマスまで」曳航できると考えたが、「柳」が衝突による故障で脱落した上に、天候も優れず、さらにドイツ潜水艦の説明書もなかったことから、まずは第1回として「〇二」だけを曳航し、様子を見るという確実な方策をとった。

12月28日、「〇二」と「檜」はハリッジ港を出港する予定だったが、天候不良のため翌日に延期され、29日午前8時に同港を出港した。だが「〇二」は、早くも出港1時間で機械の故障を起こし、結局「檜」に曳航されてドーバー海峡を抜けてダンジネスで仮泊したのち、翌大正8年1月2日朝、ウェイマスの先端部にあるポートランドに入港した。

海上の高い波など幾多の困難がありつつも、無事最初の曳航に成功した駆逐隊は、次に7隻中最大の潜水艦「〇一」の回航を実施した。「〇一」の排水量は1163t、全長82mだったが、当時の日本海軍は1000tを超える潜水艦を保有していなかった。そのため「〇二」とは異なり駆逐艦での曳航が困難なため、装甲巡洋艦「出雲」による曳航が実施されることとなった。日露戦争中、第二艦隊の旗艦として活躍した「出雲」は、このとき第二特務艦隊の旗艦を務めていた大艦である。

12月28日、ハリッジ沖に達した「出雲」は、英曳船から引き渡された「〇一」の曳航を開始。途中幸いにして天候の障害がなく、無事、翌年1月4日夕刻にポートランドに入港した。

一方「檜」は、「〇二」をポートランドに回航した乗員を再び乗せ、1月4日にハリッジに戻り、「〇三」の曳航に成功。続いて「〇七」の回航では「橄欖（かんらん）」という聞きなれない駆逐艦に曳航されることとなった。実は同艦は正式に日本海軍籍に編入されてはいない艦で、第二特務艦隊の地中海遠征に際し、イギリスから提供された駆逐艦「ネメシス」である。
1月6日、「〇七」は曳航されてハリッジを出港したが、しばらくすると荒天となり船体が動揺、翌7日には傾きが50度に達したとある。そのため曳航は危険と判断され、曳索を切断し、「〇七」は自力航行を迫られた。しかしポートランドまで電池の充電がもたないと判断され、反転してプール湾に避難するも、浅瀬に吹き上げられて座礁してしまう。重量物を陸揚げしたあと、駆け付けた曳船によって10日もかかってようやく1月17日に離礁に成功し、翌18日にポートランドに到着した。

1月5日には、心強い増援部隊が到着した。同じく第二特務艦隊の「日進」、第二三駆逐隊（「松」「榊」欠）、第二二駆逐隊（「楠」「栂」欠）がポートランドに到着したのである。「日進」もやはり日露戦争で活躍した装甲巡洋艦で、開戦1週間後に「春日」とともに横須賀に到着した艦として有名だ。もともと「日進」「春日」は、アルゼンチンがイタリアの造船所に発注していた装甲巡洋艦だったが、強大な

没収ドイツ潜水艦のイギリスにおける回航

図／おぐし篤

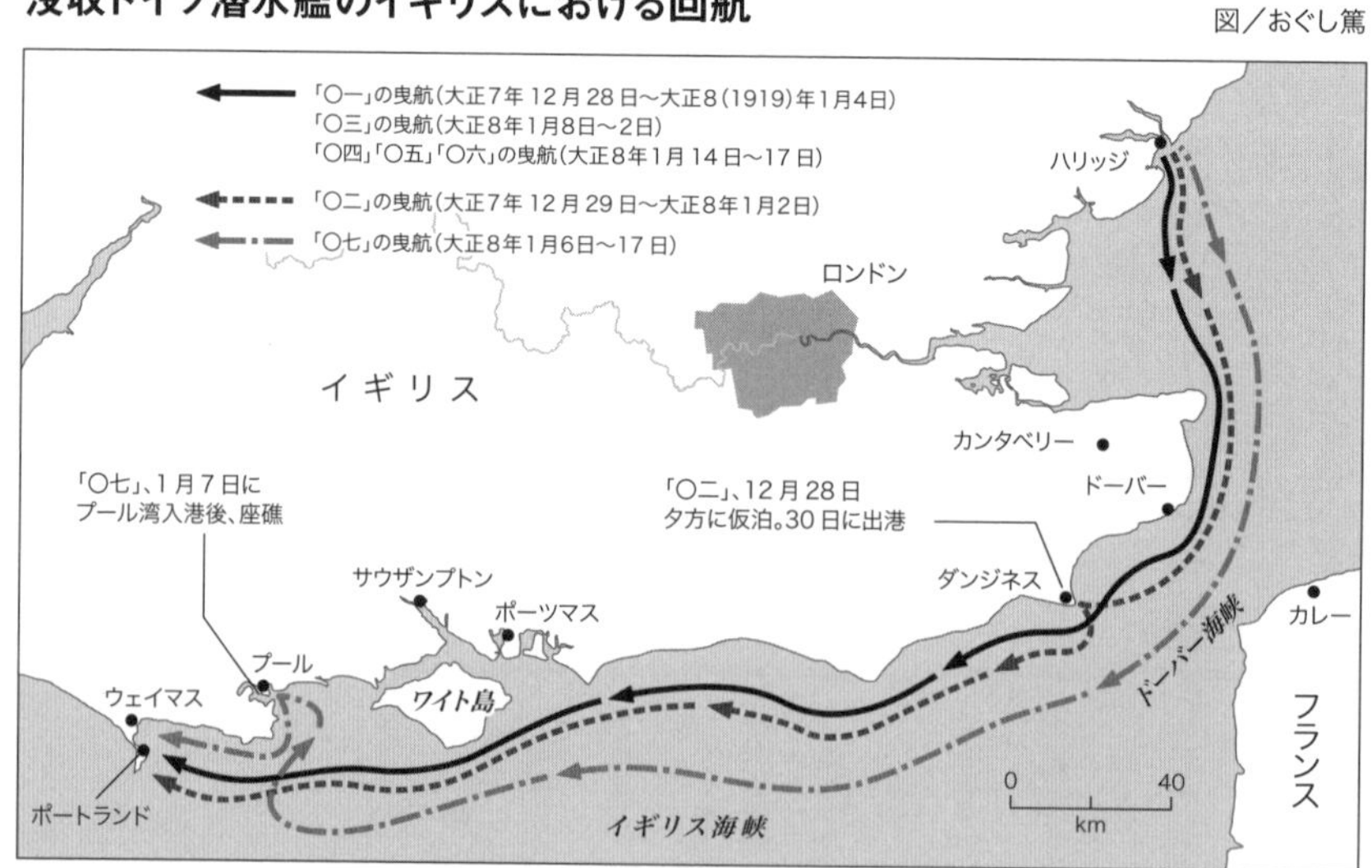

ロシア海軍に対抗するため日本がこれを購入。本国までの回航には、同盟国のイギリス艦隊の支援を受けたという。

5隻の駆逐艦はただちにハリッジに向かい、残る「〇四」「〇五」「〇六」3隻の回航を実施して、1月17日にポートランドに無事到着した。1月2日にポートランドに「〇二」潜水艦が入港して以来、順次来港する潜水艦に対して、直ちに各部の検査・修理が行われた。ポートランド、ポーツマス各工廠並びに「出雲」「日進」の懸命なる修理等により2月17日までに修理・点検は終了し、日本に向けて出発することとなった。

日本への回航ルートは、英国を出発し、フランスのブレストからビスケー湾を横切ってスペインを回り、ジブラルタル海峡から地中海に入る。そしてマルタ島で増派部隊と合流したあとスエズ運河に向かう。そこから紅海を抜けてアデンに至り、コロンボに寄港。インド洋を横切りペナン、シンガポール、馬公、館山、横須賀までという、まさに「大航海」であった。

点検・修理の結果、水上航行には支障なしと判断された艦は、「〇一」「〇三」「〇四」「〇六」の4隻。それに対して「〇二」「〇五」「〇七」は入渠修理が必要とされたが、修理したにもかかわらず、「〇二」の機関各部は非常に衰朽しており、他の2艦とともに自力航行は難しいとされた。しかしここまで来て引き返すこともできず、結局2隊に分けて日本に回航することとした。

第一回航隊は「日進」および第二二駆逐隊と、「〇一」「〇三」「〇四」「〇六」によって編成され、「日進」が「〇一」を、「杉」「栂」が「〇四」を、「楠」「松」が「〇六」を担当して2月18日にポートランドを出港する。

イギリス海峡を横断し、翌19日にはブレストに到着。ここで約3日間の修理を行い、2月24日にブレス

イギリスから日本までの回航（大正8年2月18日～6月18日）

図／おぐし篤

7隻の小さな潜水艦をイギリスから日本に曳航するこの計画は、その長大な航海から大きな困難を伴っていた。ただし、イギリス領であるアデン保護領や英領エジプト、英領インドなどに寄港していることから、イギリスの援助を受けていたのがうかがえる。

トを出港。スペインのジブラルタルに向かった。

ところが2月25日には荒天となり、「〇四」「〇六」の潜舵が故障、「〇三」「〇六」も機械が故障したため、やむなくジブラルタル直行を諦め、ファロに避難することとなった。3月1日までファロで故障の修理を行ったあと、3月6日には全艦無事ジブラルタルに到着することができた。同地で休養と修理を行ったのち、3月10日に出港、地中海を進み、次の目的地チュニジアのビゼルタを経由してマルタ島メレハ湾に向かい、そこで仮泊したあと、3月16日に同島バレッタに到着した。

一方、第二回航隊はワイト島と本土をわける海峡のスピッドヘッドに錨地を移し、「出雲」、第二三駆逐隊と、「〇二」「〇五」「〇七」によって編成され、第一回航隊に遅れること約2週間、3月6日に出発することとなった。3月6日および7日に同地を出発し、同11日までに無事ブレストに入港。数日の修理の後、ジブラルタルを目指すが、「〇五」が舵機の故障を起こし引き返すハプニングに見舞われた。

その後「〇七」が循環器の増水装置に故障を起こすも、

3月18日にはジブラルタルに到着。同地で修理を行い、3月23日にジブラルタルを出港、3月25日には「〇五」「〇七」がマルタ島バレッタに到着した。27日には、遅れること2日、「〇二」がバレッタに無事到着する。

マルタ島は第二特務艦隊の前進基地であることから、まずは地中海まで無事回航できたことは何よりの成果であった。というのも、ここまでの回航員は潜水艦の専門乗員ではなく水上艦出身者で、彼らによって荒天や故障に見舞われながらの長き闘いをやり遂げただけに、これは大いなる成果といえるものだったからである。

工作艦「関東」の到着

回航の開始に先立つ前年の大正7年12月26日、没収潜水艦の回航のため工作艦「関東」が横須賀を出港し、大正8年2月16日にマルタ島に到着していた。

各没収ドイツ潜水艦の艦長と随伴艦

没収ドイツ潜水艦の艦長は、基本的に3つのパートに分かれて担当した。ハリッジ―ポートランド間における『〇四』艦長は、この時大尉で、のちにミッドウェー海戦で有名となる山口多聞が担当していた。

仮名称		ハリッジ―ポートランド間	ポートランド―マルタ島間	マルタ島―横須賀間*
〇一	艦長	石井哲四郎少佐	田尻敏郎少佐	本内達蔵少佐
	随伴艦	装甲巡洋艦『出雲』	装甲巡洋艦『日進』、駆逐艦『杉』	※各艦による
〇二	艦長	熊沢外蔵大尉	石井哲四郎少佐	米山明吉少佐
	随伴艦	駆逐艦『檜』	装甲巡洋艦『出雲』、駆逐艦『柏』	同上
〇三	艦長	熊沢外蔵大尉	熊沢外蔵大尉	熊沢外蔵大尉
	随伴艦	駆逐艦『檜』	駆逐艦『桂』『楓』	同上
〇四	艦長	山口多聞大尉	片原常次郎大尉	片原常次郎大尉
	随伴艦	駆逐艦『樫』『杉』『桂』	駆逐艦『梅』『楠』	同上
〇五	艦長	最上修兒大尉	最上修兒大尉	沢野源四郎大尉
	随伴艦	駆逐艦『楓』『杉』『桂』	駆逐艦『樫』『柳』	同上
〇六	艦長	樋口修一郎大尉	樋口修一郎大尉	有本明大尉
	随伴艦	駆逐艦『柏』『杉』『桂』	駆逐艦『松』『榊』	同上
〇七	艦長	浮田信彦大尉	浮田信彦大尉	浮田信彦大尉
	随伴艦	駆逐艦『橄欖』	駆逐艦『檜』『桃』	同上

*マルタ島から横須賀までは、工作艦『関東』、装甲巡洋艦『日進』、駆逐艦『松』『榊』『梅』『楠』『柏』『杉』『桂』『楓』が、随時護衛および曳航を行った

大正8年4月、マルタ島で撮影された工作船「関東丸」とドイツ戦利潜水艦。「関東丸」の前身はロシアの汽船で日露戦争開始直後に拿捕した。大正13年、台風に遭遇し座礁・沈没しており、多数の殉職者が出た。遭難地の福井県のほか、横須賀馬門山、舞鶴にも慰霊碑が立っている（資料提供／大和ミュージアム）

「関東」の前身はロシアの汽船で、日露戦争開始直後に旅順沖で日本海軍が捕獲したものである。そして日露戦争終結後の明治39年3月に工作艦として連合艦隊付属となった。回航隊にとって工作艦の合流は極めて心強く、何よりも潜水艦経験者の回航員が多数「関東」に乗り組んでいた。以後、回航責任者は今泉哲太郎大佐（後に少将）に引き継がれることとなった。

今泉大佐は海兵25期、若き日には航海と水雷を学び、少佐から潜水艦の道を歩んだ。第一潜水艇隊司令を皮切りに複数の潜水艇隊司令を経て、後に潜水学校の校長も務めることになる「潜水艦のプロ」である。

モンスーンの到来を避けるため、回航隊はできるだけ早くマルタ島での修理を終え、4月中にはスエズ運河、紅海、アデン湾を抜けセイロン島コロンボに到着しなくてはならなかった。

このマルタ島から、回航隊はさらに4隊に分けて航行することとなった。まず一番隊として「〇三」と「〇五」「〇七」が「日進」と第二二駆逐隊とともに4月6日出港した。続いて「〇四」と「〇六」は駆逐艦「松」「榊（さかき）」の護衛で4月8日に、「〇一」は駆逐艦「杉」の護衛のもと4月9日に、「〇二」は「関東」および「柏」護衛のもとに4月13日、それぞれマルタを出港した。次の寄港地はアレキサンドリアで、ここからスエズ運河の入り口ともなるポートサイドを目指すのである。

スエズ運河は明治2（1869）年に開通し、当時は全長164km、深さ8mの人工運河である。運河の通航は各艦自力航行を成し遂げ、4月25日までに全7艦が無事アデンに到着した。

引き続き4隊に分かれて行動し、5月9日にセイロン島コロンボに到着。ここからインド洋を横切りペナンを目指した。幸いにしてインド洋の航海は順調で、太平洋戦争の緒戦に占領し、後に潜水艦基地として活躍するペナンには、5月17日に全艦到着することに成功した。その後はシンガポール、台湾の馬公を経由し、ついに6月17日に館山沖に全艦無事集結を終えたのである。

時には荒天に悩まされ、故障の連続に見舞われながらも、1万2000浬という長大な距離を慣れぬ外国の潜水艦を操り、わずか700t前後の駆逐艦で護衛を果たした回航隊は、6月18日に横須賀に入港したのだった。この壮挙に、世界各国はよくぞ回航できたと称賛と感嘆を惜しまなかったという。

日本海軍が入手した7隻の没収ドイツ潜水艦

仮称	旧名称	タイプ
〇一	U125	航洋型機雷敷設潜水艦（UEⅡ型）
〇二	U46	Ms型中型潜水艦（Ms型）
〇三	U55	Ms型中型潜水艦（Ms型）
〇四	UC90	中型機雷敷設潜水艦（UCⅢ型）
〇五	UC99	中型機雷敷設潜水艦（UCⅢ型）
〇六	UB125	沿岸用小型潜水艦（UBⅢ型）
〇七	UB143	沿岸用小型潜水艦（UBⅢ型）

データは「没収舊独逸潜水艦梗概」の記載と、
ドイツ潜水艦としてのデータを基に作成

大天覧・台覧および一般の観覧

大正8年7月9日、横須賀軍港外において第一次世界大戦中にインド洋方面で活躍した第一特務艦隊「磐手」「千歳」、地中海方面で活躍した第二特務艦隊「出雲」「日進」および第二二、二三、二四駆逐隊、工作船「関東」、そしてドイツ没収潜水艦7隻が、大正天皇の行幸を受け、次のような勅語を賜った。

「朕親シク凱旋ノ艦隊ヲ閲スルニ方リ深く汝等の堅忍忠武克ク其任務ヲ盡シタル嘉ス尚倍々奮励以テ報効ヲ期セヨ」

あわせて、東宮殿下（当時の皇太子。後の昭和天皇）、高松宮殿下が「関東」に横付けされた「〇一」「〇四」「杉」を台覧した。

さらに8月中旬以降には内地巡航を行い、一般観覧を実施することとなった。実際には8月16日に横須賀を出港して、奇数番号の「〇一」「〇三」「〇五」「〇七」については第一巡航隊と称し、北回りをとった。母船「夕霧丸」が随伴し、宮城県・女川を皮切りに各地を回り、1月7日に横須賀に帰着した。

残りの偶数番艦は第二巡航隊となり、母船「叢雲丸」を伴い、南回りを受け持った。清水、大阪、神戸、大分、長崎、佐世保、高松、江田島、宇品にそれぞれ寄港して一般観覧を行い、10月6日に呉に帰着している。

当時、活躍したと伝え聞くドイツ潜水艦を一目見ようと各地では大盛況となり、観覧者は一般見学者を除いても、10万人に上ったと言われている。

実験および調査で判明した実力

内地巡航と並行して、没収潜水艦の調査も始められた。すでに日本に到着する前の6月16日、ドイツ潜水艦の船体・機関・兵器・艤装を調査し報告するよう訓令が発せられており、早くも7月12日には「〇一」と「〇四」の実験が決定されていた。

これは今回没収した7隻の潜水艦のうち、大型潜水艦であり、機雷敷設能力を有する「〇一」と、中型潜水艦である「〇四」に関心が高かったことを示している。特に大型の潜水艦に関する情報は、欧州から多大な労力をかけて日本に回航してきた最大の目的であったと言っても過言ではない。

そのため両艦への調査項目、特に「〇一」に対するそれは詳細を極めた。内容は実験（16項目）と調査（5項目）に分けられた（表参照）。一方、「〇三」には耐波性試験、「〇四」には速力試験、旋回力、機雷敷設、潜航、「〇五」には船殻爆破試験、「〇六」には速力試験、惰力並びに旋回力、潜航、潜望鏡、魚雷発射の各種試験が実施された。

「〇一」の実験・調査項目

実験（16項目）	速力試験
	主機械後進試験
	惰力ならびに旋回力試験
	蒸化器造水試験
	対飛行機無線電信試験
	水中信号機試験
	空気清浄器試験
	羅審儀試験
	艦底測深儀
	潜望鏡および附属装置
	魚雷発射試験
	機雷敷設試験
	潜航試験
	大砲発射
	網切器
	外洋航海試験
調査（5項目）	砲熕兵器
	魚雷兵器
	電気兵器
	潜航用諸装置
	隔壁貫通部

「〇一」の試験および実験は長期にわたった。大正8年8月より横須賀で始まり、途中休みも入れながら、10月には1ヵ月かけて魚雷発射や機雷敷設、潜航等の試験が実施され、翌年の大正9（1920）年2月から3月まで潜航性能の試験も実施された。さらに7月には網切器の実験を行い、11月には再び潜航性

能の試験も実施された、他の艦も同様、約1年強にわたって入念に調査・実験が実施された。

まずは主機械の水上航走の試験で、平均速力は13・4ノット、実馬力3166馬力を計測した。カタログ値においては、輸入されたフランス製のS型やイタリア製のF型で17ノットを記録していたので、単純比較で見ると、当時としては特筆すべき速力ではない。

続いて主電動機においては、水上が10・6ノット、水中では6・4ノットを記録している。浸洗状態（潜水艦の艦橋部分が水面上に露出した状態）では4・1ノットである。電動機、特に水中速力は当時の潜水艦の能力としては標準的で、浸洗状態では海水の抵抗を受けるため、速力が低下するのは当然といえる。

所見を見ると、主機械の諸操作、電動機の起動や前進・後進の操縦は容易で、各重要部品も外見上は粗悪に見えるが機構製作技能は優良であり、故障に対しても安全装置が周到であると書かれている。また惰力や旋回試験では極めて迅速に舵が利き、操艦においても変な癖はないとされている。

『〇一』の速度試験結果

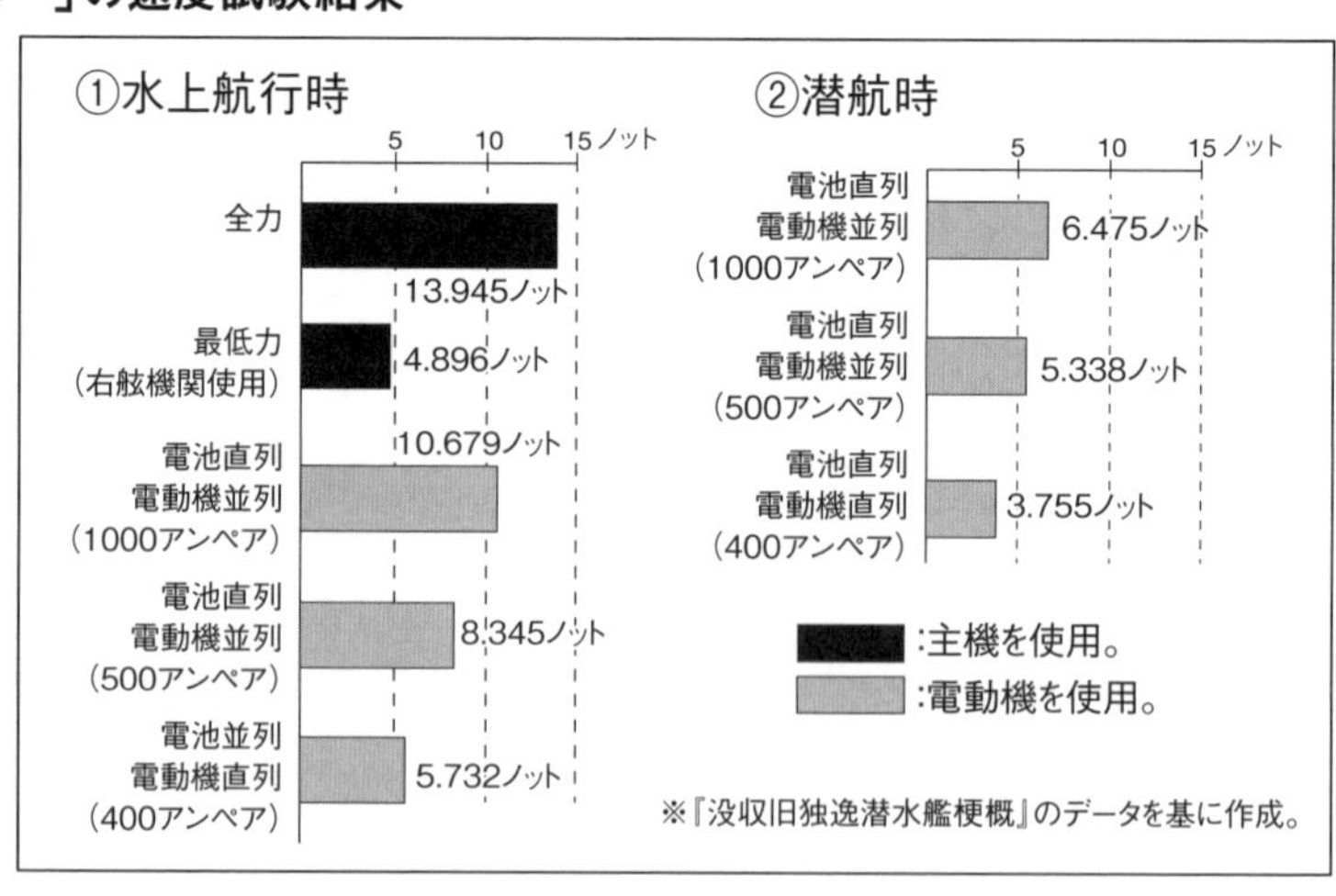

急速潜航・浮上試験

図／おぐし篤

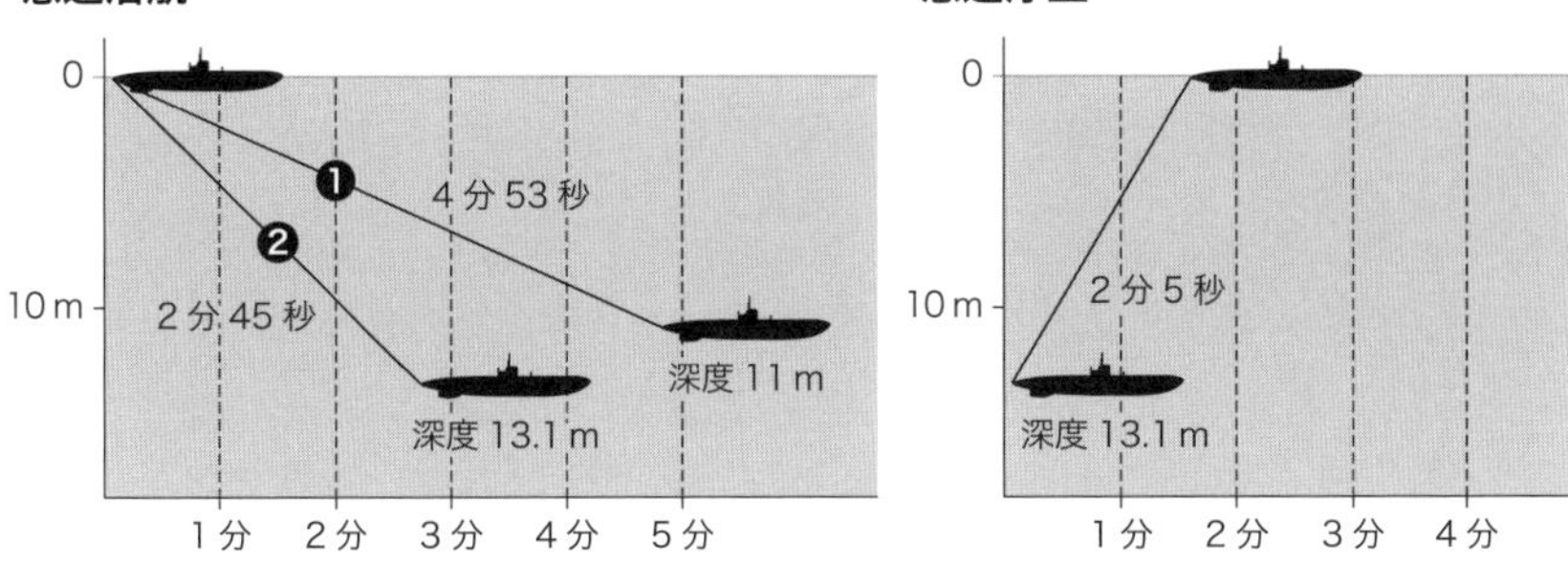

急速潜航の試験では、①平常航海状態から深度11mまで、②砲の操作中から深度13.1mまで、急速浮上の試験では、深度13.1mから浮上して砲の操作が可能になるまでといった状況別に実験を行った。

続いて行われたのが蒸化器造水試験である。潜水艦にとって今日でも真水は貴重だが、ドイツ製の造水器は扱いが難しく、訓練を受けていない日本人では思ったより効果が表れず、採取量が少なかった。結論として、スペースが貴重な潜水艦内においては造水器の重量と占有量に対して経済的ではないとしている。

11月に入ると、対飛行機無線電信試験が実施された。潜水艦には遠距離偵察の任務が期待されていたので、通信能力は重視されていた。当時の潜水艦は水上航行状態で使用され、甲板上の固定支柱と艦橋との間のアンテナのほかに、長波用のマストを装備していた。

11月15日、横須賀を出港した「〇二」に対し、実際に飛行機を飛翔させ、上空約300mで無線電話の試験を実施した結果、感度良好を確認。さらに高度500mにおいても同様だった。続いて潜航状態に入り、アンテナが水面に触れる程度なら、依然として感度が良好ということが分かった。

続いて行われた水中信号機試験は、横須賀港外において「〇七」の推進器音響を聞ける最大距離を求めるもので、「〇二」を停止させ、「〇七」を約4ノットで次第に距離を増していく方法がとられた。これによれば約2100mで受信が可能であり、約3000mまで最低限聴音でき、とらえることができた。

その後も受信艦、送信艦で条件を変えてさまざまなケースで試験を繰り返した結果、受信器を一層整備することにより、潜水艦が停止して信号すべき時は、艦の方向に関係なく、約15浬（約27㎞）までは容易に通信ができることが分かった。「〇二」には、受信器が前部甲板に2個、舷側に6個、艦底に2個、計10個装備されており、日本海軍が使用していた米国製のF式水中信号機より通信距離が大きいと判断され、優良との判定を受けた。

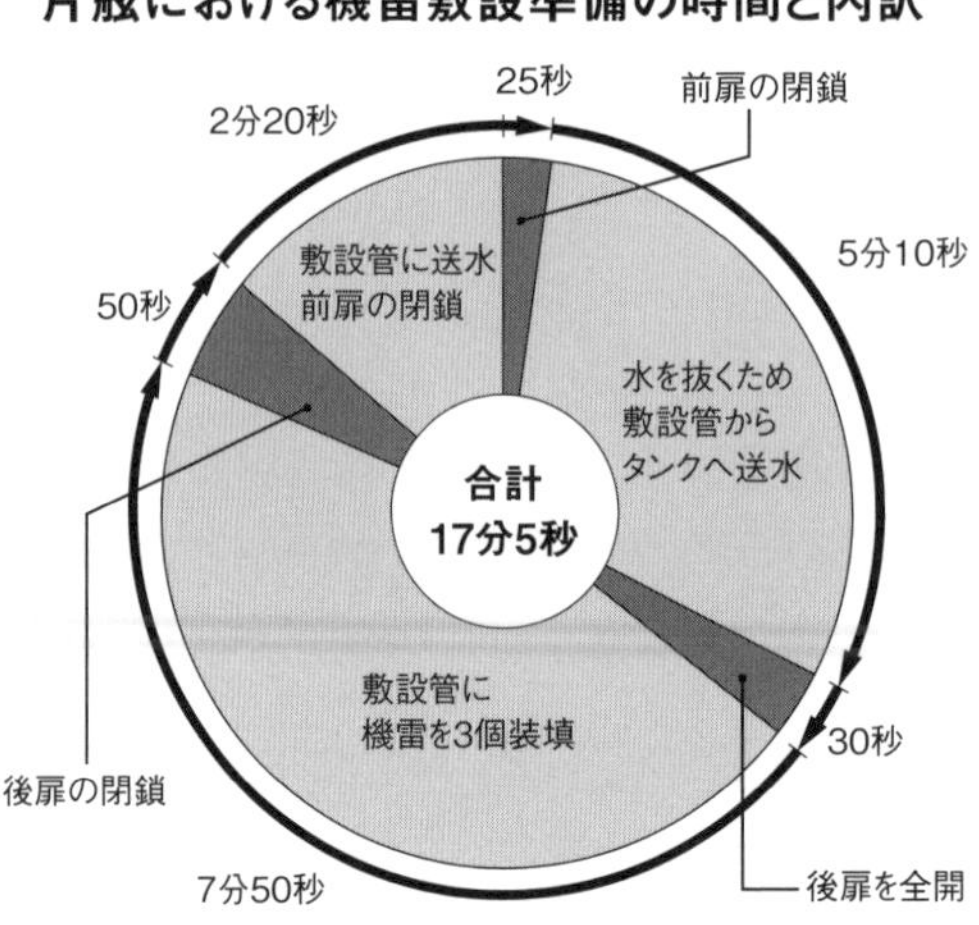

機雷の敷設に関しては「一度敷設してから次の敷設まで25分」との所見が得られたが、『没収旧独逸潜水艦梗概』では、敷設し終わった後、片舷の敷設管に再装填して再度敷設するまでの時間データが掲載されている

続いて行われたのは空気清浄器試験だった。言うまでもなく、潜水艦内において長期間潜航を余儀なくされた場合、空気清浄器は重要な設備である。「〇二」の空気清浄装置ならびに酸素放出装置は、充分応急または潜水時の艦内への酸素補給の目的に適合していると認められた。

一方、兵装の面では、魚雷発射試験において13回の発射試験が行われたが、そのうち6回の「冷走未発射（魚雷が発射管から発射されない状態）」が認められ、「操作方法など魚雷および縦舵機に関しては詳論する必要がある」とされている。

また機雷敷設に関しては、6回にわたり実験を行っている。一度敷設してから次の敷設まで25分の時間を要することや、6個以上の機雷を連鎖敷設することは不可能であること、速度や個数についての性能をよく計測している。また、機雷敷設中の潜水艦にとって難しい、船体の釣り合い（ツリム）に対する影響についても調べられており、「三個の機雷を敷設すると約一トンの海水の注入が必要である」と書かれている。のちに本タイプをコピーして建造した日本海軍の機雷潜水艦も機雷敷設時の釣り合いが困難だったと記録にある。

ドイツ潜水艦の長所と短所

長期にわたる綿密な調査・実験により、ドイツ潜水艦の特徴が整理された。内容は以下の通りだが、逆に言えば「長所」というのは、当時の日本海軍の潜水艦にはなかった、あるいは劣っていた項目となると見てよいだろう。逆に短所は比較的少なかった。

【ドイツ潜水艦の主な長所】

1. 一言で評すれば実用的である。
2. 各部諸装置が堅牢であり、操縦が簡単で作動が良好である。
3. 各部諸装置のバランスが良く、それぞれが強度を有し全体として堅実である。
4. 安全装置が豊富で故障が少なく、応急施設が完備されている。
5. 場所の利用が巧妙で、殻内に整然と格納されている。
6. 工事は緊密、丁寧で形式が統一されている。

7．各部の注油潤滑法が適切で充分である。
8．各種目板、注意書き、使用説明や計器の標準化が完備されている。艤装が丁寧で、ナットの戻し止めは徹底的に実施されている。

【ドイツ潜水艦の主な短所】

1．水上速力が小さい。
2．急速潜航したあと、艦を水平にするために多少時間を要する。
3．電池検査が不便である。
4．投錨に手間がかかる。
5．寒冷地方作戦用で、炎暑に対する設備に欠ける。

我が国の潜水艦建造への影響

一般的な長・短所を踏まえ、船体および艤装、兵装、機関、電気兵器の分野において戦利潜水艦から学んだ技術は多かった。主な内容については次のようなものがあった。

【船体および艤装】

潜水艦の強度や耐久性、安全性に学ぶことが多かった。安全深度は、当時日本海軍の潜水艦が50m前後だったのに対して70m、実戦では100mの例もあり、船体の強度や鋼材について参考とされた。

船体外部には突起物もなく、耐圧船殻外に通じる諸管や通風筒は二重の閉鎖構造を有していた。さらにこれらは開閉指示装置と連動して水密の確実性を高めていた。
バラストタンクや調整タンクがすべて内殻の外にある点や、横舵が推進器の直後にあり、小さい面積でも効果が大きい点など、先進の技術が大いに参考となった。

【兵装】

特に魚雷発射管の機構が堅牢で、安全装置が完備されているところが注目され、魚雷の搭載や装填装置の取り扱いが容易なことも参考となった。大砲は潜航の際に格納せず、材質が露砲に適しており、重量も比較的軽く、尾栓の開閉、旋回、俯角、繫止装置が迅速かつ確実だった。

【機関】

各機関の配列は良好で独立した補機は少なく、主要計器を集合させることで当直の数を減らすための工夫が見られた。各部の故障が少ない上に、予備品の精度も高く、現場で摺り合わせすることなくそのまま使用できた。
電気兵器では主電動機の性能や二次電池に注目し、特に電池は軽量で容量が大きい点が参考になった。

「機潜型」と「巡潜型」の誕生

日本海軍が7隻の没収潜水艦の中で最も注目したのが、大型機雷敷設潜水艦「〇一」だったが、詳細な調査・実験の結果、魚雷発射管や大砲を日本海軍の制式のものに変更し、南方での作戦行動を考慮して冷却器を装備した以外、ほぼ「〇一」をコピーした国産艦が建造されることとなった。これが「機潜型」といわれる潜水艦で、同型艦の図面をドイツから購入し、当初6隻建造される予定だったが、性能が芳しくなく、結局4隻の建造に留まっている。

その主な理由としては、日本仕様としたことにより船体が3・2m延長したにもかかわらず、潜舵と横舵の装備位置が原型の「〇一」と同じだったため、水中での運動性が悪く、特に機雷敷設時の艦の制御が困難を極めたからだった。しかしながら、日本海軍としては初の機雷敷設能力や航洋性は、これまでに保有していなかった、いわば「画期的な大型潜水艦の誕生」だったと言っても過言ではない。

ただ、大型潜水艦を有することのみを重視した結果、他の中型、小型のドイツ潜水艦の注目度が低く、調査も少なかった。実際、小型潜水艦の「〇六」は海中型の代艦としての構想が考えられたが、技術導入に手間と時間がかかること、英潜水艦L型の整備が進みつつあることから生産化は見送られた。中型潜水艦の「〇二」と「〇三」は旧式であったこと、「〇四」は沿岸用の機雷敷設艦であることから重視されることなく終わっている。

この結果、後の太平洋戦争における島嶼防衛などで活躍できる小型潜水艦の建造にブランクが生じることとなり、南方の島嶼などを基地とした交通破壊戦等に活用できた中型潜水艦に注意・関心が向けられなかったことも残念であった。

実は没収潜水艦に含まれておらず、日本海軍が大きな関心をもっていた潜水艦があった。これは「巡潜型」といわれるもので、当時の潜水艦の約3倍の大きさを持つことによって、長期間遠洋において交通破壊戦を展開できる潜水艦として建造されたものである。

具体的にはドイツの「U142」型だが、こちらは日本海軍潜水艦の発展における民間の最大功労者といわれる川崎造船所の社長・松方幸次郎（元首相・松方正義の三男）が「U142」型の図面を買い入れ、同時にドイツ潜水艦を手掛けたゲルマニア造船所より、ドイツ潜水艦の父とも言われているテッヘル博士を神戸川崎造船所に招聘したことで、国産潜水艦の発展に大いに寄与した。

テッヘル博士は大正13（1924）年12月から翌年4月まで滞在し、これによって、川崎造船所は機雷潜水艦、巡潜型潜水艦を建造することとなった。なかでも巡潜型は、設計者テッヘル博士から建設工事とあわせて直接、詳細な技術指導を受けて建造された。

テッヘル博士の教えは我が国の潜水艦設計者、穂積律之助技術少将、片山有樹技術少将、中村小四郎技術大佐などに受け継がれ、その後の我が国の潜水艦発達の基礎となった。そしてゲルマニア造船所テッヘル博士の系統を受けた大型潜水艦「巡潜一型（伊一型）」が誕生するのである。

没収潜水艦のその後

没収潜水艦は、各国との条約に従い潜水艦としての機能を廃却するため、大正12年6月までに解体、すなわち艦橋や兵装、機関が取り除かれた。しかし、回航する際の諸経費の埋め合わせとして、解体後の機材類は分配を受けた国で使用してよいとなっていたので、潜水艦として無力化したあとの船体について再利用が検討された。

「〇一」は工作艦「朝日」の釣瓶（つるべ）式潜水艦救難装置の沈錘（ちんすい）として昭和10（1935）年頃まで使用された。「〇三」は解体されたあと、大正12年に雑役船に編入、橋船として使用された。「〇四」は大正15（1926）年末まで、潜水学校で使われたあと売却。そして「〇五」は横須賀で解体されたのち、大正10年10月に爆弾と魚雷の効果を実験するための標的として東京湾で沈没した。

「〇六」は佐世保で解体されたあと、佐世保港務部の桟橋として使われ、「〇七」は横須賀で解体後、大正13年に横須賀工廠の交通用桟橋となった。

7隻の潜水艦の中で、一番数奇な運命を辿ったのは「〇二」であろう。「〇二」は呉工廠で解体され、大正14（1925）年に横須賀工廠で沈没潜水艦救難用の沈錘船に改造後、呉へ曳航中に暴風のため流され、行方不明となった。しかし太平洋を漂流し、昭和2（1927）年になんとハワイのホノルル西方で米商船に発見され、そのまま自沈処分されたという。

こうして昭和に入り、7隻のドイツ潜水艦はその姿を消したが、中型の潜水艦から大型の潜水艦に発展拡大する原動力となったのが、一連のドイツ潜水艦技術であったことはまぎれもない事実であろう。

ドイツ潜水艦の影響を受けた「巡潜一型」「海大一型」「機潜型」の建造により、日本海軍は大型潜水艦建造の目途が立ち、やがて日本海軍基本的作戦構想である「漸減作戦」の切り札として日本海軍潜水部隊は成長していくのである。

1918年12月、降伏し、接収されたUボート。ドイツの優れた潜水艦は列強各国に分配されたが、当時日本にはヨーロッパから日本までの潜水艦回航は困難であろうと思われていた。しかし1隻も欠くことなく全艦無事に到着させて諸外国から称賛されている（Photo/US DoD）

第四章

日本海軍潜水艦 その発達と戦術

大敗の要因はどこにあったのか!?

日本海軍は多くの技術的難関を克服しつつ、
独自の潜水艦運用法を確立したが
太平洋戦争では
十分な力を発揮できずに終わる。
当時の一次史料を紐解き、潜水艦戦術とともに、
日本潜水艦の発展と、
太平洋戦争での敗北を分析する。

損害に見合わなかった日本潜水艦の戦果

日本海軍の潜水艦の歴史は、日本海海戦の年である明治38（１９０５）年から太平洋戦争の終戦までのちょうど40年である。その間、大小合わせて２４１隻の潜水艦を保有したが、実戦で使われたのは太平洋戦争の3年8ヵ月で出撃した潜水艦１６２隻であり、そのうち実に8割を超える１２７隻の潜水艦が還らなかった。

また、潜水艦が沈没すると、ほとんどの場合、全員戦死するため、人員消耗率も他の艦種に比べて極めて高い。現に１１４隻の沈没潜水艦には生存者がいない。

この損害の対価である戦果を見てみると、空母や巡洋艦などの艦艇13隻、貨物船やタンカーなどの船舶１７１隻、合計約85万ｔを撃沈した。これに対して米海軍を主とした連合国潜水艦は、日本海軍の艦艇１８９隻、船舶に至っては１１５０隻、約４８６万ｔという驚くべき戦果を挙げている。

日本は戦闘部隊同士の戦いだけでなく、空襲と機雷、そしてこの潜水艦による交通破壊戦の損害で敗戦に追い込まれたと言ってよい。つまり俗に言う投資対効果が得られず完敗の状況である。ゆえに米海軍から「日本海軍は潜水艦の潜在能力を少しも把握、理解できていない」と酷評されるに至った。

日本海軍の潜水艦の運用上の問題点については、これまでも論じられているが、そもそも日本海軍は潜水艦をどのように用いようと考えていたのだろうか。そこで、まだ「潜水艇」と呼ばれていた黎明期から、太平洋戦争の時期まで、日本海軍の潜水艦の運用構想と戦術について見ていきたい。特に太平洋戦争開戦前夜の時期の潜水艦戦術については、貴重な一次史料を基に詳しく解説していく。

日露戦争中の潜水艇導入と揺籃期

日本は明治37（1904）年2月10日、日本はロシアに宣戦布告、日露戦争が始まった。陸海とも開戦以来、連戦連勝であったが、やがて信じがたい悲劇が日本海軍を襲う。5月15日、旅順港外の老鉄山南東10マイル付近において戦艦「初瀬」と「八島」が触雷し沈没したのである。これは当時の連合艦隊としては大打撃であり一大痛恨事であった。というのもロシアの旅順艦隊やバルチック艦隊との決戦を前に、戦艦6隻のうち戦わずして2隻が1日のうちに失われたのである。しかもその前後1週間に、防護巡洋艦、通報艦、砲艦、駆逐艦、水雷艇おのおの1隻を触雷や衝突事故で失った。

この極めて深刻な事態に軍令部は迅速に対応策を検討し、艦艇の緊急補充計画が立案された。日本初の潜水艦となるホランド型潜水艇5隻を米国のエレクトリック・ボート社へ注文することに決したのは、その一環としてである。しかし輸送や組み立てに時間を要し、結局これらの潜水艇は日露戦争には間に合わなかった。ちなみに、ロシア海軍も同時期に米国から潜水艇を導入している。戦艦「初瀬」「八島」の轟沈や、ロシア海軍の名将マカロフ提督もろとも沈んだ戦艦「ペトロパヴロフスク」も触雷によるものだったが、相手の潜水艇の襲撃ではないかと日露両国はともに恐れていたのだ。

この時点での潜水艇は未知の可能性を持った兵器であり、運用方法も明確に確立されていなかった。あくまで主力艦に魚雷攻撃を加える水雷艇の延長であり、海中に潜航可能で、隠密裏に肉薄攻撃ができる利点を備え、それを活かせる新兵器という位置づけだった。そのため日本海軍では、当初「特号水雷艇」と呼ばれている。

一方で、ホランド型は冬季の東京湾では波浪のため訓練がままならず、穏やかな瀬戸内海ならば冬でも訓練ができるということから、後に部隊ごとに呉へ移動しなければならない程度の性能だった。ホランド型に続いたホランド改型（第六、第七潜水艇）は水中での安定性は向上したものの、第六潜水艇に至っては瀬戸内海からの訓練には制限が加えられる程度の能力だった。

しかし潜水部隊の人材には優秀な人材が集められ、実際に先の5艇の艇長は後に将官になった者が多い。潜水艇乗員の条件は、志願であること、身体極めて強健・品行善良の者、酒・煙草を飲まざる者とあった。酒・煙草については、潜水艇に乗り組むことになったら好きな酒や煙草を止めることができる強い意志のある人材を求めるという意味である。下士官も全て水雷学校または機関学校の教程を終えた「マーク*持ち」の有能な人材ばかりであった。

大正初期の外国潜水艦輸入と自国開発

ホランド社製の潜水艇に見切りをつけた日本海軍は、続いて明治42（1909）年、イギリスからC型の採用に踏み切る。C型は英ヴィッカーズ社がホランド型を改良したもので、凌波性の向上や水上推進抵抗が低減された船体を有するなど、実戦能力を高められた潜水艇だったが、やはり沿海作戦に使用する潜水艇の域は出ていなかった。

しかし大正時代に入り、イギリスやドイツ、米国の潜水艦に対する考え方に変化が表れた。それは艦隊に付属して艦隊作戦を支援することが可能な潜水艦の研究・開発である。実際にイギリスでは大正元（1912）年以降、艦隊に随判が可能な高速・大型潜水艦の建造計画をスタートさせるため、フランスのシュナイダー社、イタリアのフィアット社と設計案をライセンス契約するなど、外洋で行動できる潜水

* 旧海軍の俗称で、「マーク」は砲術や航海などの各々の術科の専門分野のこと。基本となる艦隊勤務を経て各専門分野に進むことから有能と見られた。逆に専門分野を習得していないものを「ノーマーク」といった。

艦の開発に積極的に取り組んでいる。

対するドイツも艦隊型潜水艦の整備に着手しているが、これはドイツ艦隊より強力なイギリス艦隊が北海の海上を封鎖することを恐れ、このため艦隊と共同作戦が可能な大型巡洋潜水艦の検討を始めたからである。

日英同盟の影響から、イギリスの動きに敏感な日本海軍も当然影響を受け、艦隊作戦に活用できる艦隊付属型潜水艦の整備に着手することになった。

日本海軍が望んだ艦隊付属型潜水艦の性能は、水上速力18ノット、航続距離5000浬で艦隊の航海に追随することが可能で、艦隊決戦時には、敵艦隊が離脱を図った際、退却していく敵艦を追尾・迎撃して防御力の乏しい艦底部に魚雷を命中させることを目的とした。このため速力・航続力に加えて、魚雷発射管を艦首に6門、艦尾に2門、搭載魚雷数も20本と攻撃力も求められた。

こうした要求に基づいて、まずはフランスのシュナイダー社に最新式潜水艦ローブーフ型（別名S型）2隻を発注した。一番艦はシュナイダー社で建造され、大正4（1915）年7月に進水を果たした。しかし第一次世界大戦の勃発でフランス海軍に売却され、二番艦の第一四潜水艇が日本に来たのは大正5（1916）年のことである。

重油を燃料とする石油機関を搭載しており、速力は優れていたが、船体構造が弱く、国内で量産するには至らなかった。しかし、構造上参考とすべき点が多く、後の海中型に大いに影響を与えている。

続いて導入したのがイタリア、ローレンチ型の潜水艦、いわゆるF型である。しかしF1型は船体の強度が極端に弱く、わずか20m潜航しただけで変形するといった欠陥をかかえ、F2型も故障が多発して実用化には不向きと判定された。

海中四型、呂号第二六潜水艦。日本海軍の独自設計である海中型四世代目の潜水艦で、長期行動を目指し7隻の計画で建造に着手した。凌波性、航洋性が向上したが、艦隊随伴潜水艦には及ばないことから3隻で打ち切られた（Photo/USN）

輸入艦はどうしても表面的な性能が優秀である反面、先にも述べた日本海軍の求めた艦隊付属型潜水艦としては実用上欠陥の多い艦が多く、設計の上では重要な参考にはなっても、満足するものとはいえなかった。

その間、あわせて国内独自の潜水艦開発も開始された。日本海軍独自の設計による潜水艦が、大正6（1917）年に竣工した海中一型である。先述の大正5（1916）年にフランスから輸入した複殻構造のS型をタイプシップとし、この輸入艦から得た外国の技術を取り入れて試行錯誤を繰り返しながら、海中一型から四型までと、特中型が建造された。

中でも海中三型は同型艦が合計10隻建造されており、これは海中型の性能が一定の水準になったという証左でもある。しかしながら、型式を追うたびに船体は大きくなるが機関の馬力をなかなか向上させることができなかったため、型式を重ねるにつれて各種装備はともかく、速度が伸び悩み、後で述べるような艦隊に随判して漸減作戦の一翼を担う存在とは、まだなり得ていなかった。

大型潜水艦の開発に着手

海中型は一定の成果を挙げたものの、中型の潜水艦としての能力の限界もあり、艦隊付属型潜水艦としては能力不足と言わざるを得なかった。そこで日本海軍はさらなる大型潜水艦である海軍大型潜水艦の開発に着手する。大正7（1918）年になると第一次世界大戦でのドイツ潜水艦の活躍が認識され、ますます大型潜水艦の整備を実施すべきとの機運が高まった。こうして大正13（1924）年に竣工したのが、海中型で使用したズルザー式機関の馬力不足を補う、4基／4軸艦という他国に類例を見ない大型潜水艦の海大一型である。魚雷発射管も前後8門と強力だったが、機関不調により本来の性能は発揮できなかった。とはいえ、一応の大型潜水艦の建造に成功したといってもよいだろう。続く大正14（1925）年には海大二型が建造された。

一型、二型はともに実験艦の域を出ていないが、艦隊付属潜水艦に必要とされた性能を達成したとい

第四四潜水艦（後に伊号第五一潜に改称）は、艦隊随伴大型潜水艦がどうしても必要だった日本海軍が海中型2隻分のディーゼル4基4軸艦という類例がない試験艦的存在として建造された。設計には非常に苦労し、複雑な機関構造から特異な艦型となっている（Photo/USN）

える。また一方で、さらに潜水艦の航続距離を延ばし、敵重要基地の監視・哨戒を目的とした巡洋潜水艦の開発も開始された。

しかし、当時の潜水艦隊は必ずしも士気極めて旺盛という状況にはなかった。その第一の原因は、潜水艦の事故が多かったことによる。大正時代に入っても事故沈没2件のほか、水中衝突2件、水上衝突2件、浸水事故等6件、水素ガス爆発1件、主要兵器損傷事故11件と潜水艦は極めて危険で、乗員が恐怖を覚えるような雰囲気があり、意気消沈している状態だった。

大正12（1923）年12月、末次信正大佐（後に大将）は少将に昇任すると自ら進んで第一潜水戦隊司令官に転出。潜水艦部隊の萎縮している精神を立て直さねばならないと何事にも積極的に出る決心をし、末次司令官の訓練指導は果敢を極めた。艦隊警戒網突破、すなわち敵の輪形陣をいかに突破するかといった厳しい訓練を続け、大演習などではこれまでなかった、第一、第二潜水戦隊を統一指揮するなど、古くからの固定概念を払拭した大胆な運用を打ち出した。

末次司令官は潜水戦隊司令官に在任した2年間で、将兵に大いに影響を与えて意識改革を起こし、練度を向上させるとともに、潜水艦の技術革新とあいまって、その運用法においても大きく前進させたのであった。

ワシントン条約が与えた影響

日本海軍は日露戦争以後、米国を最大の仮想敵国と見なし、西太平洋に米艦隊を迎え入れて、我が戦艦・巡洋艦部隊で一気に雌雄を決することを作戦の基本方針としてきた。米国艦隊がハワイから日本へ来攻す

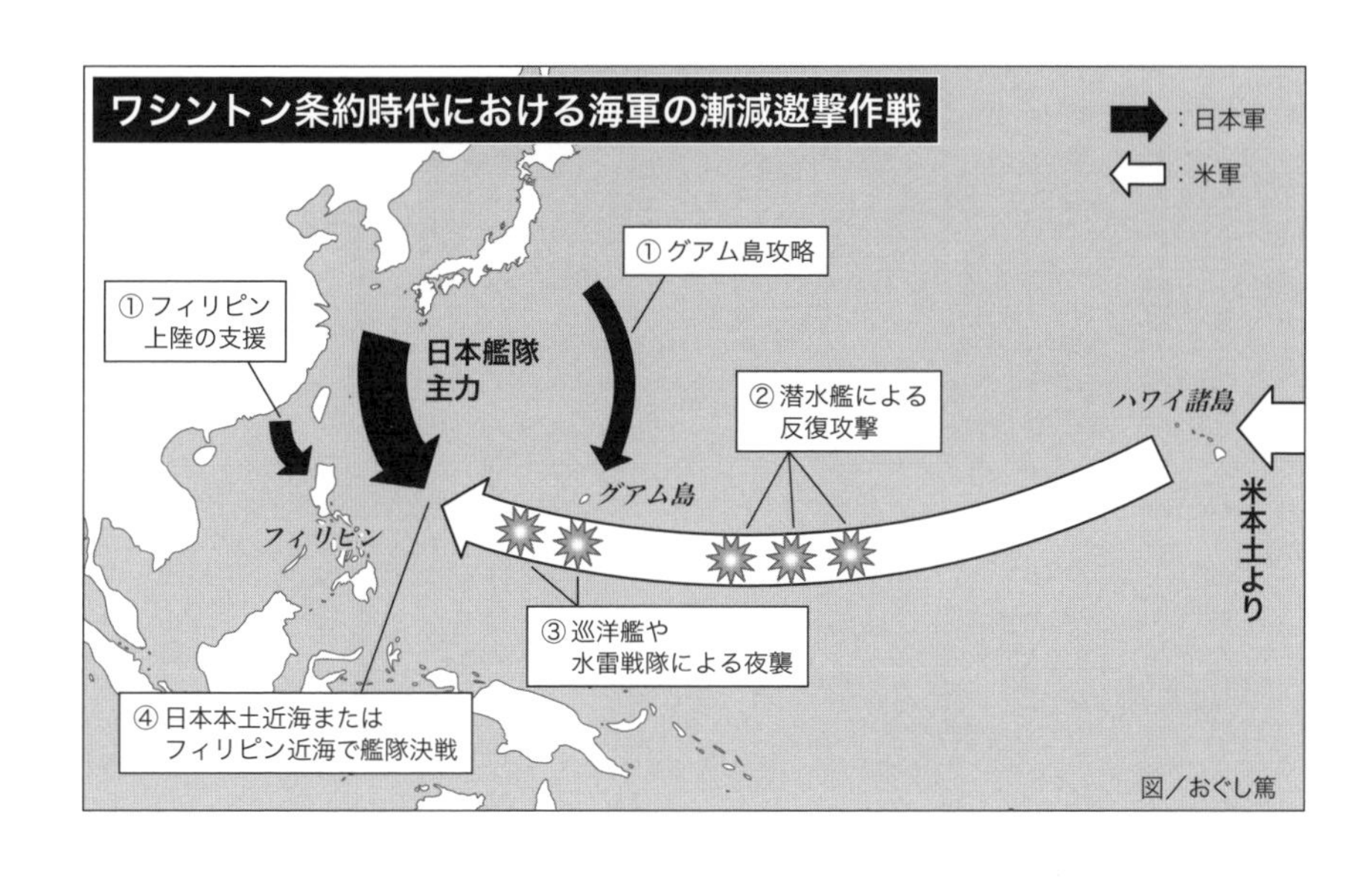

る経路は、アリューシャンを経由する「大圏航路」、オーストラリアから東南アジアを経由する「南方経路」、直接西太平洋に向かう「中央航路」が想定されていたが、その中でも最も効率の良いとされる中央航路、すなわち後の日本の南洋委任統治領を島伝いに攻撃して来ると予測していた。米海軍も日米開戦の30年も前から日本が考える中央航路ルートを構想の中心に置いており、期せずして日米両国は同様の作戦を描いていた。

日本海軍は日本海海戦の勝利を米艦隊相手に再現するべく、未曾有の八八艦隊建造計画に着手するが、国力の限界から大正11（1922）年にワシントン海軍軍縮条約が締結された。これにより日本の主力艦兵力は対米6割に抑えられ、艦隊決戦において極めて不利な状況に陥ると考えられた。そのために立案されたのが、主力艦同士の艦隊決戦前に、補助兵力部隊により1隻でも多く米主力艦を減ずるという「漸減作戦」である。

この漸減作戦は主力艦以外の潜水艦、水雷戦隊、甲標的、中型攻撃機などを用いて敵艦隊の戦力を減らした後、戦艦を主力とした部隊が雌雄を決するという作戦構想であった。先述したように、大正末から昭和にかけて潜水艦の用法は固まりつつあったが、このような潜水艦運用に必要な、大型で航洋性が高く、かつ機関等が安定している潜水艦の保有までは、依然として道半ばであった。

漸減作戦において、潜水艦の任務は大きく二つ想定されていた。一つは敵の湾口に長駆進出した後、敵艦隊の出動を監視し、可能な限り追尾して、機会があればこれを襲撃する任務と、もう一つは艦隊に随伴する潜水艦をもって艦隊決戦を支援する任務である。

これらに基づいて、前者の任務向けには航続距離を重視した巡潜型（巡洋潜水艦）を、後者は水上速力を重視した海大型（海軍大型潜水艦）が大正13年頃から整備された。これに機雷を敷設する能力を有する機雷潜型潜水艦が加わり、これら大型潜水艦3タイプが整備されていくが、そこにはドイツ潜水艦の影響が極めて大きい。第一次世界大戦において、ドイツが実用性の高い潜水艦を続々と建造し、著しい発展と戦果を挙げたことは周知の事実である。そして大戦に敗れたドイツに残されたUボート105隻は、日英米仏伊およびベルギーに分配されることとなった。

日本に分配された戦利潜水艦は合計7隻で、大正7年に日本に回航された。戦利潜水艦はフランス*を除いて昭和12（1937）年までに廃棄することが定められており、自国の戦力として保有することは許されていなかったため最終的に廃棄されたが、その前に各種の調査・実験が行われた。

その結果、ドイツの潜水艦は当時の日本の潜水艦と比較すると極めて実用的であることが確認された。具体的には各部が堅牢であり、さらに操縦が簡単で、作動が良好であった。特に諸装置の釣り合いが良く、偏重することなくそれぞれが強度を維持しつつ艦内に配置され、各々の性能も非常に高いことが分かった。これらの調査結果はその後の潜水艦建造に貴重なデータを残したことは言うまでもない。事実、「〇一」

＊　戦争で受けた損害の代償として、フランスだけが配分された46隻中10隻を自国の潜水艦として使用できた。

ドイツから戦利潜水艦として得た○一（U117級）の砲雷装を日本式に改めた以外、ほぼフルコピーで建造された機雷潜型の伊二一潜。ただし潜水艦から機雷を敷設するのは海中でバランスを取るのが難しく、扱いが大変なため「きらい（嫌い）潜」といわれた（資料提供／大和ミュージアム）

と称された機雷潜水艦であるU125をコピーし、伊二一型と呼ばれた機雷潜型4隻を後に建造することになる。

あわせて大正13年4月、これらの優秀なドイツ潜水艦を世に送り出した、ゲルマニア造船所の潜水艦設計部長で「世界潜水艦の父」と言われたテッヘル博士が来日したことが、さらなる大きな躍進をもたらした。敗戦国ドイツが潜水艦の建造を禁じられていたため、潜水艦技術が失われることを恐れたテッヘルは、第一次世界大戦後、オランダのハーグに「テッヘル設計工務所」を設立。いわば民間の工務所として外国の潜水艦設計を行っていた。この潜水艦建造の神様のような人物を、日本に招聘することに成功したのである。

テッヘル博士を含む5人の技術者とドイツ潜水艦長は、大正13年4月から翌年4月までの約1年間にわたって来日。ドイツ潜水艦についてさまざまな技術指導を受けることができた。彼らの協力は、海中型から試行錯誤を繰り返して発展してきた海大型の建造に大きな功績を残した。

さらに第一次世界大戦中に、日本海軍は川崎造船所の社長で美術収集家だった松方幸次郎に対し、美術の収集を表向きに、後の巡潜一型のモデルになったドイツ巡洋潜水艦U142の図面をなんとか入手するよう依頼。松方は非常な努力を払い、ゲルマニア社、ブロム・ウント・フォス社と粘り強く交渉した結果、巡潜型と機雷潜型の図面売却を承諾させた。これらの努力により、ドイツ潜水艦の影響を大きく受けた機雷潜型の伊二一と巡潜一型の伊一潜が神戸川崎造船所で建造されることとなった

こうして航続距離が長大な巡潜型の一番艦が大正15（1926）年に、速度優先型の海大三型、機雷潜型の一番艦がそれぞれ昭和2（1927）年に竣工、漸減作戦における艦隊決戦支援を潜水艦に託せる目途が立ったのである。

ロンドン条約が与えた影響

ところが、昭和5（1930）年にロンドン海軍軍縮条約が締結され、漸減作戦の重要な戦力と目されていた巡洋艦以下の補助艦艇も制限を受けることになった。これにより、兼ねてから軍備と演習を重ねてきた、米国艦隊への漸減作戦を根本から見直さなくてはならなくなったのである。

潜水艦も保有制限が加えられ、全体の保有トン数は5万2700tに過ぎず、隻数にすれば約30隻で、当初考えられていた必要隻数のほぼ半分となった。当然、潜水艦の役割も大きく見直されることとなり、特に艦隊決戦支援として、艦隊に随伴できる速度を重視した海大型に期待が高まったが、この時点での海大型では敵航空機の脅威を回避できるほどの性能は有してはいなかった。

当然の帰結として、量を質で補うしか方法はなく、ロンドン条約下の潜水艦には、限られた枠の中で質の向上が強く求められた。具体的には巡潜型にはより索敵範囲を拡大すべく航空機の搭載が計画された。潜水艦に航空機を搭載して運用することは各国も試行錯誤を繰り返したが、結局戦力化まで至らず断念し

ドイツ・ゲルマニア社製の流れをくむ巡潜一型の改型ともいえる存在の巡潜二型、伊六潜。同型艦は伊七潜と2隻建造された。同時期に完成した海大六型と並んで、日本海軍の潜水艦はついに自立を果たす（資料提供／大和ミュージアム）

ている。だが、日本海軍は粘り強く研究開発を進め、特に困難であった小型で頑丈な水上偵察機を開発することに成功したこともあって、他国に比べて順調に発展させていく。潜水艦で航空偵察が可能となれば、飛躍的にその索敵能力は向上する。

さらに通信機能を充実させた旗艦型の潜水艦の計画にも着手した。海大型と巡潜型の開発は進み、より高速を発揮できる巡潜二型と航続距離の延長を図った海大六型が生まれた。初めて航空機を搭載した潜水艦は巡潜一型の伊五潜であるが、その先例を踏まえて新造時から航空機を搭載する設備を有し、国産のディーゼル機関を装備したタイプも造られた。それが巡潜二型で、ドイツのゲルマニア型の影響は残ってはいるものの、純日本式巡潜型といえた。

一方、海大六型にも、ついに国産の機関が搭載された。これは明治38年以来、船体も機関も国産化するという永年の悲願が実現したことを意味する。艦政本部が開発した軽量大出力の艦本式一号甲八型ディーゼルを搭載した海大六型が、水上速力23ノットを達成するなど、日本は着々と高性能の潜水艦を建造していった。

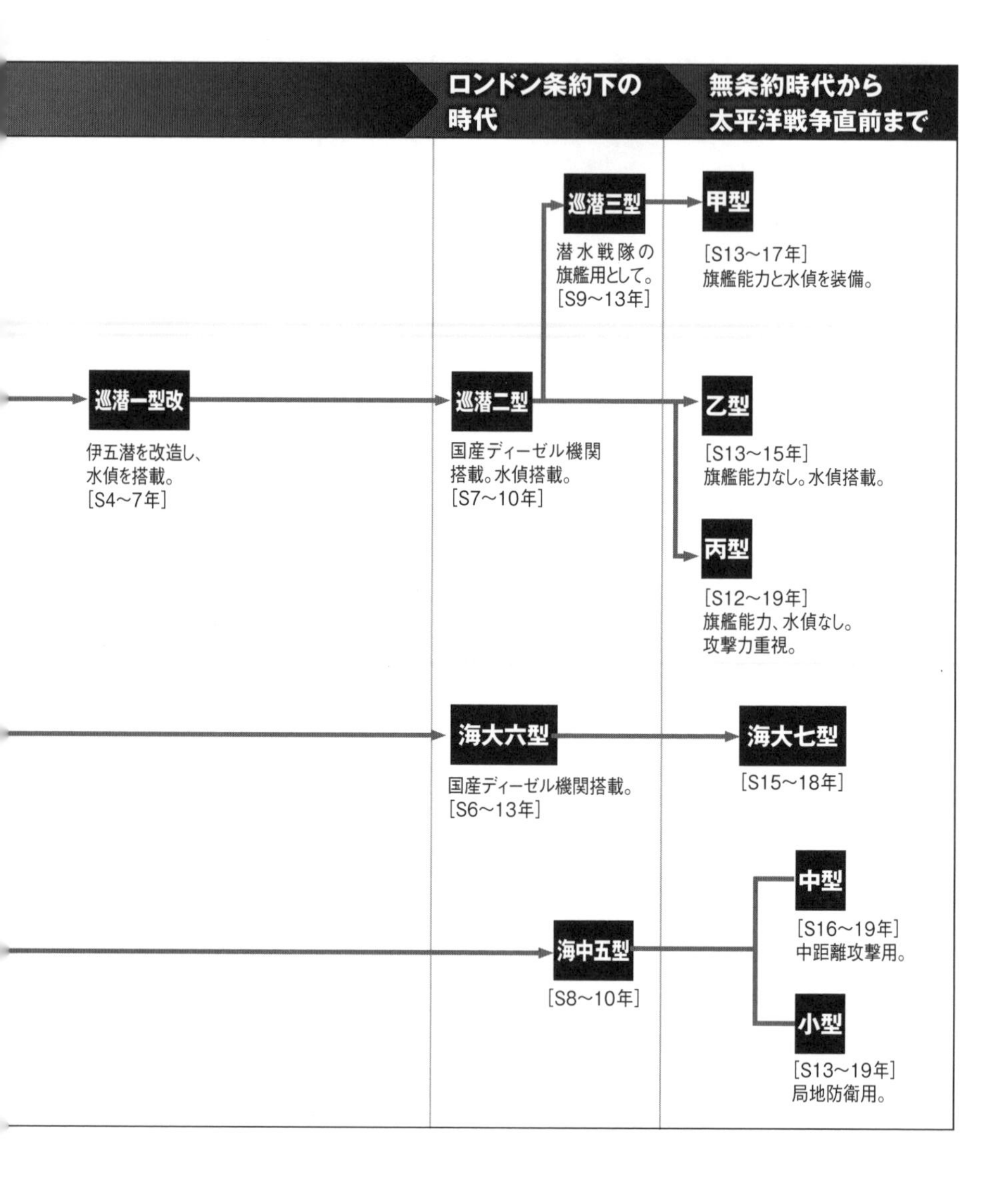
ロンドン条約下の時代
無条約時代から太平洋戦争直前まで
巡潜三型
潜水戦隊の旗艦用として。[S9〜13年]
甲型
[S13〜17年] 旗艦能力と水偵を装備。
巡潜一型改
伊五潜を改造し、水偵を搭載。[S4〜7年]
巡潜二型
国産ディーゼル機関搭載。水偵搭載。[S7〜10年]
乙型
[S13〜15年] 旗艦能力なし。水偵搭載。
丙型
[S12〜19年] 旗艦能力、水偵なし。攻撃力重視。
海大六型
国産ディーゼル機関搭載。[S6〜13年]
海大七型
[S15〜18年]
中型
[S16〜19年] 中距離攻撃用。
海中五型
[S8〜10年]
小型
[S13〜19年] 局地防衛用。

日本潜水艦の発達チャート

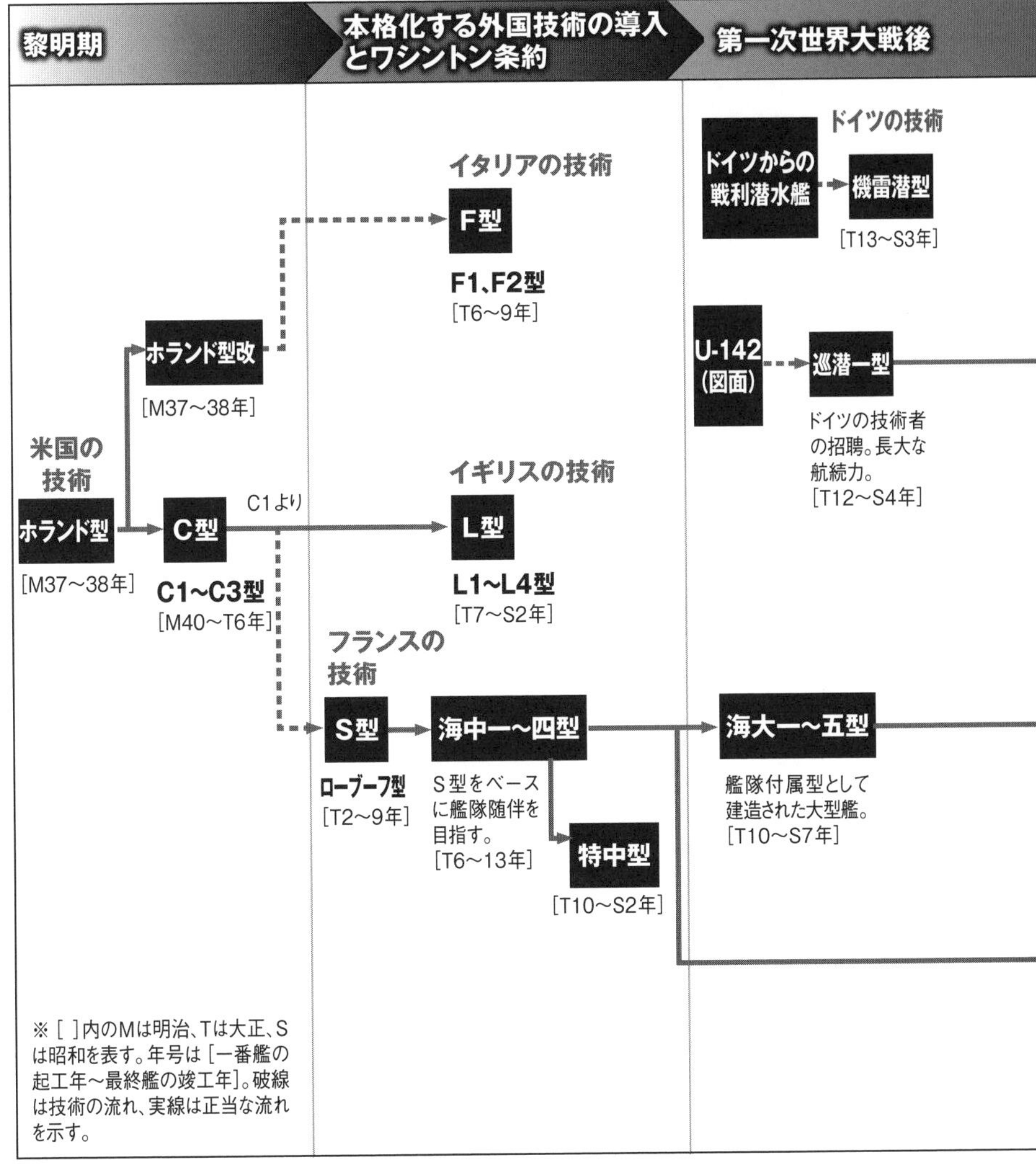

日本海軍の潜水艦の発展には、イタリアのF型、フランスのS型(ローブーフ型)、そして第一次大戦後のドイツ海軍の戦利潜水艦など、海外の技術も大きな影響を与えた。以後の海中型、海大型、巡潜型は、S型やドイツのU-142をベースに開発された。運用方法も、ロンドン条約下から本格的な水偵搭載能力や、旗艦能力などが設置されるようになっていき、無条約時代に登場した甲型、乙型、丙型などで、日本の潜水艦技術や運用方法は最終的な到達点に達したといえる。

戦前における日本潜水部隊の基本戦術

昭和8（1933）年度に行われた特別大演習では、特に南洋方面において徹底的に潜水艦戦術の訓練、研究がなされた。翌年にワシントン・ロンドン両軍縮条約破棄を通告することになる時期でもり、戦前の潜水艦戦術を知る上で、この演習は参考になる。

この年度に作成された「海軍潜水学校潜水艦巡回講習講話要領」や「海軍水雷学校の潜水艦講義案」が現存しており、当時の訓練の状況や所見を一次資料として見ることができる。これを読むと潜水艦戦術はこれまで述べてきた通り、潜水戦隊を単位とする敵港湾監視哨戒、追躡（ついじょう）・触接、艦隊戦における潜水戦隊の使用が非常に詳しく研究されている。例えば、特に環礁地域での作戦に重点が置かれており、監視哨戒では、高温多湿の環境の中で、2個潜水戦隊を3日ないし5日で交代して監視を続ければ潜水艦の直接監視により敵の捕捉が可能であると結論されている。また、追躡・触接は潜水艦として最も重要な任務として捉えられ、毎年訓練が行われていた。また、潜水戦隊は散開線を構成し、敵情によって部隊指揮官指揮統制の下に触接隊形を保持し、敵を発見したならば全艦で集中して襲撃を反復するとある。

ここでは、これらの史料で潜水艦の使用法がどのように記されているのか、当時の具体的な潜水艦の基本戦術を見てみることにしよう。

【遭遇】

基本的に、潜水艦は一度会敵すれば潜航することとなり、その後は運動力、通信力が劣ることとなる。その中で敵との遭遇を図るためには以下の必要があるとしている。

① なるべく前方に進出し、敵出現方向または展開方法に応じ、適正に広正面に分在する。
② 潜水戦隊を多数有する時は適当に分在する。
③ 水上速力が低い潜水戦隊を前方に配する。

【警戒航行】

潜水艦戦術にとって当然のことであるが、敵を発見しなくては襲撃に至らない。会敵を予期するには警戒航行を行う。警戒航行中の潜水艦は見張り警戒、速力発揮、通信連絡を万全として潜航準備を整え、常に敵の視認を避け、かつとっさに急速潜航ができる状態にするようにと書かれている。そのために警戒航行中の潜水艦は以下の点に注意する。

① 無線電信柱、電信檣を倒す。
② 潜望鏡を降下する。
③ 見張り警戒を厳にする。
④ 淡煙運転*1を実施する。
⑤ 浮遊物の投機およびビルジの排出を戒む。
⑥ 合戦準備、潜航準備を整えばキングストン弁（金氏弁）*2を開放する。
⑦ 状況により発射管を満水にする。

*1　できるだけ排煙を抑えて 探知されないようにすること。
*2　船舶において、主海水取入口にある弁のこと。

【警戒航行隊形】

潜水戦隊または潜水隊が、編隊を形成して戦闘を行うことはほとんど不可能である。このため、警戒航行隊形では必ずしも戦闘力を発揮できると限らない。航空機などのとっさの会敵にも混乱に陥ることなく敵の攻撃を避け、敵対行動を継続するために、潜水隊は開距離の横陣または散開隊形を、潜水戦隊は開進隊形または散開隊形をなすとある。

開進隊形は各隊を指揮官が完全に掌握し、かつなるべく各隊の距離を開き、散開を容易にするようにとされた。通常は旗艦を中心とし、各潜水隊を旗艦の視界内に保持し、なるべく開いた隊形を維持させた。

【散開】

散開とは、日本海軍潜水艦部隊独自の配備方法で、敵が進んでくると思われる針路に対し潜水艦を広正面に分散配列することをいう。散開には、散開した後に、引き続き敵に向かい進撃する進撃散開、同じく散開した後その位置を保持して敵の来航に待機する待敵散開、散開して索敵前進する索敵散開、敵航空機または軽快部隊の攻撃を避けるため散開する避敵散開と、いくつかの種類があった。

さらに潜水戦隊には散開の形式として線散開と面散開がある。線散開は単線を構成する待敵散開で、この単線を散開線と称した。一方、面散開は複線を構成する待敵散開を指し、この複線によって構成される面を散開面といった。

いずれにせよ、この任務を遂行するには3個潜水戦隊が必要とされ、1個潜水戦隊は旗艦（水上艦艇）に指揮された3隻編成の3個潜水隊で構成されるのが基準とされた。

そのためには、旗艦となる水上艦艇の旗艦能力の向上が必要不可欠とされ、この時点では1万トンクラスの高速航空巡洋艦を理想とする一次史料がある。恐らく後の南雲機動部隊で活躍する重巡「利根」型を理想としたのであろう。

しかし、敵艦隊に後方からといえども近接する際、潜水艦は潜航できるからよいが、水上艦では容易に敵空母機に発見され、危険となるため、後に旗艦機能を潜水艦に付加することが必要とされた。その結果として巡潜三型に旗艦能力を付加した潜水艦、伊七潜が開発された。以上のことからも、潜水艦は艦隊決戦の重要な戦力として、毎年のように演習・研究を行い、戦備を整えていったことがうかがえる。

さて、散開配備には以下のような要件を定めていた。

① 会敵公算大なること。
② 指揮ならびに通信に便利であること。
③ 散開運動が簡単で、かつ配備の形成が迅速であること。
④ 協同襲撃に便利であること。
⑤ 隣接潜水艦との保安上顧慮少なきこと。

散開の形式は潜水隊では一線もしくは三角形の2種類があり、地形、その他特別の事情がない限り、散開線として敵の予想航路に直角に配備するようにした。先にも述べた潜水戦隊の単線と複線の2種類の形式では、単線は比較的広正面を要する場合に、複線は地形、潜水艦隻数の関係上広正面を要しない場合に用いた。散開距離については彼我の速力、潜水艦の待敵状態、視界の状況にもよるが通常5浬ないし6浬を適当とするとある。

散開間隔は複数配備の場合、後方の散開線は前方散開線付近の敵情を視認・確認し、前線における敵情に応じることとされた。通常、普通の天候および視界においては7浬および10浬の視認は可能となるが、友軍より敵情を得た場合、その散開間隔は増大する。

【散開配備の決定】

散開配備を決定する上で考慮すべき事項は次の通り。

① 我軍の企画する戦闘の種類。
② 予期せぬ敵の企画。
③ 会敵時における彼我の航行序列および対勢。
④ 潜水艦数および性能。
⑤ 天象、気象。
⑥ 潜水戦隊の任務ならびにこれに対する期待の程度。

【散開の要領】

艦隊戦闘における潜水戦隊の散開は、艦隊最高指揮官がこれを決定し、全軍に令示するのが原則とされた。潜水戦隊を散開させる際には、散開の位置、配備に就くべき時機、待敵または進撃等の指示を当該部隊指揮官に一任することを可とした。潜水戦隊指揮官は散開配備を行うにあたり、以下の情況を把握して判断するように規定されていた。

① 敵情の概要。
② 友軍および旗艦の行動概要。
③ 自隊の現在位置。
④ 散開の形式。
⑤ 配備につくべき時間。
⑥ 散開基点。
⑦ 散開距離ならびに間隔。
⑧ 進撃方向、速力、進撃中の状態。
⑨ 待敵方向および待敵中の状態。
⑩ 敵が我が散開面通過後における各潜水隊の行動。
⑪ 集合点および集合時刻。

【散開配備の移動変更】

最初に構成した散開配備は、その後の敵情の変化に基づき逐次移動、変更する場合が多かった。ただ変更には潜水艦の速力が低く、水中通信力が弱いことや、敵の水上艦や飛行機による行動の阻害・遅延を考慮した変更下令が重要であるとされた。

移動変更を発令するにあたり考慮すべき点は以下の通りである。

① 命令通達のための消費時間。

②移動距離と当時の天候において発揮できる潜水艦の速力。
③敵に対する退避潜航による速力の低下。
④潜水艦の艦位誤差、潜水艦の状態（水上・水中）。

とはいえ、後に太平洋戦争の実戦において、指揮官が頻繁に敵情に反応して散開配備の変更を命じてきたことが、潜水艦長の多くから批判を浴びている。恐らく一度や二度のことではなかったのであろう。

潜水隊の戦闘

遭遇した敵水上艦への戦闘法としては味方主力の同航戦、反航戦、割中戦、合同戦に合わせたものがあった。

同航戦では囮行動を取り、敵を我が潜水艦面（味方潜水艦が潜伏し、敵を襲撃できる海面）に誘致する。同航を続ける場合、我が主力後方に潜水艦を配置し、潜水艦面に誘致しようとする敵が反転しないように圧力をかけ、もし反転しようとするなら攻撃する。

もう一つは、我が後方に潜水艦面を構成しつつ、同航している敵の先頭に圧迫を加えてこれに反転を強要し、我が潜水艦面に誘致する。

反航戦では、我が後方敵側に構成される潜水艦面に反航戦によって敵を誘致する。さらに、反航戦を行いつつ我が後方に潜水艦面を構成して機を見て反転して同航戦に移り、敵を潜水艦面に誘致するという方法もある。

潜水艦の戦闘法

:発見されている潜水艦
:発見されていない潜水艦
:味方部隊
:敵部隊

図／おぐし篤

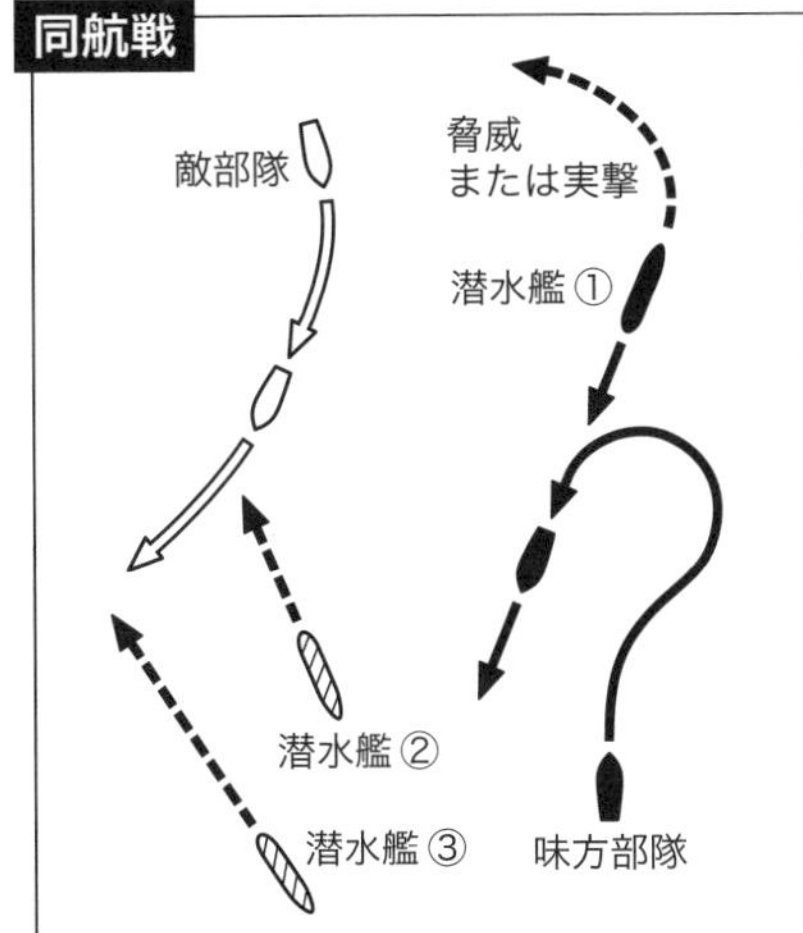

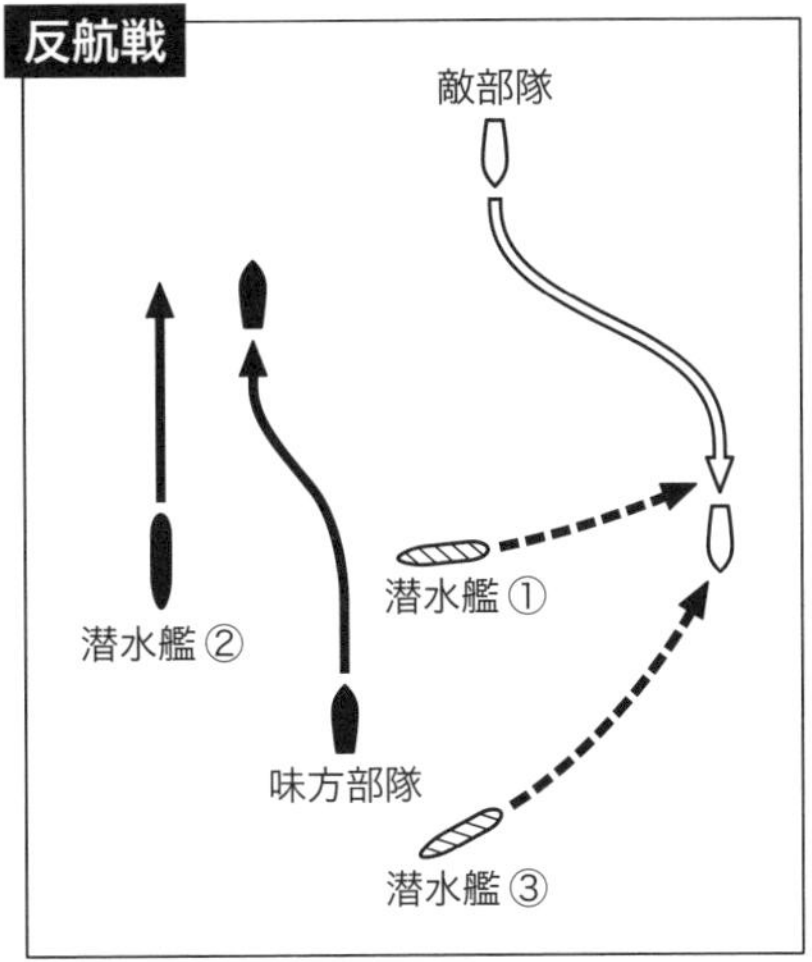

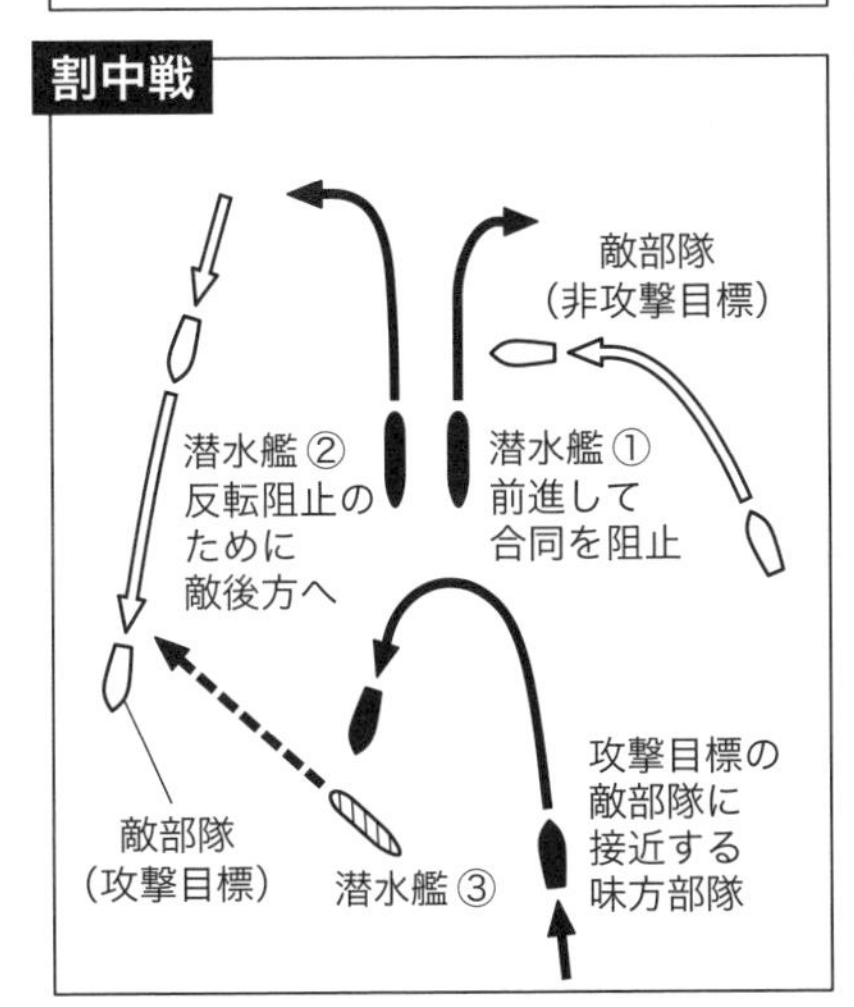

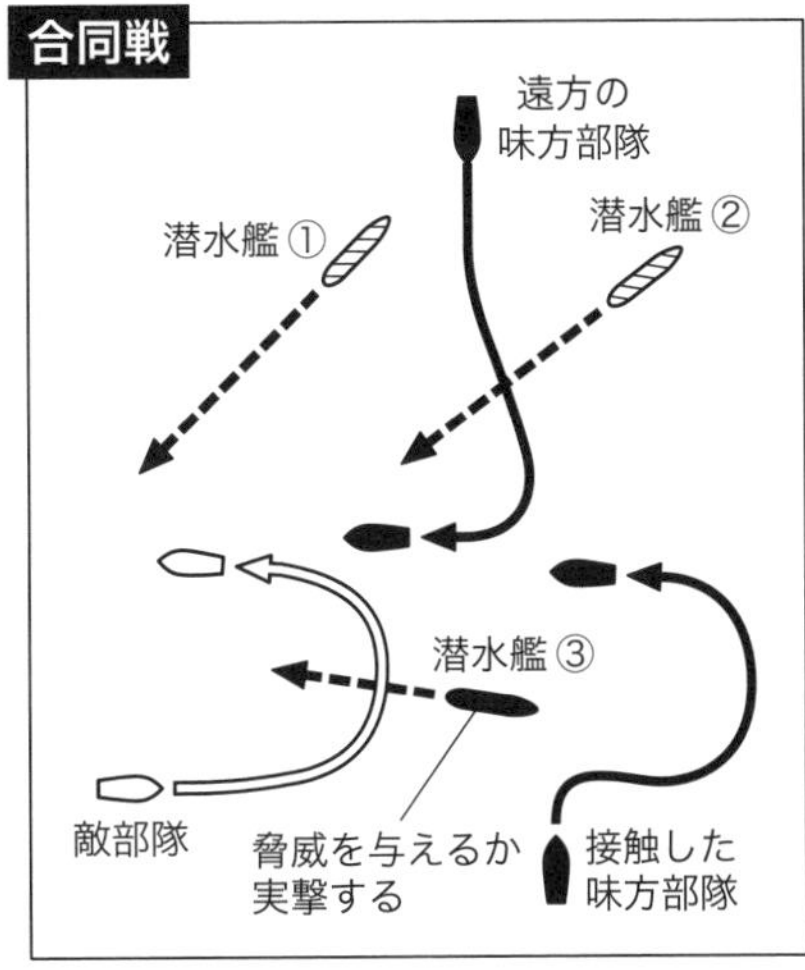

潜水艦の戦闘には、同航戦、反航戦、割中戦、共同戦があった。これらはあくまで基本的なもので、常に理想的な状態で行われるということはないが、いかに目標を潜水艦が展開している海域に向かわせるかどうかにかかっている。

割中戦では、まず潜水艦をもって主攻撃目標を追尾し、敵の反転を抑えつつ一部の潜水隊を主攻撃目標の前方に進出させ潜水艦面を構成する。一方で、主攻撃目標である敵水上部隊に合流しようと接近してくる別の水上部隊の前に、前方に占位している潜水艦が水上を高速で進み、この敵の水上部隊の前に進出して脅威を与え、敵が合流のために強行突破しようとしたら攻撃を行う。

最後に合同戦は、敵に触接している潜水戦隊が、敵の前程に進出して攻撃ならびに脅威を与えて敵の追撃を阻止、遅滞させる。また敵に遠い潜水艦部隊は、一般に潜水艦の使用は困難だが、状況が許せば潜水戦隊を予想合同地点付近に急行させる。

この潜水艦利用法は、実戦では全くと言っていいほど展開することはなかった。これらの展開を行うためには、潜水艦は浮上航行で彼我の位置関係を掌握し、通信によって各潜水艦を潜水戦隊や潜水隊の指揮の元で迅速に移動や接敵を繰り返す必要がある。実際は航空機の活躍や、後にレーダーの実用化により、潜水艦は敵に接近した情況での水上航走は困難となり、かといって潜望鏡だけの観測ではとても彼我の体勢を把握することは困難だった。

襲撃（魚雷攻撃）

潜水艦の最大の強みは隠密裏に行動し、敵に自分の存在を気付かれない情勢で、必殺の魚雷を発射することにある。その襲撃目標については、第一に主力艦、特にその先頭艦、第二に航空母艦、第三に巡洋艦とされた。射法は昼夜同一で開進射法、すなわち扇形に魚雷を角度調整して発射するようにした。

計画射点は敵の速度が20ノット以下の場合では、照準距離は1500m、方位角60度。20ノット以上の

伊一九潜の魚雷が命中し、水柱に包まれる駆逐艦「オブライエン」(中央)。左手奥には炎上中の「ワスプ」が見える。伊一九潜は6本の魚雷で正規空母撃沈、戦艦撃破、駆逐艦撃沈という驚異的な戦果をマークした(Photo/USN)

時は照準距離2000m、方位角40度および50度を設定するよう定められていた。とはいえ、当時の日本海軍の魚雷は直進魚雷で誘導魚雷ではないため、可能ならば上記の基本よりも接近して魚雷を発射することが求められた。

襲撃方法には昼間襲撃、夜間襲撃、協同襲撃、碇泊艦襲撃があった。各襲撃の要領は次の通りである。

【昼間襲撃】

潜水艦は昼間でも水上艦に発見されにくいとされていた当時、昼間に近迫できる公算は大きいとして、水中編隊・同時連合襲撃は困難であるとする。ゆえに昼間襲撃は潜航して隠密肉薄、一撃必中を目指せとあるが、好射点に占有することに専念する場合は、敵の回避により襲撃の機会を逸することがあるので、好機に乗じて迅速に発射を敢行することが肝要であると説いている。

【夜間襲撃】

夜間での接敵運動は水上航行状態で敵の機動力を利用し、敵が被発見距離に至ったら視界の情況により水上、水中のいずれかで襲撃せよとされている。ただし、このような選択が可能なのは、この一次史料が書かれた昭和8年頃、まだレーダーやソナーが本格的に登場する前だからである。このため水上襲撃運動中、情況によるとしながらも主機関を適当に使用することを可とするが、主機の発煙ならびに火煙には注意を要しなくてはならないとされている。

【協同襲撃】

当時においても、航行中の艦隊は見張りによる厳重な対潜警戒を行い、魚雷回避方法は巧妙であると認識している。このため潜水艦1隻では襲撃効果が大きくないとし、協同襲撃の必要性を説いている。

ただし当時の潜水艦では水中運動力、通信力、観測力の貧弱さから緊密で適切な共同襲撃は至難であり、散開配備における各艦の関係位置は努めて正確を期すこと、そして共同襲撃における襲撃準則を決め、直面する情況に対しての判断および処置の統一を図り、敵情が許せば水中通信によって相互の連絡を図ることとある。

【碇泊艦襲撃】

碇泊艦襲撃で最も考慮すべきことは防御線突破にある。敵の防御施設に関しては事前調査を綿密にし、周到な計画と果敢なる実施が必要であるとする。防御線突破に際しては、防御線付近に待機して、敵の出入港路を偵知し、追尾もしくは逆航する。防御線突破は昼間にするか夜間にするかは、情況によって判断し、防御線突破の後に直ちに攻撃目標に向かうか、一旦適当な位置に待機して攻撃の機を待つかも情況によるとしている。

さらに数隻によって攻撃する場合は、以下のことを考慮する。

①待機位置、襲撃順序、発動時機。
②襲撃目標、襲撃および退避航路。
③標準使用速力もしくは同一地区通過の時機。
④襲撃後の集合点または行動。

潜水艦の戦略的使用法

潜水艦の「戦略的使用法」は、偵察、捜索、監視、触接、通商破壊がその主たるものであると定義している。ただし、ここでの「戦略的」とは当時の日本海軍の潜水艦運用における意味合いであり、本来の「戦略」の意味ではない。

戦略的脅威牽制の手段としては、奇襲、機雷敷設、陸上砲撃等の使用が挙げられ、この時期まだ実用化されていなかった航空機の運用も、捜索も含めて牽制の手段として有効とされた。

これらの任務はいずれも味方主力から遠く離れ、長期間にわたって補給や支援を受けられない情況で、さらに敵艦隊に比較的近接して実施される場合が多い。

潜水艦は長大な航続力と、潜航性能による隠密性および絶大な防御力（海中に深く潜航可能）を持ち、魚雷によって単独で敵主力艦も倒すことができる。これは他の兵器には真似のできない特異性だが、その反面、速力が低く、緊急時の要求に応じがたい上に、観望力が小さいため敵の全般を偵察できないという欠点がある。また水中通信力が極めて貧弱で、夜間を待つか昼間隠密性を放棄しなければ通信が困難であった。以上のように一長一短はあるものの、戦略的任務遂行には、他の兵種の追従を許さないとされた。

【戦略的使用上考慮すべき事項】

潜水艦を戦略的任務に使用する場合、各艦は潜水戦隊司令官の掌握を離れ、長期分散行動するだけでなく、隠密保持上、無線の使用を極度に減らす必要性がある。このため潜水艦が戦略任務をおびて根拠地を出港するにあたり、出港前に各指揮官を会同し、最高指揮官および潜水戦隊指揮官の意図を徹底する十分な打ち合わせを行う必要性がある。

また潜水艦幹部は、特に気力・体力の保持に努めるべしとされ、潜水艦乗員は1名の欠員も艦の戦闘力発揮に影響すると考えなくてはならない。特に長期の戦略的行動は困苦欠乏の毎日であり、幾多の難関に屈しない気力と体力を必要とする。

【艦位を正確に保持し通信力の維持に努める】

潜水艦の艦位の正確性や通信力の維持が作戦の実施に大きな影響を与えるが、特に戦略的使用の場合において、この二つは重要である。水上警戒航行中、敵に対して顧慮しなければならないため、随時艦位を測定することは困難であり、さらに潜航中は一般に艦位測定が難しい。

また潜水部隊の旗艦の通信力は、直ちに潜水艦の能力発揮に影響を及ぼす。特に潜水戦隊独自に戦略的行動に従事する場合において通信力は絶対必要で、旗艦の通信力の維持に対しては特に考慮が必要である。また分散している多数の潜水艦を指揮統制するためにも、通信の円滑は最重要のテーマである。

無条約時代の潜水艦

昭和9（1934）年1月、日本はワシントン、ロンドン両軍縮条約は国防上極めて不利であると判断し、条約を破棄することを通達した。これにより日本海軍は昭和13（1938）年から条約の制限下を脱し、世界は無条約時代に突入したが、潜水艦には、引き続き漸減作戦における艦隊決戦兵力の重要な戦力として活躍するよう大きな期待がかけられていた。

日本海軍では巡潜型、海大型と建造が進められ、優れた艦本式ディーゼル機関の開発などが続いたことにより、「速度の早い巡潜型」、「航続距離の長い海大型」の性能に違いがなくなりつつあった。それに加えて、演習や戦訓研究によって潜水戦隊を指揮する旗艦機能や、偵察能力を飛躍的に向上させる飛行機搭載能力、敵主力艦への高速接近・遠距離での雷撃を可能とする雷撃強化が求められるようになった。

その結果、海大型に比べて整備が進んでいなかった巡潜型を発展させることとなり、旗艦能力と飛行機搭載能力を有した巡潜甲型、甲型から旗艦設備が除かれた巡潜乙型、魚雷発射管8門を有する雷撃強化型の巡潜丙型を整備する計画に変更された。結果的にこれらが太平洋戦争における日本海軍の主力潜水艦となる。

ところが、開戦前に行われた演習、すなわち昭和14（1939）年度海軍小演習、昭和15（1940）年度特別大演習、昭和16（1941）年度長期特別行動において、これまで永年にわたって研究・練成してきた潜水艦戦術を、整備された潜水艦戦力によって試行したところ、一部の戦術に疑問と不安が生じてきた。

具体的には昭和14年度海軍小演習で、2個潜水戦隊で編成された部隊が、紀伊水道において監視・追躡・

触接訓練を実施したところ、敵を発見できなかったばかりか、逆に護衛の駆逐艦から攻撃を受けて潜水艦2隻が沈没判定を受けてしまったのだ。さらに潜水艦搭載機により敵を発見して、各潜水艦は襲撃に努めたが成果はなく、これまた逆に反撃を受けて2隻が「沈没」となった。

続く昭和15年度の特別大演習では長期行動訓練を実施し、これまでの監視・追躡・触接にあわせて、軍事施設の破壊、海上交通破壊戦の訓練も実施された。特筆すべきは海上交通破壊戦訓練で、5日間にわたり対馬海峡、東京湾口、豊後水道沖に潜水艦を分散配置し、交通破壊戦訓練を実施したところ、訓練に参加した第三潜水戦隊の軽巡1隻、潜水艦9隻は87隻の商船を、第五潜水戦隊の軽巡1隻、潜水艦7隻は46隻を訓練襲撃することに成功し、所見で「将来、長期交通破壊に使用する潜水艦は弾丸戦時定数及び予備魚雷を増加するを要す」と述べられた。

そして開戦間近の昭和16（1941）年度は、トラック、サイパンまで足を運び、長期行動訓練を実施している。この訓練の成果と所見では、昭和14年度の小演習と同様、敵港湾への監視や、長期行動において追躡・触接を行うことの困難さが記されている。

以上の演習結果から、警戒厳重な水上艦隊に対する襲撃は、効果が低く、犠牲が多いということが実証される一方で、日本近海においてではあるが、交通破壊戦訓練では多くの商船を捕捉できたことから、大型潜水艦の任務は敵要地の監視と交通破壊戦に変更すべきであるという結論が軍令部で下されたと見られる。

その証左として、米国の海軍増強に対抗する〇五計画の繰り上げとして計画された潜水艦建造の〇追計画では、敵主力艦隊を襲撃する潜水艦より、長距離哨戒・交通破壊戦任務に向いている甲型、乙型、丙型の巡潜型や、中型の潜水艦が計画されており、日本海軍の潜水艦戦備は開戦直前に漸減作戦の補助兵力か

索敵、対潜哨戒に威力を発揮した米飛行艇PBYカタリナ。速力は遅かったが航続距離が長く、日本の艦艇はしばしばカタリナの索敵で発見された。潜水艦にとってもやっかいな相手だった（Photo/USN）

ら遠距離哨戒交通破壊戦への転換を画策していたといえる。

しかし、具体的な戦術の見直しや戦備が充分に整う前に太平洋戦争に突入したため、潜水艦はこれまでの艦隊決戦の補助兵器とされたまま、対米戦に臨まなくてはならなくなった。ここに、後の潜水艦作戦の不振の萌芽があったといえよう。

当時の潜水艦は水中速力が遅く潜航時間も限られているため、通常は浮上航行を行い、敵を襲撃する場合や、敵に発見された場合など、必要なときに潜航することができる艦船、すなわち「可潜艦」の域を出なかった。つまり長所と短所が明確であって、その強みを活かした運用が必要であった。

潜水艦は敵艦隊襲撃、交通破壊戦といったいわば本業のほかに、輸送作戦、偵察任務、航空任務（偵察と爆撃）、陸上砲撃、ドイツ派遣任務、甲標的や回天・輸送小型潜水艇の母潜水艦任務、

昭和21年、海没処分のため最後の航海に出港する伊一五六潜。海大一型、二型の試験艦を経て、実用化された初の艦隊随伴用高速潜水艦で、太平洋戦争時には老朽化で第一線を退いていたため戦争を生き延びた（Photo/USN）

特殊作戦の支援など、隠密性が高いがゆえに、さまざまな危険な任務に従事させられた感がある。そのために消耗が続き、数が不足していったため、本来潜水艦部隊が主体となるべき作戦を実施できなかったことは否めない。最終的に日本海軍は、潜水艦を勝利のためにどう使うかが最後まで曖昧あるいは不徹底だった。

「Mission analysis（使命の分析）」つまり〝我は何をなすべきか〟ということと、「Tasks（任務）」と「Purpose（目的）」が明確ではなかった、あるいは潜水艦組織のトップから現場の潜水艦乗員まで徹底されていなかったことが、太平洋戦争における日本潜水艦の大きな悲劇につながったのではないだろうか。

第五章

知られざる実像と戦歴を追う
検証 呂号潜水艦

日本潜水艦の歴史の中で、
大型の「伊号」潜水艦は
さまざまなエピソードとともに知られているが、
小型の「呂号」となると、エピソードも少なく、
建造隻数は多いものの、知名度は急に低くなる。
伊号の陰に隠れた、
呂号潜水艦の語られざる悲劇とは……。

悲劇の潜水艦――呂号

日本海軍の潜水艦といえば伊号潜水艦や回天、特殊潜航艇・甲標的が語られることが多く、潜水艦の中でも地味な存在の呂号潜水艦がどのような活動をしたのか、どんな役目を果たしたかということは、あまり知られていない。

端的にいえば、呂号潜水艦は「悲劇の潜水艦」といってもいい。とりわけ太平洋戦争末期になると、喪失相次ぐ潜水艦の隻数を補うため、伊号潜水艦と同様に、さまざまな作戦に従事した。そして苦戦を強いられ、その多くが祖国に帰ることはなかった。

具体的には、終戦時、呂号潜水艦は9割近くが喪失、または壊滅的な損害を被っている。戦局が悪化する中で巡洋艦、駆逐艦も9割近い損害を被っているが、潜水艦の場合、沈没すればほとんど全員戦死となるため、人的被害を考慮すれば、より悲劇的であるといえる。実際、60期から70期の海軍兵学校出身士官の戦死率を見ると、水上艦船が約4割であるのに対し、航空機が約7割、潜水艦に至っては約8割にも上っている。

それだけ壊滅的な損害を被りながら、敵に与えた損害、すな

特中型と称した海中四型を改良し、機関出力を半減させ航続距離を増大した海中五型。写真は2番艦の呂三〇潜。航続距離を延伸し長期の交通破壊戦用とする説と、ハワイ等の長距離偵察行動のためとする説があり、はっきりしない(Photo/USN)

わち戦果は厳しいものであった。呂号潜水艦による撃沈は、駆逐艦2隻、他艦船・商船9隻に留まっている。派手な戦果とは無縁だったのも、語られることの少ない理由の一つかもしれない。

また、竣工から損失するまでの間が極めて短期間であったのも、特徴的である。太平洋戦争中の平均活動期間は、なんと11ヵ月。つまり、竣工して1年も経たないうちに、その多くが姿を消したのだ。これが、呂号潜水艦の歴史を、一層悲劇的なものにしている。

いったい、それらの要因は何であったか——。

結論を急ぐ前に、まずは、呂号潜水艦がどのような発達を遂げていったのか、またどんな型式が建造されたのかをみていこう。

呂号潜水艦の発達と形式

日本海軍の潜水艦の歴史は古く、日露戦争中に米国に発注したホランド型潜水艇5隻から始まる。当初は「潜航水雷艇」と呼ばれ、普通の水雷艇と区別するために「特号水雷艇」と称されていた。その後「潜水艇」となったが、初期の潜水艇は冬になると東京湾の波浪でさえ航行が厳しく満足に訓練ができないほどの、沿岸用の潜水艇だった。

第一次世界大戦が終わった際、戦利艦として入手したドイツ潜水艦の中に、排水量が1000tを超えるものがあった。そこで大正8（1919）年、名称が潜水艇から「潜水艦」となり、排水量により三等級に類別されることになった。すなわち、一等潜水艦は水上1000t以上、二等は水上1000t未満・500t以上、三等は水上500t未満とされた。

型	建造年	隻数	要目	解説
L二型	大正10（1921）年、大正11（1922）年	4隻（呂五三潜～呂五六潜）	〈呂五三潜（新造時）〉常備排水量:893t／1,076t 全長:70.59m 最大幅:7.16m 吃水:3.94m 出力:2,400馬力／1,600馬力 速力:17.3ノット／10.4ノット 航続力:10ノットで5,500浬／4ノットで80浬 兵装:短8cm単装高角砲×1、6.5mm単装機銃×1、45cm魚雷発射管×4（艦首）、同×2（舷側）、魚雷搭載数10本 乗員:45名	L一型の機関を国内でライセンス生産したもので、性能的には大差なくL一型の準同型艦である。
L三型	大正11（1922）年、大正12（1923）年	3隻（呂五七潜～呂五九潜）	〈呂五七潜（新造時）〉排水量:889t／1,103t 全長:72.72m 最大幅:7.16m 吃水:3.96m 出力:2,400馬力／1,600馬力 速力:17.1ノット／9.1ノット 航続力:10ノットで5,500浬／4ノットで80浬 兵装:短8cm単装高角砲×1、6.5mm単装機銃×1、53cm魚雷発射管×4（艦首）、魚雷搭載数8本 乗員:46名	L一型、L二型の実績を参考に特に凌波性を向上させ、兵装を強化、冷房能力を高めて居住性も向上したことにより、艦隊側から好評を博した。
L四型	大正12（1923）年～昭和2（1927）年	9隻（呂六〇潜～呂六八潜）	〈呂六〇潜（新造時）〉排水量:988t／1,301t 全長:76.20m 最大幅:7.38m 吃水:3.96m 出力:2,400馬力／1,600馬力 速力:15.7ノット／8.6ノット 航続力:10ノットで5,500浬／4ノットで80浬 兵装:45口径12cm単装砲×1（呂六十一潜以降40口径8cm単装砲×1）、6.5mm単装機銃×1、53cm魚雷発射管×6（艦首）、魚雷搭載数12本 乗員:48名	従来のL型の欠点である舵の利きや注排水機構を改善し、より信頼性の高い艦となり兵装も強化、「総合的に極めて優秀」との評価を得た。このため太平洋戦争開戦時には艦齢超過による老朽化にもかかわらず、艦隊に留まり実戦に参加している。
特中型	大正12（1923）年～昭和2（1927）年	4隻（呂二九潜～呂三二潜）	〈呂二九潜（新造時）〉常備排水量:852t／886t 全長:74.22m 最大幅:6.12m 吃水:3.73m 出力:1,200馬力／1,200馬力 速力:13ノット／8.5ノット 航続力:10ノットで9,000浬／4ノットで85浬 兵装:40口径12cm単装砲×1、6.5mm単装機銃×1、53cm魚雷発射管×4（艦首）、魚雷搭載数10本 乗員:44名	海中型の機関を半分とし、燃料を増載して航続力を増やし、海軍の公式記録では海中四型の1.5倍となった。しかしその目的や開発経緯には諸説があり判然としない。低速で航続距離が長いことから交通破壊戦用として建造されたという説と、ハワイ方面への哨戒を目的としたという説がある。しかし、実際には航続距離は期待された程ではなく、速度も機関の出力が上がらなかったため、最後まで艦隊に編入されることなく、鎮守府の警備艦として生涯を終えている。
軍縮条約の対策として集積数を確保するために建造	L四型の実用性の高さから、中型の潜水艦は必要隻数を得られたと判断され、それ以降長らく潜水艦整備の中心は大型潜水艦に移行した。しかし、昭和5（1930）年に補助艦の戦力を抑制するために締結された「ロンドン軍縮条約」では、潜水艦の保有トン数は日本、アメリカ、イギリス均等と定められた。その結果、建造計画の見直しが必要になった。			
海中五型	昭和10（1935）年、昭和12（1937）年	2隻（呂三三潜、呂三四潜）	〈呂三三潜（新造時）〉排水量:700t／1,200t 全長:73.00m 最大幅:6.70m 吃水:3.25m 出力:3,000馬力／1,200馬力 速力:19ノット／8.2ノット 航続力:12ノットで8,000浬／3.5ノットで90浬 兵装:40口径8cm単装高角砲×1、13mm単装機銃×1、53cm魚雷発射管×4（艦首）、魚雷搭載数10本 乗員:61名	軍縮条約の対策として、艦を小さくしての隻数の増加と、戦時に急速に量産できる潜水艦を試作する目的で建造された。高性能追求で量産に適さないものの、性能は優秀で、実用型潜水艦としての評価は高かった。
大型潜水艦の補助と沿岸・離島基地防御用に建造	昭和12（1937）年に入り、無条約時代に入ってから続々と建造、竣工された大型潜水艦の補助として中型が建造された。また同時期に、離島航空基地防御用の小型鑑も計画され、建造された。			
中型	昭和18（1943）年、昭和19（1944）年	18隻（呂三五潜～呂五〇潜、呂五五潜・二代、呂五六潜・二代）	〈呂三五（新造時）〉排水量:960t／1,447t 全長:80.50m 最大幅:7.05m 吃水:4.07m 出力:4,200馬力／1,200馬力 速力:19.8ノット／8.0ノット 航続力:16ノットで5,000浬／5ノットで45浬 兵装:8cm単装高角砲×1、25mm連装機銃×1、53cm魚雷発射管×4（艦首）、魚雷搭載数10本 乗員:61名	戦時急造のタイプシップとして建造された、先の海中五型を改正したもので、水中行動能力、潜航性能、潜航速度に優れた優秀艦。実戦で深々度潜航性能が高いことも確認され一層の信頼を得た。しかし水中高速艦などの開発・建造を優先したため、最も実用的といわれながら大量に建造されることなく終わった。
小型	昭和17（1942）年～昭和19（1944）年	18隻（呂一〇〇潜～呂一一七潜）	〈呂一〇〇潜（新造時）〉排水量:525t／782t 全長:60.90m 最大幅:6.00m 吃水:3.51m 出力:1,000馬力／760馬力 速力:14.2ノット／8.0ノット 航続力:12ノットで3,500浬／3ノットで60浬 兵装:25mm連装機銃×1、53cm魚雷発射管×4（艦首）、魚雷搭載数8本 乗員:38名	耐波性を重視した艦首の乾舷は高く、水中速力や航続距離は巡潜三型と同様で、兵装も中型と同等の強装備だった。しかし、潜航速度は速いが水上速力が遅く、離島防御を目的として設計されていたため乗員が二直配備30数名であった。それを一番艦・呂一〇〇潜艤装員長の具申により、燃料の搭載を増大して航続力を増し、定員を三直配備できる50数名とした。しかし燃料増大による排水量増加で速度や航洋性が低下し、さらに三直のため居住性が悪く不評で、ソロモンや中部太平洋で苦戦を強いられる結果となった。

図／吉野泰貴

呂号潜水艦の全容

＊ 排水量、出力、速力、航続力の数値は、いずれも前の数字が水上、後の数字が水中を表す。排水量は特記以外基準排水量。／ドイツからの譲渡艦は割愛した。

大型潜水艦への発展過程として建造			大正時代、日本海軍はヨーロッパの先進国から積極的に潜水艦を導入し、急速にその開発技術を発達させていた。さらに外洋での艦隊作戦に対応できる潜水艦を目指して、大正8（1919）年から15（1926）年 の間に外国製のライセンス生産や、日本独自の設計による艦が続々と建造された。	
型式	竣工	同型艦	艦形／要目	特徴
F一型	大正9（1920）年	2隻（呂一潜、呂二潜）	〈呂一潜（新造時）〉排水量: 689t／1,047t　全長:65.58m　最大幅:6.07m　吃水:4.19m　出力:2,600馬力／1,200馬力　速力:17.8ノット／8.2ノット　航続力:10ノットで3,500浬／4ノットで75浬　兵装:短7.5cm単装砲（隠顕式）×1、45cm魚雷発射管×3（艦首）、同×2（艦尾）、魚雷搭載数8本　乗員:43名	イタリア・フィアット社と川崎造船所がライセンス契約し、ローレンチ式潜水艦を導入した。フィアット型ディーゼルによる18ノットの高速と45cm発射管5門の強力な兵装を誇った。しかし、船体の耐圧構造が複雑で工作が容易でなく、内部構造が局部的に弱く水圧に耐えられなかった。また潜航能力が不良で、機関の故障も多発したため、実戦には適さないと判断された。
F二型	大正11（1922）年	3隻（呂三潜～呂五潜）	〈呂三潜（新造時）〉排水量:689t／1,047t　全長:65.58m　最大幅:6.07m　吃水:4.04m　出力:2,600馬力／1,200馬力　速力:14.3ノット／8ノット　航続力:10ノットで3,500浬／4ノットで75浬　兵装:短8cm単装高角砲×1、45cm魚雷発射管×3（艦首）、同×2（艦尾）、魚雷搭載数8本　乗員:43名	F一型の不成績を受けて、船体構造の変形や潜航性能の改善を目指し設計変更を実施した。しかし改良型にもかかわらず機関の故障が多く、根本的欠点である船体の脆弱さと潜航性能の不良は改善されず、わずか3隻で建造は取りやめになった。
海中一型	大正8（1919）年	2隻（呂一一潜、呂一二潜）	〈呂一一潜（新造時）〉排水量:720t／1,030t　全長:69.19m　最大幅:6.35m　吃水:3.43m　出力:2,600馬力／1,200馬力　速力:18.2ノット／9.1ノット　航続力:10ノットで4,000浬／4ノットで85浬　兵装:短8cm単装高角砲（隠顕式）×1、45cm魚雷発射管×4（艦首）、同×2（水上）、魚雷搭載数10本　乗員:46名	艦隊に随伴できる性能と航続力を持つ潜水艦の開発を目的に、フランスから購入したS型をタイプシップとし、スイスのズルザー式ディーゼルを搭載して建造した。ディーゼル潜水艦としては当時世界最速の19ノットを記録したが、機関の故障が多発し思うような性能が発揮できず、航洋性・凌波性も満足ゆくものではなく、同型艦は2隻にとどまった。
海中二型	大正9（1920）年、大正10（1921）年	3隻（呂一三潜～呂一五潜）	〈呂一三潜（新造時）〉排水量:740t／1,003t　全長:70.10m　最大幅:6.10m　吃水:3.68m　出力:2,600馬力／1,200馬力　速力:16.5ノット／8.5ノット　航続力:10ノットで6,000浬／4ノットで85浬　兵装:短8cm単装高角砲×1、45cm角雷発射管×4（艦首）、同×2（水上）、魚雷搭載数10本　乗員:46名	海中二型は海中一型の実績を確認しないうちに建造されたので、余り多くの改善はなされず、海中一型同様に乾舷が低いため、航洋性・凌波性の向上は依然として見られなかった。また主機のズルザー式ディーゼルも故障が多かった。
海中三型	大正9（1920）年～大正12（1923）年	10隻（呂一六潜～呂二五潜）	〈呂一六潜（新造時）〉常備排水量:772t／997t　全長:70.10m　最大幅:6.12m　吃水:3.70m　出力:2,600馬力／1,200馬力　速力:16.5ノット／8.5ノット　航続力:10ノットで6,000浬／4ノットで85浬　兵装:短8cm単装高角砲×1、45cm魚雷発射管×4（艦首）、同×2（水上）、魚雷搭載数10本　乗員:46名	ズルザー式ディーゼルを国内で生産し、部品の国産化も進み、従来呉工廠のみで建造されていた潜水艦も横須賀工廠や佐世保工廠で建造されるようになった。安全潜航深度が増大し、性能的にも技術的にも一様の安定性が得られたと判断され、同型艦10隻と、海中型では最も多く建造された。しかしやはり航洋性や水上速度においては、艦隊側の満足は得られなかった。
海中四型	大正12（1923）年、大正13（1924）年	3隻（呂二六潜～呂二八潜）	〈呂二六潜（新造時）〉常備排水量:805t／1,080t　全長:74.22m　最大幅:6.12m　吃水:3.73m　出力:2,600馬力／1,200馬力　速力:16ノット／8.5ノット　航続力:10ノットで6,000浬／4ノットで85浬　兵装:短8cm単装高角砲×1、6.5mm単装機銃×1、53cm魚雷発射管×4（艦首）、魚雷搭載数8本　乗員:46名	第一次世界大戦での戦利艦として回航されたドイツ潜水艦を参考に、航洋性・凌波性の飛躍的向上が図られ、潜航時の運動性能も高く評価された。だが機関は相変わらず不調で、艦隊随伴型潜水艦としてはやや不満を残すこととなった。しかし一定の性能は得られたとして海中型の開発は終息し、建造の主体は大型潜水艦に移行することとなる。
L一型	大正9（1920）年	2隻（呂五一潜、呂五二潜）	〈呂五一潜（新造時）〉常備排水量:886t／1,076t　全長:70.59m　最大幅:7.16m　吃水:3.90m　出力:2,400馬力／1,600馬力　速力:17ノット／10.2ノット　航続力:10ノットで5,500浬／4ノットで80浬　兵装:短8cm単装高角砲×1、6.5mm単装機銃×1、45cm魚雷発射管×4（艦首）、同×2（舷側）、魚雷搭載数10本　乗員:45名	イギリス・ヴィッカーズ社 から製造権を取得して建造された艦で、潜航深度や凌波性に問題はあるが機関の信頼性は高かった。

艦名については、等級にかかわらず、第一潜水艇以来ずっと一貫した番号をもって付けられていた。しかし、多数の航洋大型潜水艦（巡潜型、機雷潜型）、艦隊用大型高速潜水艦（海大型）などが次々と建造されるに及び、一貫番号では型式・船型が分かりにくく不便なため、大正13（１９２４）年に番号の改定が行われた。一等を「伊号」、二等を「呂号」、三等を「波号」とするもので、これは終戦まで変わることなく、日本潜水艦の名称として定着する。

横須賀に停泊中のL三型の呂五八潜。太平洋戦争開戦時には老朽化しており第一線任務に従事していないが、L型は英ヴィッカーズ社から輸入し、三菱神戸造船所が初めて建造したタイプ。L三型は中型雷装強化型として3隻建造された（Photo/USN）

呂号潜水艦は全部で14型式83隻が建造された。そのほかにドイツからの譲渡艦2隻を含めると、日本海軍に在籍した呂号潜水艦は85隻となり、保有した全潜水艦の約35％にあたる。また、太平洋戦争開戦時に第一線部隊に配属されていた呂号潜水艦は11隻、開戦中に就航した艦は36隻であった。

呂号第一潜水艦が竣工してから終戦までの25年間の発達史を大別すると、3種類に大別される。まずは大型潜水艦への発展段階として建造された段階。次のステップとして、軍縮条約の厳しい制限から隻数を確保する目的の段階。さらに、戦局厳しい中で大型潜水艦の補助と沿岸・離島基地防御用のため建造された段階に分けられる。

しかしながら、この呂号潜水艦の発展段階は、当初から明確な目的で整備された軍備・戦備ではなかったのではないかという疑問が残る。また結果的に伊号潜水艦は艦隊決戦支援、呂号潜水艦は沿岸・離島防衛の目的で整備されたが、実際の潜水艦戦は伊号も呂号も当初の計画と異なった作戦を戦う結果となった。つまり戦局の厳しさから、呂号潜水艦は伊号潜水艦と同様の任務を強いられ、犠牲を増やしていったといえる。

開戦劈頭の悲劇

作戦用呂号潜水艦は太平洋戦争開戦時には、内南洋部隊として第四艦隊に所属する第七潜水戦隊にL四型が9隻、連合艦隊直属の第四潜水戦隊に海中五型が2隻配備されていた（その他、呉鎮守府所属の第六潜水隊にL三型3隻が配備されていた）。

しかし、真珠湾攻撃によって太平洋戦争の火蓋が切って落とされた、まさにその直後に呂号潜水艦最初の悲劇は起きた。第七潜水戦隊における出来事である。

開戦当時、第七潜水戦隊には三つの潜水隊があり、次のように構成されていた。

第七潜水戦隊

第二十六潜水隊（呂六〇潜、呂六一潜、呂六二潜）

第二十七潜水隊（呂六五潜、呂六六潜、呂六七潜）

第三十三潜水隊（呂六三潜、呂六四潜、呂六八潜）

このうち、第二十七潜水隊はウェーク島攻略戦に、第三十三潜水隊はハウランド方面の作戦に当たり、第二十六潜水隊はクェゼリン基地で待機していた。

12月11日、ウェーキ島攻略部隊は作戦に失敗、再挙を図ることとなった。第二十七潜水隊は攻略部隊か

英ヴィッカーズ社製Lシリーズの最終型、L四型の１番艦呂六〇潜。L四型は9隻建造され、特別に優秀ではないが使いやすい潜水艦と重宝され、太平洋戦争前半まで第一線で活躍し成功した数少ない輸入潜水艦であった（Photo/USN）

ら除かれ、クェゼリンに帰投を命ぜられる。しかし3隻のうち、呂六六潜だけは電信機の故障、もしくは受信アンテナの不具合によって帰投の命令が受信されていなかった。

一方、開戦時にクェゼリンに待機していた第二十六潜水隊は、ウェーク島第二次攻略部隊に編入され、配置に向かった。そして、このうちの呂六二潜が、あろうことか、帰投命令を知らずにいた呂六六潜と夜間水上衝突してしまったのである。わずかの差で呂六六潜が衝突される側となり瞬時に沈没、深谷惣吉司令、黒川英幸艦長以下乗員63名が戦死した。

筆者は、このとき衝突した側の呂六二潜の航海長であった今西三郎氏に話を伺ったことがある。

衝突当時、氏は艦内で就寝中であった。衝撃を受けて、咄嗟に座礁ではないかと思ったという。しかし、この太平洋の真ん中で座礁するわけがない。一何が起きたのかと急いで艦橋に上がると、潜水艦らしきものと衝突したことが分かった。艦橋側面に数字の「7」ともカタカナの「フ」とも読める白字が大書されていたという。これは今西氏らの第二十六潜水隊には知らされていなかったが、第二十七潜水隊が、味方識別のため司令である深谷の名前をカタカナにして「フ」「カ」「ヤ」とそれぞれ3隻の艦橋に書いていたのである。呂六十六潜は深谷司令が乗艦していたので「フ」と書いてあったのである。

しかし、そうとは知らない呂六二潜の乗組員たちは、カタカナではなく数字と思ったという。そしてこの辺に味方の潜水艦がいるはずはなく、相手は敵に違いない。彼らがそう考えるのも無理はない。すでに、味方の潜水艦はクェゼリンに帰投しているはずなのだから――。

しかし、海上から「お～い」「お～い」という日本人らしい声が聞こえてきて背筋が凍った。まさか……。しかし、その「まさか」は現実となった。生存者（3名）を救助すると、なんと呂六六潜の乗組員ではないか。

このときの今西氏の衝撃は、言葉では語りつくすことのできないものであったに違いない。時に昭和16（1941）年12月17日午後8時34分。彼は毎年この時間になると、呂六六潜の戦死者を想い、祈りを捧げているという。だが、悲劇はそれで終わりではなかった。

同じ第二十六潜水隊の呂六〇潜は、再攻撃によるウェーク島攻略の成功後、クェゼリン基地に帰投中だったが、環礁に向かう海流の強さの予測を誤り、その東側に座礁してしまったのだ。打ち寄せる波が荒く、離礁は極めて困難で、ついに船体が折れ、放棄されるに至ったのである。

敵との交戦ではなく、よりにもよって事故で、日本海軍は開戦早々、2隻の呂号潜水艦を喪失してしまったのだ。まるでその後の苦闘と苦難の道を暗示するかのように、である。

水上機母艦撃破の大きな代償

昭和17（1942）年6月、日本軍は、ミッドウェー海戦に策応してアリューシャン列島のアッツ・キスカ島を占領した。

このとき潜水艦は、米軍がダッチハーバーやコジャク島から出撃してこないか、あるいは米国本土やカナダから増援部隊がこないか、といった具合に、偵察を主目的として行動した。もちろん偵察だけではなく、襲撃の機会があれば魚雷攻撃を実施する。

しかしアッツ島、キスカ島を占領された米軍も黙ってはいない。まがりなりにも、本土の一部である。反撃に出た。舞台はアトカ島。この島はアリューシャン列島の中央に位置し、ダッチハーバーとキスカ島との間にある。

8月13日、米陸軍は飛行場を前進させるため、この島に上陸した。一方の日本海軍は、精鋭第一と謳われた第二潜水戦隊に代わって、大正時代に竣工したL四型潜水艦5隻を第七潜水戦隊から外し、7月北方に投入した。南方作戦が一段落し内地で修理を終えたので、北方へ投入されたのである。

このときの陣容は、

第二十六潜水隊（呂六一潜、呂六二潜）

第三十三潜水隊（呂六三潜、呂六四潜、呂六八潜）

の5隻である。

アトカ島の泊地には、米水上機母艦「カスコ」が投錨中であった。呂六一潜は泊地に入り、「カスコ」を発見、雷撃に成功する。「カスコ」は2本発射された魚雷の1本が命中し擱座した。

しかし、その代償は大きかった。翌日、米飛行艇が発進、呂六一潜は湾北側で発見されてしまうのだ。飛行艇は駆逐艦を誘導し、6回の爆雷攻撃を呂六一潜に加え、ついに浮上砲戦となった。水上で駆逐艦との一騎打ちとなると潜水艦に勝ち目はない。呂六一潜は、5名の生存者を残し、後部から沈没した。

さらに、空襲により呂六三潜は潜望鏡を破損、後からキスカ島に来た呂六七潜も潜望鏡を破損、両舷モーターが使用不能となった。

11月のキスカ島空襲の際には、呂六五潜が沈座して退避しようとしたところ、艦橋ハッチが閉まらないうちにベント弁を開いたため、ハッチから浸水。海水は後部に移動し、30度の仰角をもって艦尾が着低沈没してしまい、乗員64名中、19名が戦死してしまう。

北方作戦の厳しい天候や、レーダーやソナーを完備した米軍の前に、すでにこの時期、老朽化が目立つL四型では苦しい戦いを強いられ、さんざんな結果に終わったのである。

犠牲に見合わぬわずかな戦果

呂号潜水艦が撃沈した隻数は、商船を含めると11隻に過ぎない。中でも主な戦果として挙げられるのは、2隻の駆逐艦と、2隻のLST（戦車揚陸艦）である。

駆逐艦の1隻は米駆逐艦「ヘンリー」で、昭和18（1943）年10月にニューギニア島ブナの北方、ワードフント岬で呂一〇八潜が撃沈した。もう1隻は米駆逐艦「シェルトン」で、昭和19（1944）年10月にモロタイ島付近で護衛空母を守っていたところを、呂四一潜が雷撃撃沈した。

そのほかで目につく戦果といえば、昭和18年6月13日、呂一〇三がソロモン諸島南部にあるサン・クリストバル島東岸で船団を発見、7400トン級の貨物輸送艦「アルドラ」「デイモス」2隻を撃沈している。

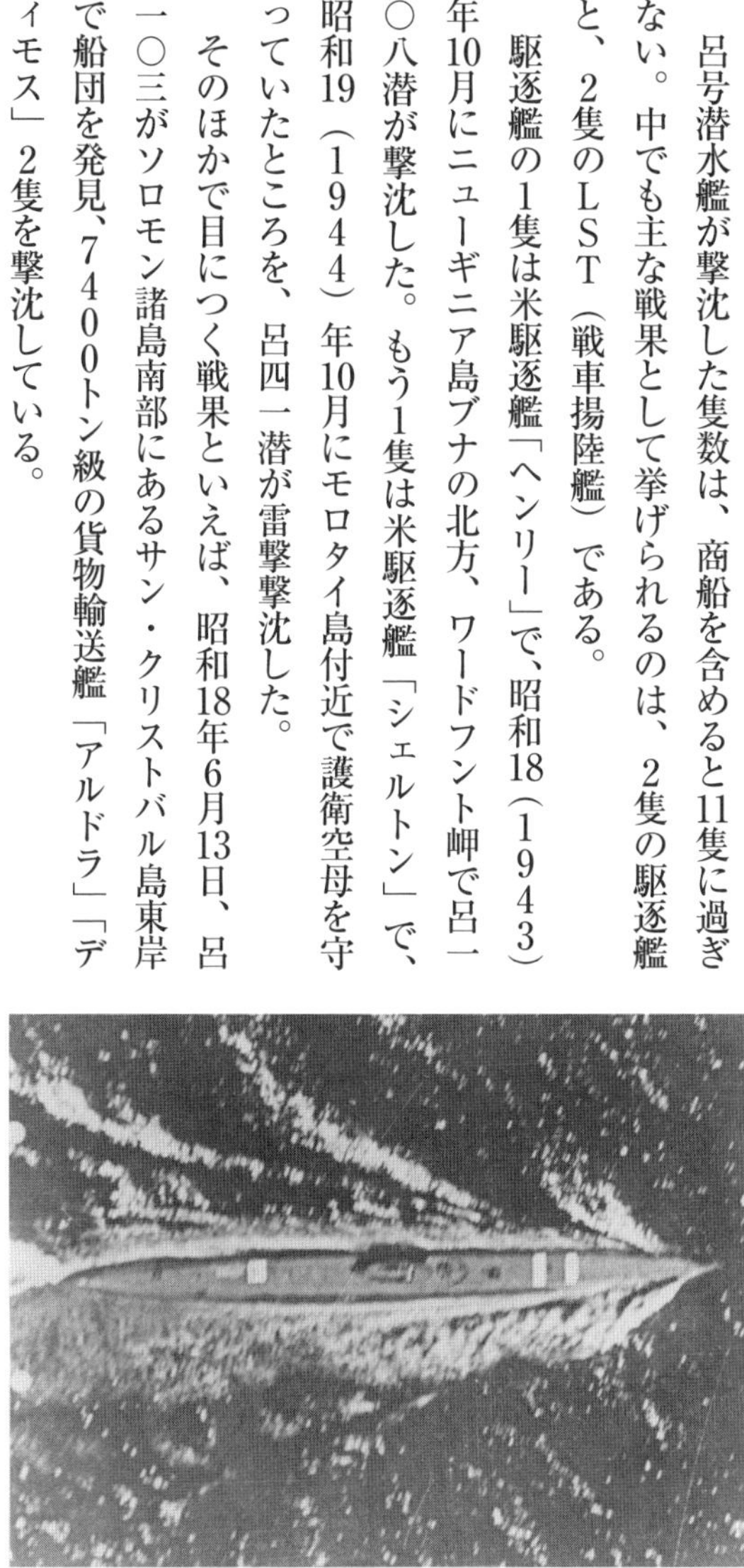

艦隊に随伴できる大型潜水艦を求めるあまり、中型潜水艦の整備が後手に回ったが、写真の小型18隻、そして中型18隻は伊号潜水艦の不足をよく補った。しかし性能以上の酷使の結果、1隻を残して全滅した。写真の白い線は味方識別線（Photo/USN）

しかし日本海軍潜水艦による総撃沈数は179隻であり、呂号潜水艦が撃沈した割合は、そのわずか6%でしかない。戦果が少なかった理由の一つに呂号潜水艦の中型・小型の戦線投入時期が大きく起因しているといえる。中型一番艦が竣工したのは昭和18年3月、小型もその大半がやはり昭和18年以降に竣工、前線に投入されているからだ。そして日本海軍の潜水艦が最も損害を被ったのは昭和19年で、約45%が沈んでいる。翌20(1945)年と合わせれば約65%にもなる。

いわば呂号潜水艦は、ますます厳しさの増す戦局に次々竣工、投入されたために、戦果を挙げることができず、激しい消耗を強いられたのである。

規則正しい散開線が招いた惨事

呂号潜水艦の戦歴を紐解いてみると、すでに記したように華々しい戦果とは無縁である。輸送任務や偵察任務など、地味な役割を担っていたということもあるだろう。しかし、太平洋戦争における3年9ヵ月の間には、何らかの特筆すべき戦果があってもよさそうなものである。排水量が異なるだけで、ほぼ同様の任務を負っていた伊号潜水艦の場合は、「ワスプ」や「ヨークタウン」といった米空母撃沈などの戦果がある。呂号潜水艦にも、そうした戦果があるのではないかと丹念に追っていっても、残念ながら「これは」と目を引くようなものは見当たらなかった。

昭和18年以降、呂号潜水艦はますます過酷な運命にさらされることになった。米海軍がレーダーを実用化し、新兵器ヘッジホッグや、ドップラー効果を応用した新型爆雷を投入して、チームによる対潜戦が本領を発揮するようになったからだ。

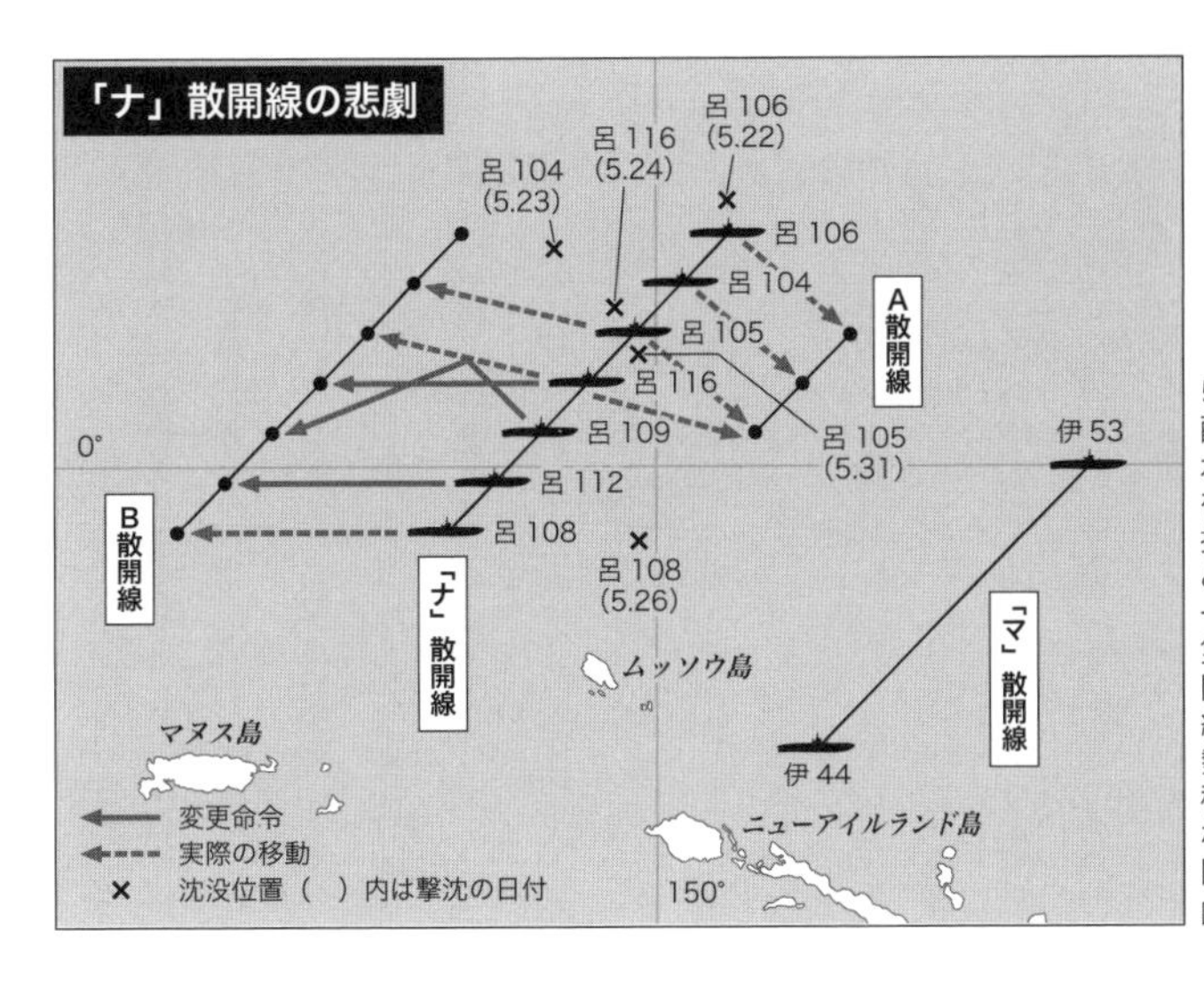

5月22日、「ナ」散開線に配備された7隻の呂号潜水艦は、同日の呂一〇六を皮切りに、その位置を推測した米駆逐艦に次々と撃沈され、31日の呂一〇五の喪失までに計5隻を喪失した。各艦が等間隔に整然と並ぶ散開線のみならず、同様の態勢での他の散開線への移動や、頻繁な無電連絡なども敵に探知された原因であった。
図／おぐし篤

敵の対潜掃討戦術が向上していたにもかかわらず、日本は開戦以来、潜水艦の運用法を変えることはなかった。その一つが、散開線を活用しての待敵・索敵作戦だ。これもまた、消耗が増大する要因であったといえる。とりわけ、昭和19年5月、「あ」号作戦前の「ナ」散開線における出来事は、それを如実に表す結果となった。散開線にはアルファベットやカタカナで名称をつけており、「ナ」も一つの散開線名称であった。そしてその散開線に沿って北より一列に配備された7隻の呂号潜水艦は、たった1隻の米駆逐艦「イングランド」に5隻も撃沈されたのである。

この時期、日本海軍は米軍がサイパン島に上陸してくるとは予想していなかった。むしろ西カロリン群島のパラオに上陸してくると睨んでいた。そこで、ニューギニア北岸やパラオ諸島方面に米機動部隊が現れると予測し、潜水艦隊である第六艦隊はニューギニア島北方アドミラルティ諸島北東１２０浬に、潜水艦を散開線配備させた。北から呂一〇六潜、呂一〇四潜、呂一〇五潜、呂一一六潜、呂一〇九潜、呂一一二潜、呂一〇八潜といった具合である。

米海軍は哨戒機による発見、無線方位の状況、日本軍の作戦目的から推測し、散開線配備の潜在海域を探り出し、駆逐艦「イングランド」を含むハンターキラー・グループ（潜水艦を攻撃する専門のチームで、探知する艦をハンター、攻撃する艦をキラーと呼び、状況により役目が入れ替わる）を配備させた。

そして、アドミラルティ群島マヌス島から発進した米哨戒機に、呂一〇六潜が発見される。5月22日、現場に急行した駆逐艦「イングランド」は、ヘッジホッグ弾によって呂一〇六潜を沈没させた。

翌日、呂一〇六潜を発見した位置より22浬北方で、再び「イングランド」のレーダーが潜水艦を探知。呂一〇四潜である。「イングランド」はヘッジホッグと爆雷攻撃で同艦を沈没させた。

こうなると、等間隔で配備されている日本海軍の散開線は、たとえ見えずとも、御しやすい相手となる。「イングランド」は、潜在位置を予測し、次々と攻撃を仕掛けた。呂一〇四潜に引き続き、呂一一六潜、呂一〇八潜、呂一〇五潜……。いずれも、前投兵器ヘッジホッグや新型爆雷で止めを刺された。

「イングランド」は、これより先に伊一六潜も行動暗号電を解読して、待ち伏せて撃沈していたことから、11日間で潜水艦6隻を撃沈するという驚異的な戦果を挙げることとなった。なお、この後「イングランド」は沖縄で神風特攻機の体当たりを受け全損、除籍となっている。

5隻の呂号潜水艦が次々撃沈される中、難を逃れた潜水艦もあった。呂一〇九潜と呂一一二潜である。この2隻の艦長は敵の対潜攻撃を察知し、独断で散開線を移動していたのだ。しかし帰還後、艦長は勝手に哨区を離れたということで強い叱責を受けたという。

日本海軍の潜水艦作戦は散開線配備にこだわり、これこそが敵主力艦に接敵、襲撃できる手段として疑わなかった。本来独立的、主体的に活動した方が有効な潜水艦を、散開線配備等で徹底的に統制した。現場の潜水艦も真面目に命令を守り、艦の位置を厳正に維持し、撃沈されていった。潜水艦こそ、状況に応じた柔軟な運用をすべきだが、最後まで硬直した運用が損害を拡大したのである。

中型・小型の壊滅

日本海軍では、開戦から奮闘していた海中五型（呂三三型）2隻に加え、昭和17年9月以降は小型（呂一〇〇型）18隻、昭和18年3月以降は中型（呂三五型）18隻が続々と竣工し、太平洋戦争中において呂号潜水艦の主力をなしたが、米海軍の対潜掃討戦術の前に、歯が立たなかった。

昭和18年8月、ソロモン方面エスピリットサント島で駆逐艦の爆雷攻撃により呂三五潜を失って以降、昭和20（1945）年4月呂一〇九潜が沖縄で輸送艦の攻撃を受けて沈没するまで、中型・小型36隻中、実に35隻が沈没した。そのうちレーダーで被探知されて撃沈された中型・小型が12隻もあった。

年別では、昭和18年には6隻、昭和19年には19隻、昭和20年には10隻が沈没した。戦域別では、ソロモン方面で先の呂三五潜を含む6隻が沈没し、サイパン島やトラック諸島等の内南洋諸島方面で15隻も沈没している。その他インド洋で1隻、マキン・タラワで2隻、ニューギニアで1隻、フィリピンで4隻、硫黄島で1隻、沖縄で5隻である。残ったのはたった1隻、沖縄から奇跡的に生還した呂五〇潜のみだった。

中型潜水艦の増産を後回しにしていた日本海軍が、海中四型から12年ぶりに2隻建造した海中五型。写真は1番艦呂三三潜。艦隊では評価が高かったが、次の中型が登場するまでは再び6年ものブランクが空く（Photo/USN）

譲渡潜水艦 呂五〇一潜

ロ号潜水艦には一風変わった経歴の艦がある。それが呂号第五〇〇、五〇一の2隻だ。本艦は元々ドイツ海軍のUボートとして建造された艦である。

同盟国であったドイツは日本海軍に交通破壊戦用の潜水艦建造を強く要望したが、なかなか実現されなかった。そこでUボートの最新鋭艦を2隻譲渡すると申し出た。

譲渡された1艦はUⅨC型のU511で、ドイツ乗員によって日本に回航され、途中「さつき一号」と呼ばれた。昭和18年8月、呉に無事到着、呂五〇〇潜と命名された。しかし水中速度が低速だったこと、金属材料の不足や工作機械の不備による技術的な問題で量産化されることなく、対潜訓練の標的艦として終戦を迎えた。

譲渡されたもう1隻はUⅨC／40型のU1224で、伊八潜によって日本から派遣された回航員が「さつき二号」という仮称で訓練を行った。その後現地で日本艦籍に編入され、呂五〇一潜として昭和19年3月、キールを出港して日本に向かったが、5月13日、米護衛空母「ボーグ」を中心とした対

昭和19年3月30日キールを出港するドイツ譲渡潜水艦呂五〇一潜。秘匿名「さつき2号」と称した。伊八潜で運ばれた回航員によって日本を目指したが45日後の5月14日、中部太平洋で米対潜部隊に捕捉され、撃沈された
（写真提供／勝目純也）

L二型の原型は英国製ではあるが、電動機、蓄電器、発射管などの国産化され、ディーゼル機関も国内でライセンス生産された。徐々に完全国産化に向けて進化、発展していった。写真は2番艦呂五四潜（Photo/USN）

潜部隊に発見され、護送駆逐艦のヘッジホッグで大西洋に沈没した。日本の潜水艦がヘッジホッグの犠牲になったのは、この呂五〇一潜が最初とされている。

呂号六四潜の不運

呂号潜水艦には不運な事故もあった。呂六三潜や呂六四潜、呂六七潜など、L四型5隻は、昭和17年9月から小型（呂一〇〇型）が竣工するとともに、順次第一線を退き、練習潜水艦となった。

昭和20年4月、潜水学校の練習潜水艦であった呂六四潜は、教務のため練習生を乗せて出港した。このとき呂六四潜の艦長は欠員で、23回の潜水艦輸送を成功させた安久栄太郎司令が兼務していた。

また幹部部員の不足を補うために、潜水学校の教官たちが臨時に配員され、武藤慶吾少佐は機関学校出身者であったが、潜水艦長としての職務を代行していた。

しかし、そこで不運な事故が起きた。広島湾可部島沖を潜航訓練中、突如轟音を発して沈没したのである。米軍機の投下した磁気機雷に触れたのだった。当時、潜水学校で講義を受けていた人の記憶によれば、もの凄い音とともにガラス窓が震えたという。

すぐさま救助活動が開始され、一旦は浮揚に成功した。しかし、その重量に耐えられずワイヤーが切れてしまい、再び沈没。そして二度と浮上することはなかった。

呂号潜水艦が大きな損害を出した理由

太平洋戦争中、呂号潜水艦の50隻中、42隻が沈没した。残存した8隻は、桟橋に活用するため解体された呂六七潜以外、海没処分となっている。

もちろん損害は呂号潜水艦ばかりではない。伊号潜水艦もまた、消耗が激しかった。終戦時、第一線に耐え得る伊号潜水艦は、建造された119隻中、7隻しか残存していない。

しかし、その伊号潜水艦に比べても、呂号潜水艦はさらに厳しい条件下にあったといえる。その要因の一つに、若い艦長が多かったことも挙げられるだろう。

潜水艦は艦隊を組んだ作戦行動ができないため、上級者の指示を直接仰ぐことは簡単ではない。また、被探知の恐れがあるので無闇に無電が打てない。単艦で隠密に行動する特性、つまり艦長自らが判断し行動しなければならないのだ。潜水艦が、艦長以上の実力は発揮できないとされる所以である。

だからこそ、潜水艦長は実戦経験を積むことが何より重要なのだが、太平洋戦争に参加した呂号潜水艦長の兵学校のクラス平均期数は61期である。それに対し、伊号潜水艦長の平均期数は56期で、ほぼ5年の経験の差があったことになる。結果的に呂号潜水艦は伊号潜水艦と同様の作戦に投入されたのだが、この5年の経験の差が影響したことも考えられる。日本潜水艦部隊が苦戦した大きな原因は、厳しい戦局にあって、人材育成が追いつかなかったためではないだろうか。

実際、潜水艦の消耗は、連合艦隊や第六艦隊の想像を遥かに超えるものがあった。日本海軍の特性であ

中型潜水艦は不足する伊号潜を補う目的で戦時計画された。艦隊では実戦向きで諸性能が極めて良好と信頼が厚かった。計画当初は79隻の量産予定だったが結局18隻の建造にとどまった。写真は12番艦呂四六潜（Photo/USN）

る少数精鋭主義では、ベテランの艦長の補充が追いつかなかったのだ。その結果、さらに消耗が増すという悪循環に陥るのである。

また、残念ながら日本海軍の潜水艦作戦は、前述の散開戦配備の例にもあるように、太平洋戦争を通してその敗因が検証されることはほとんどなかった。

潜水艦の本格的な消耗が始まる直前の昭和19年1月、ある歴戦の潜水艦長が潜水艦隊司令長官に意見具申をした。「暗夜も昼間と化しつつあります。敵のレーダーの威力を過少評価してはいけません。従来どおりの配備や行動では、今後我が潜水艦の犠牲は増加する一方となります」と力説した。しかし司令長官は「その言葉は電波兵器の威力を過大に評価するものである」と、逆にその艦長を叱ったそうである。

昭和19年から20年に喪失した日本海軍の潜水艦は、太平洋戦争における全喪失数の約65％にあたる82隻に及び、そのうちレーダーによる被探知が原因での喪失は39隻だった。ベテランの貴重な戦訓を若い艦長に活かすことができなかったツケは、呂号潜水艦の喪失に拍車をかけたと言っても過言ではあるまい。

日本海軍潜水艦史によれば、呂号潜水艦戦死者総数は２６３８名にのぼっている。

太平洋戦争中の呂号潜水艦

開戦前の竣工年の略称:T＝大正、S＝昭和
×:喪失とその日付（○＝喪失日が明確なもの。?＝消息不明後海軍が亡失と認定した日付。それ以外は該当する可能性が高い連合国側の撃沈記録による）
< >:事故等の要因によるもの　※ドイツからの譲渡艦は除いた

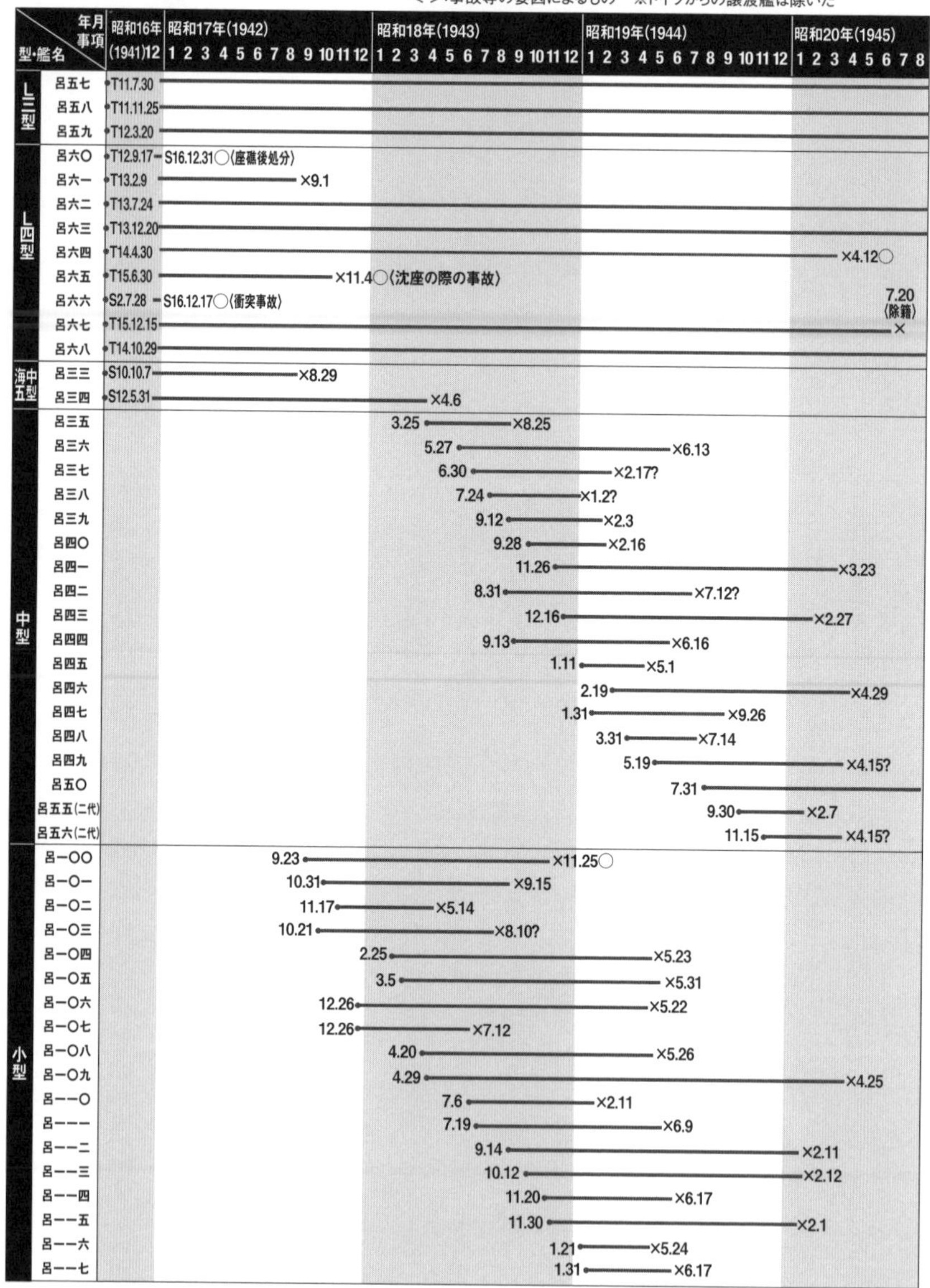

太平洋戦争中に存在した呂号潜水艦のうち、大正期の竣工が大半の「L三」「L四」型は、内地に配備されたものも多く終戦時の残存艦もあるが、外洋の作戦に投入された「海中五型」「中型」「小型」はほぼ全艦が喪失した。特に戦争中盤から続々と竣工した「中型」「小型」は戦局の悪化とともに損害を増やし、昭和19（1944）年6月のマリアナ沖海戦前後には特に大量の犠牲を出している。また竣工から喪失までの期間が短いのも両型の特徴で、早いものでは4ヵ月ほどで生涯を終えた艦もある。

第六章

わが青春 どん亀時代に悔いはなし
日本海軍潜水艦気質（かたぎ）

存在は地味で任務は苛烈——。
そんな日本海軍潜水艦は〝どん亀〟と呼ばれ、
その乗員は「生きるも死ぬも一緒」
「乗り組んだら家族同然」という
固い団結で結ばれた海の男たちだった。
数々のエピソードで語る、
どん亀乗りたちの心意気とは。

なぜ潜水艦乗りになったのか

日本海軍の潜水艦乗りだった人は、よく自らを「どん亀」「もぐり屋」などと、やや自嘲を込めて語るが、この言葉には自分は潜水艦乗りだったという自負と誇りも込められている。

潜水艦は撃沈されればほとんど全員が戦死する。海底深く沈められて、閉じ込められたままで少しずつ空気がなくなることを想像するだけでも恐ろしい。ただでさえ艦内が狭いため、生活環境もとても厳しかった。にもかかわらず、なぜ彼等は潜水艦乗りを目指し、劣悪な環境下でも戦い抜くことができたのであろうか。

特に太平洋戦争における日本海軍の潜水艦は、輸送作戦や回天作戦など、地味で苦しい任務が続き、犠牲も大きかったが、それでも旺盛な使命感でつらく厳しい任務を遂行した。それを支えた彼等の潜水艦への思いとは、いったいどんなものだったのであろうか。

筆者は日本海軍潜水艦出身者の交友会である『伊呂波（いろは）会』で事務局長を務めていたが、そこで聞いた体験談話の断片をつなぎ合わせつつ、潜水艦乗り気質（かたぎ）の一端に迫ってみたい。

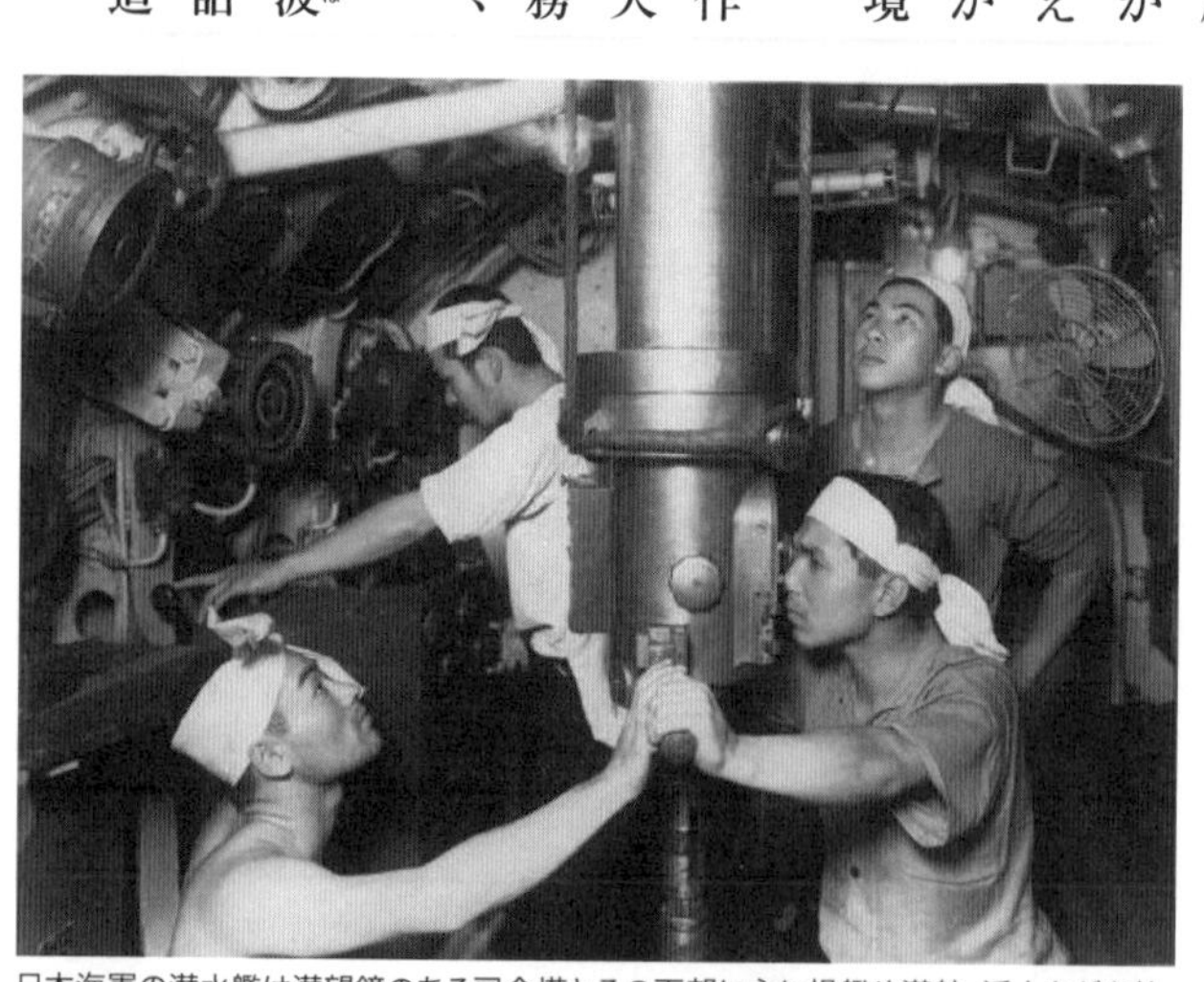

日本海軍の潜水艦は潜望鏡のある司令塔とその下部に主に操艦や潜航・浮上などを執り行う発令所に分かれていた。推測ではあるが、艦内写真は戦時中には厳しく規制されていたので、戦後米軍の引き渡し直前の記念撮影かもしれない（写真提供／勝目純也）

「なんで潜水艦乗りになったのですか――」。私は日本海軍の潜水艦乗りの生き残りの人たちに会うたび、そんな疑問を幾度となく投げかけてきた。危険で苛酷な潜水艦に望んで乗り組んだ理由が知りたかった。

伊二六潜や伊六潜など、潜水艦一筋で大戦を戦い抜いた兵学校71期の細谷考至氏によれば、太平洋戦争が始まってからは、これからの戦局を決めるのは戦艦や巡洋艦の撃ち合いではなく、飛行機と潜水艦だと思っていたそうである。しかし細谷氏は空高く飛ぶ飛行機は向かないと感じ、ならばと潜水艦を希望したという。兵学校在学中に航空実習があって、練習機の赤トンボで宙返りやキリモミ訓練をさせられたため、飛行機に嫌気がさして潜水艦に進んだという人もいた。

海軍時代の細谷孝至氏。海兵71期、多数の潜水艦で戦った生粋の潜水艦乗りで終戦まで生き延びた。戦後は潜水艦出身者の戦友会運営に尽力された（写真提供／勝目純也）

小平邦紀氏は海兵70期、伊一〇潜でインド洋通商破壊戦に従事。その後過酷な伊三六六潜で輸送作戦に従事したが、終戦まで生き延びた（写真提供／勝目純也）

兵学校70期で伊一〇潜に乗り組んでいた小平邦紀氏の場合は、第一希望を潜水艦と書いたらすんなり潜水艦勤務になったそうである。志望の理由を聞くと「僕は堅苦しいことが嫌いだから、潜水艦がいいと思って希望した」と言われた。確かに潜水艦は戦艦や巡洋艦と違い、士官も兵員も分け隔てなく家族的で、食事の献立も一緒、服装も規律も決して厳格ではなかった。海中に潜航するという危険と隣り合わせの任務のためか、どこかに「死なば諸共」という意識があり、そこから潜水艦独特の親近感も生まれたという。

一方、狭いところは苦手と「潜水艦勤務絶対不熱」と書いた人もいたそうで、希望していないのに潜水艦乗りになった人もいた。伊一五六潜に乗っていた兵学校73期の引地正明氏

引地正明氏は海兵73期、戦艦「日向」でレイテ沖海戦に参加した後、伊一五六潜に乗り込んだ。当初は潜水艦を希望していなかったという（写真提供／勝目純也）

は、第一希望飛行機、第二希望魚雷艇、戦艦と潜水艦は×と書いたところ、最初の配置が戦艦「日向」、次の転勤は伊一五六潜だった。なにもわざわざ本人が不可としている艦に乗せなくてもいいと思うが、なかなか希望通りとはいかないようである。会社で新入社員が希望勤務地を聞かれて、寒いのは苦手だから九州と書いて北海道勤務を命ぜられたようなものである。

兵学校67期で伊号の艦長だった今西三郎氏は「自分で希望して海軍に入りましたから、潜水艦は嫌だとかいって辞めるようなことは考えてもみなかったし、今のように選択の自由はありませんでした」と述懐している。

戦前に兵学校の生徒だった方々に伺うと、正直潜水艦はあまり人気がなかったらしい。それはやはり危険だと思われていたからであろう。戦争前ですら両親から「飛行機と潜水艦だけは進んでくれるな」と言われたそうである。

また艦内生活の不便さも不人気の理由であろう。新鮮な食料も食べられず、長期間体を洗うことさえできず、配置によっては母港を出てから帰るまで、1ヵ月も2ヵ月も艦内から出られ

潜水艦の機関室。騒音や高熱、修理の苦労談は絶えない。日本海軍の潜水艦の性能はまさに機関運用に大きく左右された（写真提供／勝目純也）

ず、外気に触れることができない乗組員もいた。

ところが、乗り組んでからの印象はどうかと聞けば、異口同音に「まんざらでもなかった」「性にあっていた」と、住めば都だったという答えが返ってくる。潜水艦は実に勤務しやすいアットホームな雰囲気で、想像以上に居心地がよかったといわれている。士官も人数が少なく、和気あいあいとしており、艦長や士官も茶色の事業服につぶれた艦内靴、芯の抜けた帽子を被り、下士官兵と同じ食事をとった。そして潜水艦には他の艦艇のような、下級者をいじめる陰湿な「甲板整列」がなかった。それゆえに潜水艦乗組員は家族といわれていたのである。一度この生活に慣れれば、実に快適な環境になるという。

潜水艦乗組員はどんな人?

兵学校出身の典型的な潜水艦士官コースはまず、少尉の2年目に潜水艦の乗り組みを命ぜられる。砲術長兼通信長である。ただし戦艦や巡洋艦の砲術長とは違って、現役士官名簿や官報、辞令公報ではあくまで「補伊号第○○潜水艦乗組」としか発令されない。砲術長や通信長は艦内限りの名称で、いわゆる職務執行である。

その後、水雷学校高等科学生を卒業し航海長、さらに潜水学校乙種学生を卒業すると水雷長、すなわち先任将校の配置が待っている。そしてさらに潜水学校甲種学生を経てから艦長になるといった具合で、水上艦に比べると随分と手間がかかるのである。ちなみに昭和17(1942)年に潜水学校制度が改正になり、兵学校を卒業すると普通科学生に、次いで水雷学校高等科学生と潜水学校乙種学生を併せた高等科学生へと進んだ(ただし艦長養成の甲種学生はそのまま)。

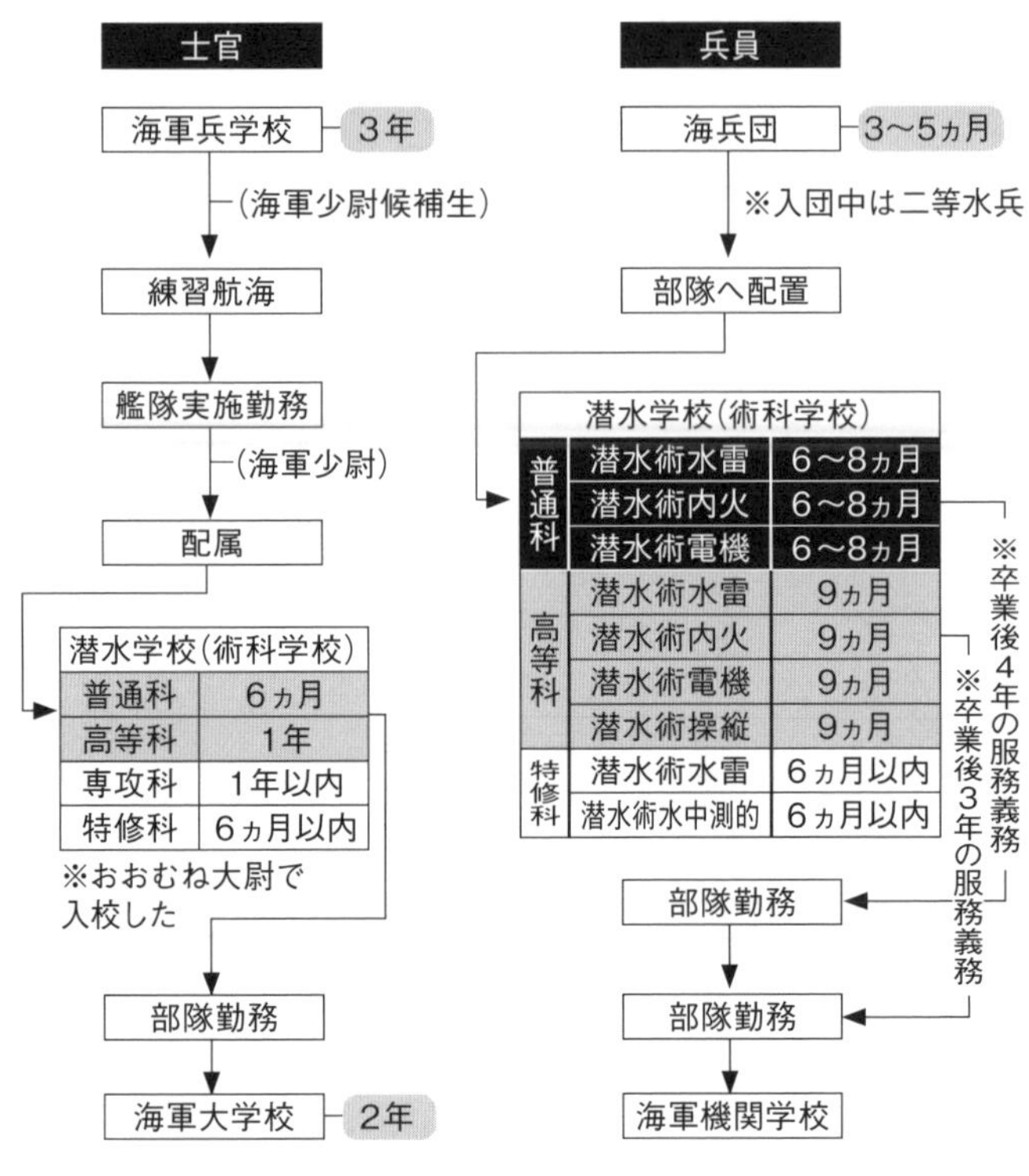

しかし例外もあった。日米情勢が緊迫の度を増し始めると、相次いで新型の潜水艦が建造され、乗組員の教育が間に合わないという事態が発生していた。

伊三〇潜に乗り組んでドイツに派遣された経験をもつ兵学校69期の竹内釼一氏は、巡洋艦勤務で開戦を迎えたが、作戦中、泊地のトラック島に突然、後任者が転勤してきて「貴様に潜水艦の艤装員の転勤辞令が出ているぞ」と言われた。あわてて確認すると確かに辞令が出ている。徹夜でその後任者に申し次ぎをして内地にすぐ帰ろうとしたが、帰る船がない。なんとか飛行艇で戻り、あわてて着任となった。その後、潜水学校に講習員という形でたった1週間の教育に向かわされた。兵学校の同期が10名、1期上が1名の計11名で短期集中の潜水艦教育を受け、結局そのまま終戦まで潜水艦勤務となった。いくら開戦劈頭の非常事態とはいえ乱暴な人事異動と人材育成である。

潜水艦にはこうした士官のほかに、兵隊から進級した特務士官が乗っている。実務能力が優秀で経験豊富な掌水雷長、潜航長、機械長、電気長と大ベテランが揃う。兵員も先任伍長の兵曹以下、数人を除くと全員が下士官であり、特練（特修科練習生）、高練（高等科練習生）が半分、残りの半分も全員普練（普通科練習生）の、いわゆるマーク持ち（マークとは、砲術学校や水雷学校などの術課学校を卒業した特技兵に与えられた特技章のことを言い、それを持つ者を「マーク持ち」と呼んだ）だったのである。つまり乗員の大多数が下士官なのが潜水艦の特長でもある。

小平氏の話によれば、彼の乗り組んだ伊一〇潜は佐世保で最も優秀な潜水艦といわれ、潜水戦隊司令官が乗っていた。乗員、すなわち部下はみんな年上で、実に優秀で人柄も素晴らしく、新任の士官が気がつかないようなことでも、「ここは違っておりましたから直しておきました」という具合に機転が利き、万事安心して任せられる部下であったと懐かしむ。

潜水艦乗り出世せず？

しかし、潜水艦に進むと危険なだけでなく、「出世できない」とか、「成績順位のよい人は志願したり配置を命ぜられることは少ない」といわれた時代があった。では実際にはどうなのか。太平洋戦争に参加した潜水戦隊司令官、潜水隊司令、艦長の兵学校のハンモックナンバーを調べてみた。別表を見ていただくと分かるが、成績上位、中位、下位ともにほぼ均等で特に偏りはない。

さらに調べてみると興味深い点がある。潜水艦隊である第六艦隊の各潜水戦隊司令官や潜水隊司令、先任参謀には、実に海軍大学校出身者が多い。つまり潜水艦の幹部はエリート揃いだったのである。

大戦参加者の兵学校時代の成績順位分布

	総数	上位1/3	中位1/3	下位1/3
潜戦司令官／潜隊司令	113名	38名(33.6%)	46名(40.7%)	29名(25.7%)
伊号潜水艦長	161名	46名(28.6%)	54名(33.5%)	61名(37.9%)
呂号潜水艦長	137名	43名(31.4%)	48名(35.0%)	46名(33.6%)

ちなみに潜水部隊幹部職員67名のうち64%にあたる43名が海大出身者だった。つまり潜水部隊初期の頃はともかく、幹部には成績優秀な人材が揃い、艦長にいたっても成績の偏りがなかったのだ。

ところが、実戦部隊で傑出した戦果を挙げた艦長のハンモックナンバーを見てみると意外なことが分かった。例えば米空母や巡洋艦を撃沈・撃破した稲葉通宗艦長、横田稔艦長、田辺弥八艦長、後に二階級特進した木梨鷹一艦長、田畑直艦長、橋本以行艦長、二階級特進の福村利明艦長、松村寛治艦長のハンモックナンバーを調べると、なんと横田艦長以外は全員、兵学校の成績が半分より後ろに位置している。

著しきは木梨艦長で、1回の雷撃6本で空母ワスプに3本命中させ撃沈、戦艦ノースカロライナに1本命中し損傷、もう1本が駆逐艦オブライエンに命中し、その損傷が原因で後に沈没しているの

伊一九による雷撃で炎上、傾斜し、断末魔の空母「ワスプ」。日本の潜水艦による空母への襲撃では「ヨークタウン」、護衛空母「リスカムベイ」の3隻を撃沈、加えて「サラトガ」を2度撃破している(Photo/USN)

で、空母、駆逐艦各1隻撃沈、戦艦1隻を損傷させるという驚異的な戦果を挙げている。しかし、その木梨艦長は兵学校51期で255人中255番であった。つまり潜水艦で活躍した艦長は総じて兵学校の成績があまり芳しくないのである。どうも学校の成績と実戦での戦果は一致するとは限らないようだ。

名艦長の肖像

潜水艦の艦長は、言うまでもなく極めて重要かつ困難な職務である。潜水艦は単艦で行動することがほとんどで、外部との通信なども自由には行えず、上級指揮官の指示をすぐさま仰ぐことも無理である。あらゆる局面で艦長の下す判断が極めて重要であり、よって潜水艦の能力は艦長の能力を超えることはないといわれている。部下であった方から見た潜水艦長の印象をお聞きすると、やはり艦長に選ばれただけあって、総じて沈着・冷静であること、極めて慎重であったとの印象を残されていることが多い。

先の今西氏が仕えた艦長で印象が深いのは安久栄太郎艦長だそうである。安久艦長は兵学校50期。開戦時に潜水艦長の世代である。中尉の頃から潜水艦畑一筋、しかも潜水艦勤務を続けた典型的な「もぐり屋」である。

大変お酒が好きで、これに関わるエピソードも多い。有名な逸話としては、艦が出港する時間になっても安久艦長が帰艦せず、あわてた部下が「揚錨機故障」の信号を掲揚して出港を止め、その間に部下たちが手分けして艦長を捜し連れ帰り、なんとか無事出港ということがあったらしい。もちろん一度出撃すると一滴たりとも酒を飲まず、どんな厳しい命令でもひるむことなく黙々と任務をこなしたそうである。その証左として、安久艦長は伊三八潜で実に23回もの輸送作戦を成功させ、連合艦隊司令長官から感状を授与されている。

　その伊三八潜の航海長だった今西氏によれば、安久艦長が怒ったり怒鳴ったりした姿を見たことがないそうである。苛酷な戦場でなかなかできることではない。しかもできるだけ黙って部下に仕事を任せていたそうである。今西氏はその後に伊三六七の潜水艦長に着任した際、安久艦長の統率法をさっそく実践してみたが、これが実に至難の技で、部下に黙って任せることが極めて難しかったと語ってくれた。

　ドイツに派遣された潜水艦5隻のうち、唯一往復路無事生還した伊八潜艦長、内野信二中佐（後に潜水艦長として異例の大佐に進級しドイツに向かう）の印象を、当艦の生き残りの兵学校69期の桑島齊三氏に伺ったところ、「非常に沈着で慎重な人でした。話し声も小さくてよく聞いてないと分からないほどだった」という答えが返って

ドイツに派遣された潜水艦は5隻だが、伊八だけが往復に成功している。写真は伊八のブレスト湾での記念写真。後甲板に設置されたドイツ海軍の20㎜4連装機銃が見える（写真提供／勝目純也）

伊三六で水際立った航空機運用を見せた寺本巌艦長。潜水艦とその乗員が生き延びられれば、航空機はいくらでも補充できると考えたのだろう（写真提供／勝目純也）

きた。また別の方に伺うと、「少しも飾らない寡黙、温厚な方で、若い我々に対しても丁寧に応対いただき恐縮した」という答えであった。イメージ通りの潜水艦長像で、冷静で沈着、それでいて紳士であるという印象とマッチする。

しかしながら、慎重であると同時に、時には大胆で決断が早いことが潜水艦長には要求される。伊三六潜が昭和19（1944）年4月にマーシャル諸島のメジュロ島に航空偵察を実施した際、寺本巌艦長はきわめて慎重かつ大胆な決断をした。航空偵察ほど危険な任務はない。味方の偵察機がつけられて敵を連れて帰ってくるかもしれない。あるいは偵察機がうまく母艦を発見できない場合は、長い時間洋上に浮上して待たなくてはならない。そうすれば当然敵から発見される危険度は増す。

伊三六潜は太平洋戦争中、最後まで生き残った潜水艦で、最も長い期間作戦に参加した幸運艦であるが、寺本艦長は航空偵察の実施に際し、最初から「着水したら搭乗員だけを収容して飛行機を沈めてしまう」という方針を、一点の迷いもなく決めていたそうである。この見事な決断をした寺本艦長は、日本海軍の潜水艦長で唯一兵学校出身ではなく、神戸高等商船学校出身である。

この話をしてくれた元同艦の機関長だった機関学校47期の在塚喜久氏は、「あの時、飛行機帰着後の処置に不手際があったら、我々がやられていたことはまず100％間違いない」と言っておられた。

在塚機関長は、消耗の激しい末期の潜水艦作戦に4回出撃、無事生還しているが、この機関長と一緒に潜水学校機関学生を卒業した10人のうち7人が初陣で戦死している。

急速潜航訓練こそ潜水艦魂

ある時、海軍の潜水艦乗りだった方々を多数引率して、海上自衛隊の潜水艦を見学に行ったことがあった。戦後の立派な潜水艦を見て、後輩の成長にたくましさを感じていたようだが、一点注文があると言われた。それは「最近急速潜航訓練をやらないと聞いたが、それはよくないのではないか」という叱咤激励である。

現代の潜水艦は出港して潜航すると、充電・換気のためにシュノーケルを上げることはあっても、帰港直前までは基本的に浮上しない。一方、旧海軍の潜水艦は浮上の状態が通常で接敵したときのみ潜航する。自衛隊の潜水艦は急速潜航をする必要がないからやらないだけだが、昔の潜水艦乗りにはそれは分からず、不満だったのだろう。

大戦当時の潜水艦では、まずは急速潜航がどれだけ早く出来るかが生死を分けた。いかに急速潜航の時間を短くできるかが、その艦の練度を表す一つの尺度となるのである。

伊五三潜で航海長だった兵学校71期の山田穣氏によれば、伊五三潜の突入訓練はすさまじく、「潜航急げ」の号令から「ベント開け」の号令まで平均で10秒を切ってはいたが、どうしても8秒は切れない。そこで8秒を切るべく、

終戦後、米軍の命により長崎五島沖で自沈処分前の伊五三潜。乗員が最後の記念にと艦内に備蓄していた米と引き換えに写真館に撮影してもらった写真。後列右端が山田穣氏（海兵72期）である（写真提供／勝目純也）

さらに猛訓練を重ねたそうである。

まず総員を甲板に集め、急速潜航の艦橋ハッチへの突入訓練を何度も実行した。つまり艦橋ハッチから突入して、発令所、士官室を通り、前部兵員室からハッチを登り上甲板に出て、再び艦橋によじ登って突入を繰り返すのである。やっているのは新兵ではない、マーク持ちの下士官である。さすがの潜水艦乗りもこれには不満を抱いたそうであるが、猛訓練の結果、8秒を絶対切れないと思っていた平均突入成績が8秒どころか7秒も切る、6秒9という驚異的な記録を作った。この訓練の成果か、伊五三潜は熾烈な回天作戦を戦い抜き、終戦まで無事生き残っている。

ちなみにこの時、伊五三潜に福本一曹という突入成績一番の実に運動神経抜群の見張員がいたそうである。日本のプロ野球史上、通産盗塁数1065という断トツの記録を持つ元阪急ブレーブスの福本豊選手こそ、この福本一曹の長男である。

伊六九潜の兵員室での食事風景。艦内の食事は生鮮食料の貯蔵スペースも少なく、冷凍、乾燥技術が今より大きく劣っていたため、長期行動になると献立に苦労したという。缶詰は金属の味がし、粉末の味噌汁はすぐカビが生えたそうである
（写真提供／勝目純也）

食ハ士気ノ源ナリ

潜水艦乗りにとって士気、元気の源はやはりなんと言っても食事だそうである。潜水艦の飯は長期間の行動時は別として、口を揃えて「うまかった」とみな記憶している。

先の小平氏が乗っていた伊一〇潜は、潜水戦隊の旗艦潜水艦で、「司令官がやかましい人で特に食事にうるさかった。だから飯は常に美味しかった」と記憶している。物の本によればこの司令官は大変厳しく、部下を殴ったり、時には蹴りを入れることで有名で、必ず蹴飛ばされるからズボンの下にあらかじめゲートルを巻いておいた人もいたと書かれていた。そんなおっかない司令官が食事に厳しかったら、料理は美味しいはずである。

もちろんすべての潜水艦の飯が美味しいとは限らない。その後小平氏は別の潜水艦に転勤したのだが、今度は逆に飯がまずい。乗員もどこか元気がなく、転勤直後に参加した作戦行動が苛酷で長時間敵に制圧されたことなどもあり、皮膚病などが出て兵隊の体力の消耗がひどかったそうである。

そこでさっそく、主計の下士官を指導して、なんとか工夫して美味しい食事を提供するように指示を出した。潜水艦には主計士官は乗艦していないから、下士官がその任に当たる。同じ材料でも工夫をすれば味がよくなる。その結果、効果はてきめんに表れ、兵隊が次第に明るく元気になってきた。そして二度目の出撃では、前回より楽な作戦だったこともあったが、乗員一同健康で士気が最後まで旺盛だったそうである。食事一つでここまで違うのかと思い、つくづく潜水艦乗員の士気の源は食事にありと痛感したという。

どん亀は一艦すなわち一家族

望むと望まざるとにかかわらず、潜水艦への配置を命ぜられた者は、過酷な任務を全うしなければならなかった。それでも潜水艦に勤務した経験を持つ人は、みな異口同音にその時代を懐かしむ。

その理由はさまざまだが、やはり大きいのは「死ぬときは皆一緒」という一蓮托生の運命下におかれたことではないだろうか。彼等に詳しく話を聞くと、作戦中、心のどこかで常に「明日はやられるかもしれない」と腹をくくっていたそうである。その時は一緒にみんなで死のうという覚悟のようなものをお互いが感じあっていたのであろう。

伊六九潜の魚雷発射管室。口径53cmの八八式三型魚雷発射管4門が見える。本艦は海大六型aで、艦尾の2門と合わせ、発射管6門を装備した（写真提供／勝目純也）

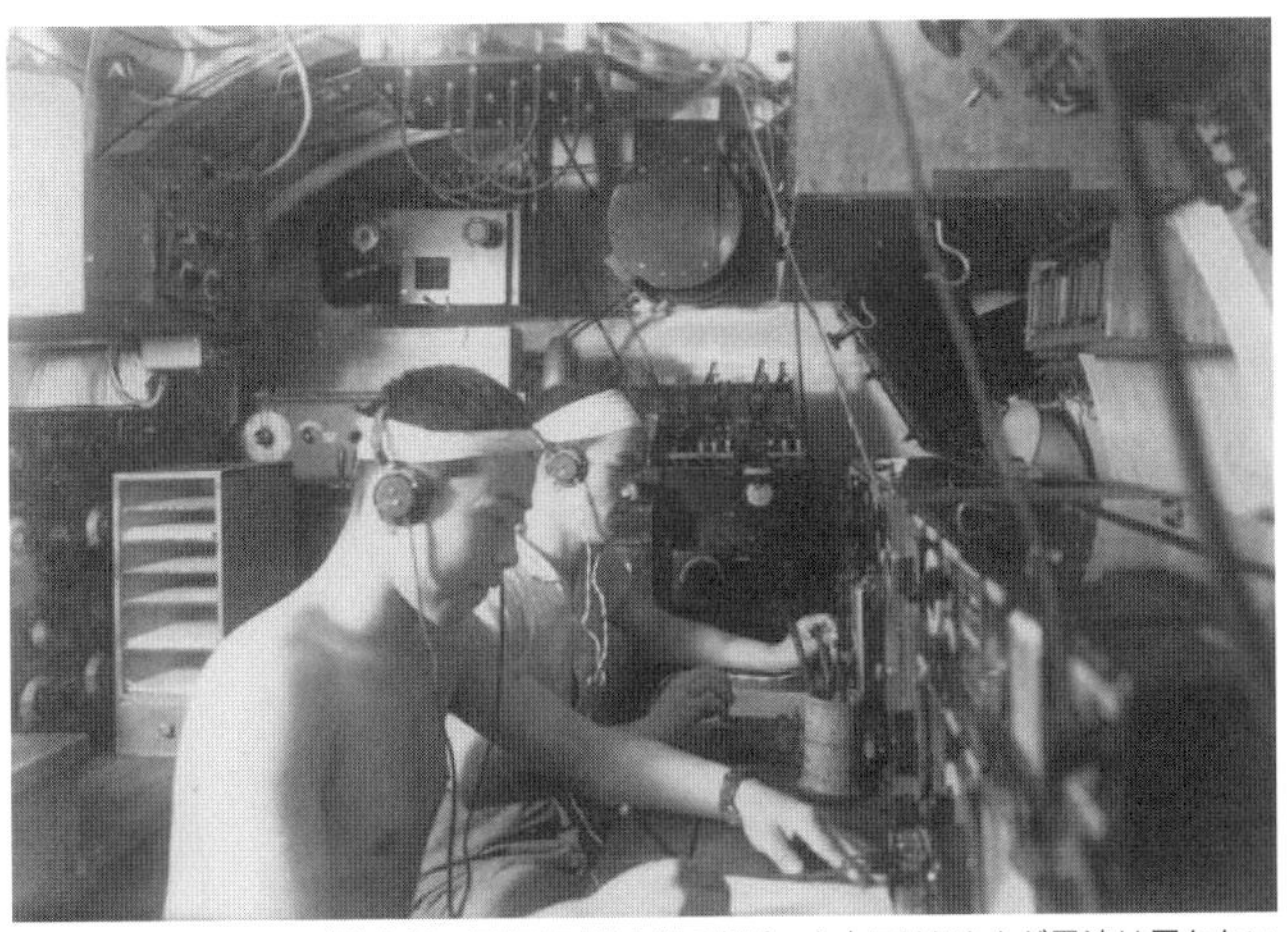

艦名は特定できないが潜水艦の電信室。潜水艦の場合、水中にはほとんど電波は届かないため浮上時に交信することになるが、潜水艦から報告する通信が敵艦に探知され、撃沈された例が多い（写真提供／勝目純也）

自分のミス一つが全員を死に追いやる可能性がある中、艦長から最下級の水兵までが、何役もの重要な役割を責任をもってこなさなくてはならなかった。当然そういう中からモラルや強い絆が生まれ、苛酷な任務に挑む気構えが形成されていったのだろう。

伊五三潜の山田穣氏は2度の回天戦に参加、壮絶な爆雷制圧から生還したが、回天を送り出す作戦ほどつらいものはないと言う。しかし、つらい潜水艦時代を振り返って山田氏は今でも「わが青春どん亀時代に悔いはなし」と語る。それは適正から選ばれ、激しい訓練を積み、苛酷な潜水艦戦を生き残ったから言える言葉ではないだろうか。

第七章

大きな期待を寄せられた〝深海の使者〟たち

遣独潜水艦作戦

日独伊三国同盟を締結した日本は、
ドイツの優れた技術に大きな期待を寄せていた。
しかし、太平洋戦争の勃発で交流の道は閉ざされ、
連合国の目をかいくぐっての日独往還を図った
五次にわたる遣独潜水艦作戦は
困難なものとなった。

日独間の連絡を困難にした太平洋戦争勃発

昭和14（1939）年9月1日、第二次世界大戦が勃発、翌昭和15（1940）年9月27日、ドイツ・ベルリンで日独伊三国同盟が締結された。これにより日本は急速に対米関係を悪化させていくことになるが、日独は軍事協定に基づき、不足している物資や優れた技術など、人材を含めて交換するため、船舶、飛行機などによる両国間の連絡が試みられた。

昭和16（1941）年1月10日、海軍遣独軍事視察団員が任命され、艦政班、航空班が編成される。同月15日、任務に対する訓令を受領、同月25日、横井忠雄駐独海軍武官からドイツ側に対し、軍事視察団の要望事項が申し入れられた。

視察団は特務艦「淺香丸」で1月16日横須賀を出発、パナマ経由で2月20日リスボンに到着している。その後空路により2月22日にベルリンに到着した。

視察期間は3月から7月上旬としていたが、独ソ関係が急を告げてきたこともり、1ヵ月早い6月初旬に帰国する予定に変更した。しかし6月22日、ドイツは突如独ソ不可侵条約を無視し、ソ連への侵攻を開始する。そのため、予定していたシベリア経由の陸路による帰国の道は絶たれた。その後視察団は、さまざまなドイツ新兵器の図面やノウハウとともに、分散して潜水艦による帰国を試みることとなる。

同年12月8日に太平洋戦争が勃発すると、水上船舶による連絡は連合国側の攻撃により実行不可能となった。こうして日独間の連絡手段として急浮上してきたのが、潜水艦である。

遣独潜水艦は昭和17（1942）年4月から昭和19（1944）年7月までの期間、全部で5隻が派遣された。伊三四潜と伊五二潜の2隻が往路で沈没、伊三〇潜と伊二九潜の2隻がドイツ到達に成功したが、日本への復路で沈没し、往復に成功したのは、伊八潜、1隻だけであった。

遣独潜水艦作戦の開始

最初の遣独潜水艦は伊三〇潜で、昭和17年4月11日に呉を出港、8月6日、無事にロリアン港に入港した。しかも、それまでにいくつかの任務を実施した上での派遣成功であった。

伊三〇が所属する第八潜水戦隊は、昭和17年3月に新編された潜水戦隊で、3つの隊で編制されていた。その中で乙と丙先遣支隊が同一方面に作戦行動する場合は東方先遣支隊と称した。

甲先遣支隊　伊一〇潜、伊一六潜、伊一八潜、伊二〇潜、伊三〇潜、愛国丸、報国丸
乙先遣支隊　伊二七潜、伊二八潜、伊二九潜
丙先遣支隊　伊二一潜、伊二二潜、伊二四潜

ロリアンでの伊三〇潜。乙型の11番艦としてインド洋で交通破壊戦に従事後、喜望峰経由でドイツ連絡任務に従事した。帰路、予定にないシンガポールへの寄港を命ぜられ、触雷沈没している（写真提供／勝目純也）

甲先遣支隊は、インド洋に進出、東方先遣支隊は当初ポートモレスビー攻略作戦支援（後にオーストラリア・シドニーに変更）のため、敵主要艦艇の捜索や襲撃、海上交通破壊戦、そして特殊潜航艇による特別攻撃の任務も課せられていた。甲先遣支隊の1隻である伊三〇潜は4月20日にペナンに進出し、同月22日、特設巡洋艦「愛国丸」とともにペナンを出港した。

5日後、「愛国丸」から補給を済ませると、5月7日アデン、8日ジブチ、19日にザンジバル、ダレムサルムに対し、搭載する水上機による航空偵察を敢行。各要地での敵有力艦発見に努めた。その際、着水時に荒れ模様の海で搭載機は左フロートを損傷するが、なんとか機体の収容に成功した。

ロリアンで伊三〇を見守る野村直邦海軍大将（前列右端）とドイツ軍関係者。野村大将は昭和15年に日独伊三国同盟の軍事委員としてベルリンに赴任、昭和18年7月に呂五〇〇潜で帰国している（写真提供／勝目純也）

後に甲先遣支隊は、マダガスカル島ディエゴスワレス湾の特殊潜航艇による特別攻撃を終えると、各艦は海上交通破壊戦を実施した。しかし伊三〇潜に戦果はなく、各艦集合場所であるマダガスカル島東方に各艦が集合を果たしたが、潜水戦隊司令官が乗る旗艦である伊一〇潜と「愛国丸」は姿を見せなかった。なぜなら、当初の集合地点に英艦隊出現の情報を受けて、別の集合地点を設定し退避していたからだ。

そうとは知らない伊三〇潜は結局司令官への報告もできず、見送りもされずに、支隊各艦と分離し、単艦で6月18日にドイツを目指して針路を変えたのである。

途中、最も難所とされるのはアフリカ喜望峰から大西洋に抜ける航路で、ローリング・フォーティーズ（吼える40度線）と呼ばれており、暴風怒涛の天候が長く続く海域であった。主機械が故障するような危機を乗り越え、ドイツ占領下にあったフランスのロリアン港に入港を果たしたのは8月6日となった。

2週間の整備・休養の後、8月22日にロリアンを出港、ドイツ海軍から譲り受けたエニグマ暗号機10基を搭載して日本に向った。帰路は順調な航海が続いたが、持ち帰ったエニグマ暗号機をシンガポールで陸揚げするように、遣独任務への命令権のない兵備局長に命ぜられ、同港に寄港したことが災いする。暗号機を降ろし内地に向けて出港した際、機雷に触れ沈没し、乗員13名が戦死した。任務達成を目前にした痛恨の寄港指示であった。

唯一の成功例 伊八潜

2番目の遣独潜水艦、伊八潜は、昭和18年（1943）年6月1日に呉を出港、インド洋でのさらなる海上交通破壊戦を実施するため、ドイツから譲渡される予定のUボートの回航員50余名を乗せドイツに向った。

5隻の遣独潜水艦のうち、唯一往還に成功した伊八潜。巡潜三型で潜水戦隊の旗艦設備を有していた。遣独時は一部魚雷を降ろし、譲渡潜水艦の回航員をドイツまで便乗させている（写真提供／勝目純也）

同月10日にはシンガポールに到着。ペナンを経由して7月6日に伊一〇潜から補給を受け、ドイツを目指した。2回目となるとドイツとの交換兵器も多数に登り、日本からの往路では酸素魚雷、自動懸吊装置、最新式水上機や生ゴム、錫、タングステンなどを搭載していた。

8月31日にフランス・ブレストに無事入港、異国の地で補給・整備を実施し、この間乗員はフランスを観光するなど英気を養い、約1ヵ月後、帰国の途についた。

フランスの様子を見た伊三〇潜と伊八潜の乗員の感想は異なり、伊三〇潜の時期はドイツが戦局有利で、各訪問地が活気にあふれていたが、伊八潜の時期はドイツがクルスク戦に敗れ、イタリアに連合軍が上陸するなど、劣勢になってきており、訪問地は閑散していたという。

10月5日、伊八潜はブレストを出港し、12月2日スンダ海峡を通過、同月5日にシンガポールに入港、21日に無事呉に入港した。全行程3万4000マイルを往復した唯一の完全成功である。

ドイツからの復路では最新式の4連装機銃や、電波探知機、高速魚雷艇用の主機械を搭載しており、これらは日本にとって大きな収穫となった。特に当時我が国では魚雷艇のエンジン開発が困難を極めていたため、高速魚雷艇の主機の実物がもたらされたのは幸運だった。ところが、当時の日本の技術ではこのエンジンを生産することはできず、結局日本の魚雷艇に実装されることはな

ブレスト湾口付近で機雷原突破船3隻に先導され、さらに後方に3隻が待機し、ブレスト湾に進入する伊八潜。難所のローリングフォーティーズで船体を破損しつつも、無事到着した（写真提供／桑島齊三）

かった。

無事生還した伊八潜は、その後インド洋において水上交通破壊戦に長く従事、多数の船舶を撃沈していた。しかし昭和20（1945）年3月から沖縄方面の作戦に投入され、同月30日に駆逐艦や航空機の制圧を受け、浮上砲戦を行い奮戦したが、砲撃による命中弾多数により沈没している。沈没する中、最後まで反撃を続けていたのがドイツから受領し装備していた、4連装機銃だったという。

失敗に終わった第三次以降の遣独作戦

3番目に派遣されたのは伊三四潜である。伊三四潜は昭和18年10月13日に呉を出港、22日にシンガポールに入港すると、錫、生ゴム、タングステンなどを搭載して、11月11日にペナンに向けて出航した。しかし、同月13日にペナン港外でイギリスの潜水艦に雷撃され沈没。脱出に成功した乗員14名が助かったのは僥倖といえるだろう。

伊八潜による往復航路 図／おぐし篤

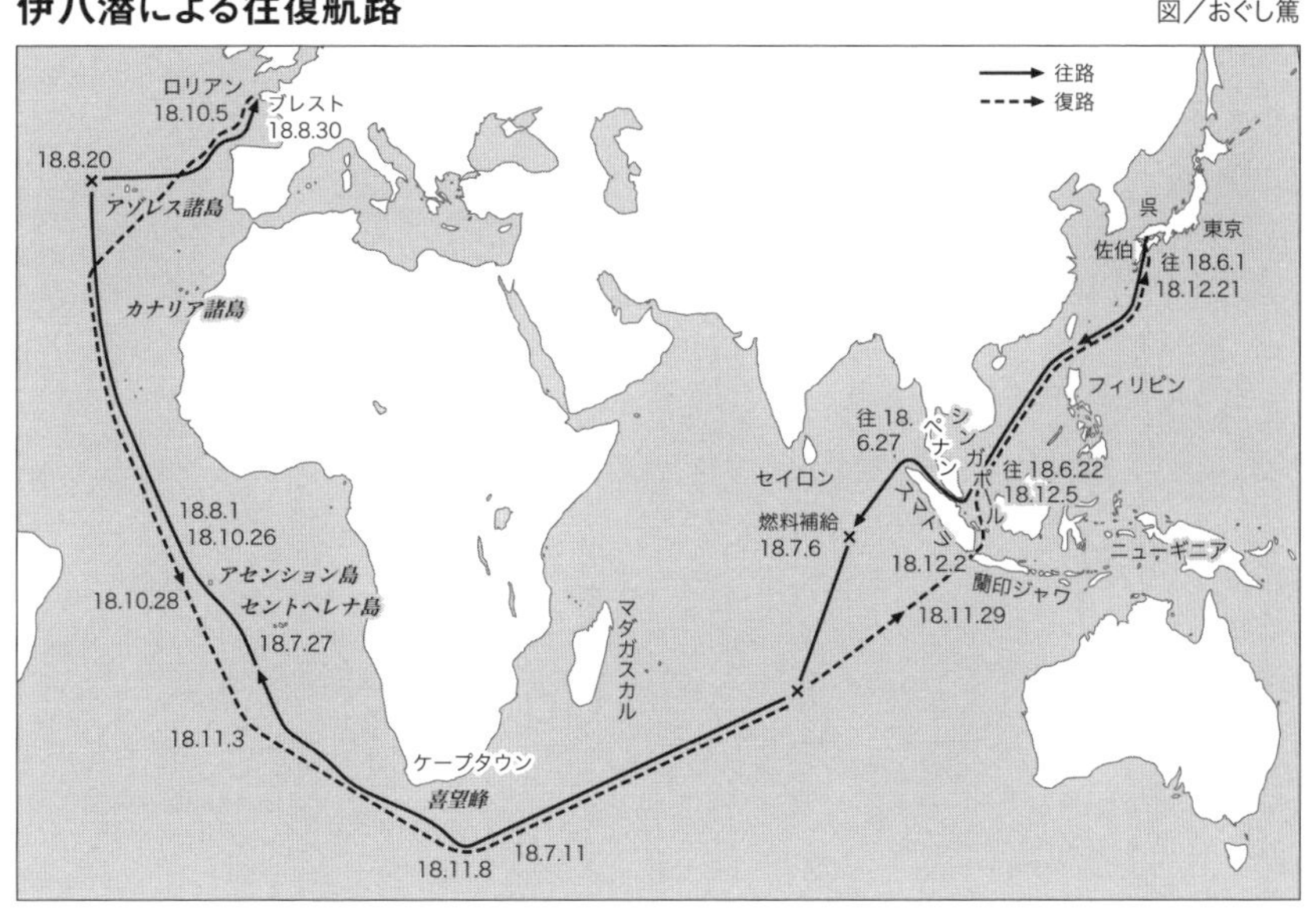

フランス・ロリアンでの伊二九潜。4隻目の遣独潜水艦で往路は成功している。司令塔上部にはドイツ製の20㎜4連装機銃が見える。復路はシンガポールまで帰り着いたが、バシー海峡で敵潜の待ち伏せを受け撃沈された（写真提供／勝目純也）

フランス・ドイツ滞在中、日独交流のひと時。最初にたどり着いた伊三〇潜と次に到着した伊八潜ではフランスでの状況が異なり、伊八潜乗員の話ではパリは閑散とし、食料も乏しかったという（写真提供／勝目純也）

4番目は伊二九潜である。日本海軍潜水部隊史上最高の戦果ともいえる、1回の魚雷襲撃で空母「ワスプ」、駆逐艦1隻を撃沈、戦艦1隻に損傷を与えた伊一九潜の潜水艦長木梨鷹一中佐が指揮を執っていた。11月15日、呉を出港、シンガポールで小島秀雄少将以下便乗者16名を乗せ、伊三四潜の教訓から、ペナンに寄港することなく、直接大西洋に向かった。

翌昭和19年年3月21日、ロリアン入港を果たした。

復路は小野田捨次郎大佐、陸軍中佐3名、巌谷栄一技術中佐や野間口光雄技術少佐など技術士官、計14名を乗せ、4月16日に出港。7月14日にシンガポールに到着し、便乗者はシンガポールから空路で日本に帰国した。

伊二九潜は22日同地を出港したが、26日、バリンタン海峡でアメリカ潜水艦の待ち伏せを受けて沈没した。木梨艦長は戦死後、2階級特進し海軍少将になっている。

しかし不幸中の幸いだったのは、

遺独潜水艦作戦関連年表

昭和13年以来、ナチスドイツは近隣諸国に進出していたが、昭和14年8月に独ソ不可侵条約が成立、同年9月ドイツがポーランドに侵攻したことで英仏がドイツに宣戦布告し、第二次世界大戦が勃発した。昭和15年9月、日本は連合国による中国援助ルート遮断の目的で北部仏印に進駐、ほぼ同時に日独伊三国同盟を締結。昭和16年4月、日本は日ソ中立条約を結び、同年7月に南部仏印へ進駐すると、アメリカは日本の南進に対して資産凍結と石油禁輸を以て応じた。一方、ドイツは昭和16年6月、ソ連領内に侵攻し独ソ戦が始まり、同年12月、太平洋戦争が勃発する。

年	月	日本潜水艦			独潜水艦	欧州戦況	太平洋戦況
16	12					独、モスクワ前面から退却	太平洋戦争開戦
17	1						マニラ占領
	2						シンガポール占領
	3						ジャワ占領
	4	伊30					
	5						
	6					独、1942年夏季攻勢開始	ミッドウェー作戦失敗
	7						ガダルカナル飛行場設営
	8						米、同上飛行場占領
	9						
	10						
	11	帰路 シンガ					
	12	ポール沖、					
18	1	機雷				スターリングラードで独軍壊滅	
	2						ガダルカナル撤退
	3						
	4						山本聯合艦隊司令長官戦死
	5				U 511		アッツ玉砕
	6	伊 8			片道		
	7	往復			成功		
	8	成功					キスカ撤退
	9				呂500に改名	イタリア降伏	
	10		伊34				
	11			伊29			米、タラワ、マキン上陸
	12		往路ペナン				
19	1		沖、潜水艦				
	2						米、アドミラルティ上陸
	3						
	4	呂50	伊52		U1224		
	5						
	6	キール発、			往路 大西洋	英米軍ノルマンディー上陸	米、サイパン上陸
	7	アフリカ・ベル	往路リスボン		で撃沈		米、グアム、テニアン上陸
	8	デ岬沖、爆雷	沖、航空機の	帰路 バリン		独軍パリ放棄	
	9		音響追跡	タン海峡、			
	10		魚雷	潜水艦			米、レイテ上陸
	11						
	12						
20	1						
	2						米、硫黄島上陸
	3						
	4				U234		米、沖縄上陸
	5					ドイツ降伏	
	6				往路 米駆逐		
	7				艦に降伏		
	8						終戦

参考　伊号第8潜水艦史、日本潜水艦史（坂本金美）、深海の使者（吉村昭）、世界史（吉岡力）、軍艦物語（佐藤和正）、消えた潜水艦伊52（新延明、佐藤仁志）

シンガポールで降りた技術士官の手によって噴射推進式飛行機、ロケット機のMe163型、ジェット機のMe262型の図面が我が国にもたらされたことだ。これは後の「秋水」と「橘花」の原型となった。

最後は伊五二潜である。昭和19年3月10日に呉を出港したが、伊五二潜にとって、この遣独任務は初陣であった。3月21日、シンガポールに寄港し、7名の技術者を乗せてスンダ海峡からインド洋に入り、5月20日、喜望峰を通過して大西洋に入った。6月22日、ドイツ潜水艦との合流地点に到着し、翌日Uボートとの会合に成功したが、6月24日、アメリカ護衛空母「ボーグ」の艦載機により撃沈されてしまった。

前後5回にわたる潜水艦による遣独任務は、結局完全成功は伊八潜の1隻しかなかった。当時のドイツの技術力からは学ぶことが多く、もっと早い段階から派遣任務を確実に実施していたならば、さらに貴重な技術が得られたのではないかとも考えられる。

第一次遣独潜水艦作戦　伊三〇潜

艦　　長　遠藤　忍中佐

作戦期間　昭和17年4月～10月

結　　果

往路のみ成功。便乗者1名。帰路シンガポールで触雷沈没。

初の遣独潜水艦。日本からは生ゴム、空母設計図、航空魚雷の設計図を提供。ドイツからは20㎜機銃、魚雷発射方位盤、レーダー設計図、対空レーダー、エニグマ暗号機を提供。沈没によりレーダー等の搭載物品の多くは破損したが、設計図は無事。

主な行動

昭和17年4月11日　呉発
昭和17年6月18日　インド洋作戦後 ドイツへ出発
昭和17年8月6日　フランス・ロリアン着
昭和17年8月22日　ロリアン発
昭和17年10月8日　シンガポール着
昭和17年10月13日　シンガポール発、同日触雷沈没

第二次遣独潜水艦作戦 伊八潜

艦　長　内野信二大佐
作戦期間　昭和18年6月〜12月
結　果
唯一の往復成功。便乗者、往路6名、譲渡潜水艦回航員50名、復路10名、ドイツ人4名。日本からは酸素魚雷2本、自動懸吊装置、無気泡発射菅、零式小型偵察機を提供。ドイツからはレーダー、逆探メトックス、爆撃照準機、航空用機銃、対空機銃、魚雷艇エンジン1基、ペニシリンほか。

主な行動
昭和18年6月1日　呉発
昭和18年6月23日　ペナン寄港
昭和18年7月6日　インド洋上で伊一〇潜より補給
昭和18年8月31日　フランス・ブレスト着

ロリアンに入港した伊三〇潜。不鮮明なので確実ではないが、伊三〇潜はドイツ側の進言により、帰路は船体を黒色からライトグレーに塗り変えている（写真提供／勝目純也）

昭和18年10月5日　ブレスト発
昭和18年12月5日　シンガホール着
昭和18年12月21日　呉着

第三次遣独潜水艦作戦　伊三四潜

艦　長　入江 達中佐
作戦期間　昭和18年11月
結　果
往路、ペナン沖で潜水艦の雷撃を受け沈没。便乗者1名。日本からは錫、生ゴム、タングステンを搭載。
主な行動
昭和18年10月13日　呉発
昭和18年11月11日　シンガホール発
昭和18年11月13日　ペナン港外で敵潜により雷撃沈没

第四次遣独潜水艦作戦　伊二九潜

艦　長　木梨鷹一中佐（戦死後2階級特進 海軍少将）
作戦期間　昭和18年11月〜昭和19年7月
結　果

往路のみ成功。復路バリンタン海峡で潜水艦の雷撃を受け沈没。往路便乗者16名。復路便乗者、小野田捨次郎大佐、巌谷栄一技術中佐、野間口光雄技術少佐等14名は、シンガポールで退艦して生還。

日本からは生ゴム、タングステン、錫、亜鉛、キニーネを提供。ドイツからは音響機雷、V1ロケット胴体、Me163の図面（後の「秋水」）、Me262の図面（後の「橘花」）

主な行動

昭和18年11月15日　呉発
昭和18年12月17日　シンガポール発
昭和19年3月11日　フランス・ロリアン着
昭和19年4月16日　ロリアン発
昭和19年7月14日　シンガポール着
昭和19年7月26日　バリンタン海峡で敵潜により雷撃沈没

第五次遣独潜水艦作戦　伊五二潜

艦　　長　宇野亀雄中佐
作戦期間　昭和19年3月〜6月
結　　果

帰途に就く伊二九潜。艦長は伊一九潜で正規空母「ワスプ」を撃沈した木梨艦長。この後、伊二九潜はバシー海峡で撃沈されるが、戦死した木梨艦長はこれまでの功績を称えられ二階級特進を果たしている（写真提供／勝目純也）

往路、大西洋で敵対潜部隊により沈没。便乗者13名。

日本からタングステン、錫、生ゴムを搭載。

主な行動

昭和19年3月10日　呉発

昭和19年4月23日　シンガホール発

昭和19年6月24日　米艦載機攻撃により沈没

そのほかの日独潜水艦による交流

日本から派遣された5隻以外にも、いくかのドイツとの潜水艦による交流や作戦があった。伊二九潜は遣独作戦に先立ち、昭和18年4月28日、インド洋洋上のマダガスカル島南南西約400海里において独潜水艦と会合、要人輸送、物資交換を行っている。伊二九潜からは江見哲四郎中佐、友永英夫技術少佐がドイツのUボートに移乗、九三式魚雷、潜水艦自動懸吊装置、漏油防止装置、特殊潜航艇及び中型潜水艦設計

昭和18年頃、ペナンにおける伊二七潜（奥）と伊二九潜（手前）。乙型の特長でもある格納筒が印象的だ。格納筒の上部に何らかの突起物が並ぶが、何をするものかは不明（写真提供／勝目純也）

伊八潜によりドイツへ渡った回航員により、日本を目指した呂五〇一潜。写真はキール軍港での譲渡式で、初めて日本海軍の軍艦旗を掲揚している。背後には2基の20㎜連装機銃が見える（写真提供／勝目純也）

ドイツ海軍乗員によるU511改め、呂五〇〇潜での記念撮影。ドイツ海軍の乗員によりペナン経由で呉に到着した。その後彼らはペナンに戻り、ドイツ潜水艦の交代要員として引き続き任務にあたった（写真提供／勝目純也）

図を渡した。Uボートからはチャンドラ・ボース及び従者1名が移乗し、小型潜水艦設計図、対戦車砲特殊弾を受け取っている。

インド洋での交通破壊戦をもっと活発に実施してほしいとのドイツからの要望を受けて、ドイツ海軍のUボート2隻も日本へ譲渡されている。

まずドイツからU511がドイツ海軍の回航員により、昭和18年8月7日、呉に到着。呂五〇〇潜と命名された。

もう1隻は伊八潜で移送された乗員が回航したU1224である。呂五〇一と命名されたが、昭和19年5月14日にベルテ岬諸島北西でアメリカ海軍の駆逐艦の攻撃を受け、沈没してしまい、日本に到着することはかなわなかった。

昭和20年、敗色濃厚なドイツから、友永英夫技術中佐、庄司元三技術中佐を帰国させるため、U234が日本に派遣されるこことなった。昭和20年3月24日、キールを出発するも5月8日、ドイツが降伏。U234も艦長が連合国への降伏を決断したため、同月13日、友永、庄司、両技術中佐は艦内で服毒自殺を遂げた。これは後に戦死と認定され、技術大佐に特進となっている。

第八章

アリューシャン潜水艦作戦

極北の海に繰り広げられた日本海軍潜水艦部隊の死闘

1年2ヵ月に及ぶ
日本軍のアリューシャン攻略は
アッツ島玉砕と、キスカ島撤退に終わった。
苦戦を強いられた日本海軍部隊にあって
潜水艦部隊はいかなる役割を果たしたのか。

アリューシャン作戦の潜水艦部隊

太平洋戦争において日本海軍の潜水艦は不振を極めたといわれている。その大きな要因として、攻撃兵器である潜水艦に対して過酷な輸送作戦を強いたことが挙げられる。当時の潜水艦は潜航時間も短く、狭い艦内では物資等の積載量も限られていた。潜水艦はそのハンディキャップを負い、警戒厳重な敵の包囲網を突破して、孤立した島嶼に対する人員・物資の輸送を完遂しなくてはならなかった。

日本海軍の潜水艦輸送で思い浮かぶのが、南方のガダルカナル島やニューギニアであるが、もう一つ過酷な輸送作戦を強いられた戦場がある。アッツ、キスカ両島をめぐるアリューシャン作戦である。アリューシャン作戦では35隻の潜水艦が投入され、6隻が失われた。それにもかかわらず、さしたる戦果もなく、ひたすら霧の中の苦しい輸送作戦に潜水艦が酷使された。

これまで詳らかにされてこなかった北方部隊の潜水艦による戦闘とはいかなるものだったのか。詳しく見ていこう。

アリューシャン作戦といえば、キスカ撤退作戦とアッツ島の玉砕を思い浮かべるだろう。昭和18（1943）年7月28日、アリューシャン列島キスカ島の撤退作戦は成功した。米軍の警戒厳重な包囲網の中、霧にまぎれた第一水雷戦隊軽巡「阿武隈（あぶくま）」以下15隻の艦隊は、敵にさとられることなく、見事に5183名の将兵を完全撤退させることに成功した。太平洋戦争における奇跡の作戦とも呼ばれ、戦後は映画にもなり、見事な統率と決断を示した第一水雷戦隊司令官、木村昌福（まさとみ）海軍中将はその人柄も含めて、今日まで人気が衰えることはない。

しかし同時に隣のアッツ島玉砕も忘れてはならない。山崎保代（やすよ）陸軍大佐指揮の下、米軍上陸部隊と勇猛

アリューシャン列島の諸島

図／おぐし篤

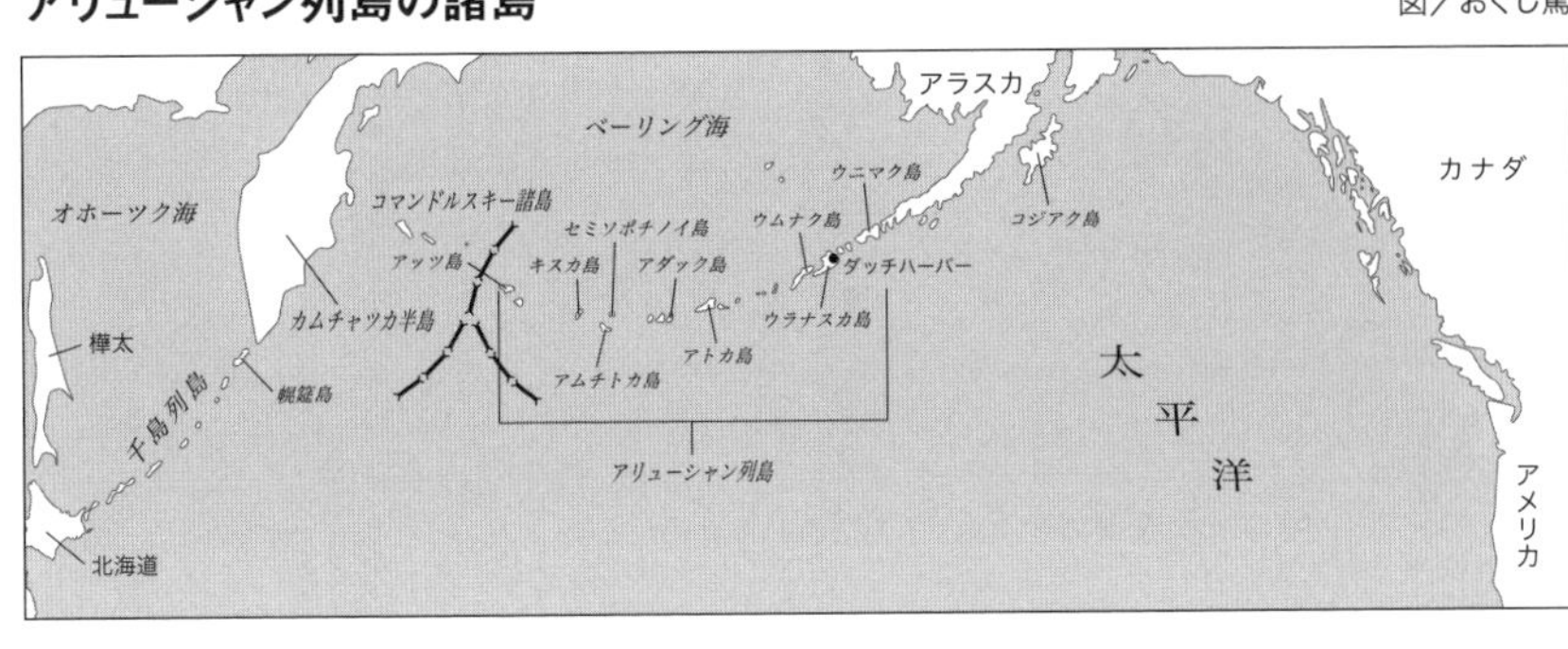

果敢に戦い、2650名の将兵が戦死し、太平洋戦争で初めて「玉砕」という言葉が使われた悲劇の島である。

アッツ、キスカの両島が含まれるアリューシャン列島は、アメリカのアラスカ半島からロシアのカムチャツカ半島にわたる約1900㎞の列島で、6諸島大小合わせて80弱の島や環礁がある。年間の平均気温は3・4度、1年のうち晴天の日は10日もなく、常に雨や雪、霧に包まれた酷寒・辺境の地である。ではなぜこのように過酷な環境の島々をめぐって日米は戦ったのか。

アリューシャン作戦は昭和17（1942）年6月上旬のアッツ・キスカ島攻略作戦に始まり、昭和18年5月中旬の米軍によるアッツ島来攻、そして7月末のキスカ島撤退作戦で終わりを告げる。この約1年強にわたる多大な労苦を払った作戦は、どのような経緯で開始されたのか、実は諸説があり判然としない。

そもそもの発端は第二段作戦における主作戦であったミッドウェー作戦にアリューシャン作戦が付随する形で決定されたことにある。定説では、当初ミッドウェー作戦の実施に反対していた軍令部作戦課が、同作戦の内定に付随して新たに企図したものとされる。ミッドウェー作戦を実施しても米艦隊が出撃して来るとは限らないため、米空母の出撃を一層強要する助長策として西部アリューシャン攻略を要望し、連合艦隊司令部も兵力の余裕があることからこれを承認したとされている。

同様に、日本本土東方の哨戒任務に就いていた第五艦隊司令部も、早くから軍令部、連合艦隊司令部にアリューシャン攻略を具申していた。連合艦隊も、米大型機の基地となりうるアリューシャンを攻略して、日本本土空襲を防止する点を重視して了承したのである。さらに、ミッドウェー作戦実施の交換条件に、陸軍からアリューシャン西部要地の攻略を提案されたとの説もある。

いずれにせよ、肝心の作戦目的について意見が一致していない。軍令部はミッドウェー作戦の補助作戦、あるいは牽制と考えていた。連合艦隊司令部は米大型爆撃機による日本本土襲来の足場を築かれることを懸念した。こうして共通の作戦目的がない中、アリューシャン作戦は始まった。

アッツ・キスカ島両攻略

昭和17年6月3日、第五艦隊（北方部隊指揮官：細萱戊子郎（ほそがやぼしろう）中将）隷下の第二機動部隊第四航空戦隊の空母「龍驤（りゅうじょう）」「隼鷹（じゅんよう）」によるダッチハーバー、アダック島への空襲が行われた。この6月3日は合計二次にわたる攻撃隊、翌4日には悪天候によりベテラン搭乗員による1回の空襲が行われた。実にこの2日目の空襲の最中にミッドウェーの悲劇が起こっている。空襲に即応して6月7日夜、キスカ島攻略部隊は同島に上陸。翌8日にはアッツ島の占領に成功した。

昭和17年6月4日、前日3日に続いて第二機動部隊の「隼鷹」「龍驤」の艦載機による空襲で炎上するダッチハーバー。北辺の地といっても米本土には変わりはなく、アッツ島、キスカ島の米領を日本軍が占領した（Photo/USN）

上／乙型の伊二六潜。日米開戦時にキスカ、アダック、ダッチハーバー方面の要地偵察を行い、翌年昭和17年5月には北方部隊に編入され、短期間北太平洋で活躍している

下／巡潜一型の伊三潜。昭和17年6月には巡潜型で編成された第二潜水部隊として北方作戦に従事した。巡潜型は長大な航続距離を活かし、北方から南方まで広範囲に多用された（上下写真提供／勝目純也）

これに先立ち、北方部隊にはアッツ及びキスカ攻略部隊の潜水部隊として5月10日、第一潜水部隊が編入された。指揮は第一潜水戦隊司令官山崎重暉（やまざきしげあき）少将、隷下には伊九潜、伊一五潜、伊一七潜、伊一九潜、伊二五潜、伊二六潜という潜水艦6隻に、特設潜水母艦「平安丸」が加わった。

第一潜水部隊の作戦は全力をもってアリューシャン列島の偵察を実施するというものだった。散開線を構成して敵艦隊の哨戒にあたり、続けて米軍の主要拠点や基地であるコジアク島、ダッチハーバー、ウニマク水道、ウムナク島北方などで哨戒を実施した。特に伊九潜などは、キスカ、アムチトカ、コジアク島等に対して三度、搭載機による航空偵察を実施している。

アッツ、キスカ上陸作戦成功後の6月10日には、連合艦隊命令により第二潜水部隊（指揮：第二潜水戦隊司令官、市岡寿（ひさし）少将、伊七潜、伊一潜、伊二潜、伊三潜、伊四潜、伊五潜、伊六潜、特設潜水母艦「靖国丸」）が増勢された。

細萱北方部隊指揮官は、第一、第二の両潜水部隊を直率とし、第一潜水部隊をアリューシャン東部、第二潜水部隊をアリューシャン西部方面の哨戒に充当することとした。

なお、6月下旬にキスカ、アッツの長期占領が確定し、その防備施設の強化に着手した頃、連合艦隊司令部はインド洋方面の海上交通破壊戦を強化する目的をもって、第一、第二潜水部隊を北方部隊から先遣部隊に復帰させた。このため、7月下旬以降北方部隊潜水部隊は、新たに第五艦隊に編入された呂号潜水艦のみとなり、主としては占領地付近の哨戒防備に専念することとなったのである。

甲標的配備される

7月5日、甲標的6隻が甲標的母艦「千代田」に搭載され、甲標的基地隊、設営隊を含めキスカ島に進出した。乙坂昇一中尉（甲標的艇長2期講習員）以下約50名の甲標的部隊は特務隊と呼ばれ、基地隊や設営隊とともに基地設営に取り掛かった。しかし厳しい自然条件に阻まれ設営に約3ヵ月を要し、せっかく基地が完成しても悪天候や激しい空襲に苛まれ満足な訓練が出来ない状態が続いた。

翌年2月15日にはガダルカナル島の甲標的作戦で、初の生還を果たした国弘信治中尉（3期）、真島四郎少尉（5期）が艇長を務める2隻の甲標的が伊一六九潜、伊一七一潜により増備されたが、結局のところ厳しい自然環境に阻まれ、何等の戦果を挙げることなく、キスカ撤退の際に爆破処分されている。

旧型潜水艦の活躍

昭和17年7月14日、艦隊戦時編成の改訂が行われた際に、従来第四艦隊付属の第七潜水戦隊として南洋方面を行動しつつあった第二十六潜水隊（呂六一潜、呂六二潜、呂六五潜、呂六七潜）、第三十三潜水隊（呂六三潜、呂六四潜、呂六八潜）が第七潜水戦隊から除かれ、第五艦隊に付属潜水隊として編入された。これらの潜水艦はL四型と称し、日本海軍が大正末年に最後の輸入潜水艦として導入した英国ヴィッカーズ社製（建造は三菱神戸造船所）で、当時は非常に優れていたが、いかんせん老朽化が目立っていた。

第二十六及び第三十三潜水隊はキスカに進出し、同地を基地に作戦を実施することとなり、修理未完成の呂六五潜、呂六七潜の2隻を除き、他の各潜水艦は7月下旬に内地発、8月上旬にはキスカに進出した。

アリューシャン列島中央部、ダッチハーバーとキスカ島の間にアトカ島がある。この島に米軍はアッツ、キスカ島攻略の前哨基地として飛行場を建設するため、8月13日に上陸を果たした。この行動に敏感に反応したキスカ島守備隊は、零式三座水偵を発進させ、同島の偵察を行った。その結果、軽巡洋艦、駆逐艦の在泊が認められ、ただちに呂六一潜が、1日遅れて呂六二潜、呂六四潜が出撃した。

そのうち、呂六一潜に対しては、8月30日にアトカ島ナザン湾への侵入が命ぜられた。湾内への侵入は防潜網が阻んでいたが、駆逐艦が哨戒任務のため出入港する際のわずか20～30分の開放時間をついて、大胆にも湾内に侵入を果たしたのである。

呂六一潜は湾内で潜望鏡を出して偵察を行い、巡洋艦の所在を報告しているが、実際は水上機母艦「カスコ」であった。ただちに魚雷3本を発射、そのうち1本が命中し「カスコ」は擱座（かくざ）している。その後、呂六一潜は湾外への脱出に成功し、「重巡に魚雷命中1本」を報告した。

翌8月31日、呂六一潜が潜航した状態でアトカ島から遠ざかっている最中、

L四L4型の呂六四潜。L四型は開戦時ですでに艦齢17～18年に達していたが、使い勝手の良さから太平洋戦争前半まで便利に使われ、アリューシャン作戦でも活発に行動している（写真提供／勝目純也）

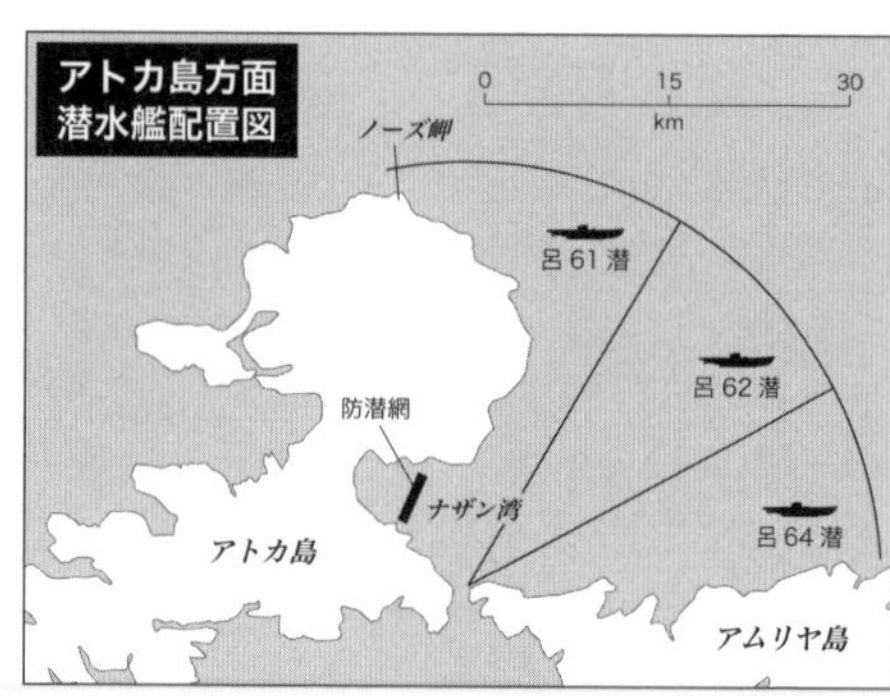

図／おぐし篤

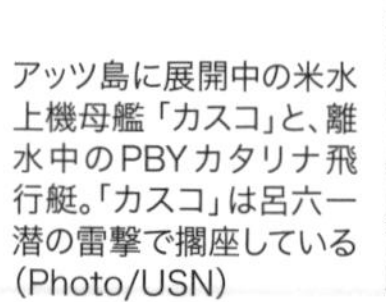

アッツ島に展開中の米水上機母艦「カスコ」と、離水中のPBYカタリナ飛行艇。「カスコ」は呂六一潜の雷撃で擱座している(Photo/USN)

突如「ドスン」と鈍い衝撃音を感じ、艦長は浮上を命じた。同じように潜航待敵している僚艦と水中衝突を疑ったという。しかし運悪く、この浮上した時にアトカ島から発進したカタリナ飛行艇3機に発見されてしまう。そのうち1機の対潜爆弾が呂六一潜になにかしらの損傷を与えたらしく重油が浮いてきた。これを目印にアトカ島から駆逐艦「レイド」が到着、執拗な爆雷攻撃が繰り返された。

4回目の爆雷攻撃で機械室が浸水、潜水艦にとって機械室の浸水は非常に深刻である。そして5回目、6回目と攻撃は止むことなく、前部発射管室にも大量の浸水が始まり、艦長はついに浮上砲戦を決意した。潜水艦が敵前で浮上砲戦するのは最期の時である。駆逐艦と砲戦を交えれば潜水艦に勝ち目はない。浮上した呂六一潜は「レイド」の主砲から次々と命中弾を受け、5名の生存者を残して後部から沈んでいった。

キスカ島に待機していたL四型の潜水艦にも被害が及んだ。アダック島から発進した戦闘機や爆撃機からのたび重なる空襲である。これにより呂六八潜は機銃掃射で潜望鏡を損傷し、呂六三潜も同様の被害を受けた。呂六七潜は内地から合流した途端に空襲に遭遇し、電動機を損傷して潜航が不可能になった。

9月に入っても呂六五潜が艦橋に機銃弾を受けるなど被害が続いたが、11月4日、キスカ湾内で呂六五潜が空襲を受けた。潜水艦の場合、潜航して海底に沈座すれば空襲を回避できる。この時も呂六五潜は急速潜航をかけた。ところがあろうことか、艦橋のハッチが閉まらないうちにベント弁を開いたため、海水が怒涛のごとくそのまま後部艦内に流れ込んだ。船体は30度の角度をもって艦尾が着底したが、機械室より前部にいたものは2名を除いて全員発射管室から脱出し、65名の乗員中45名が救助された。

辛酸を極めた輸送作戦

昭和18年に入ると米軍のアリューシャン列島における動きが活発化してきた。アッツ、キスカを防衛するには、両島に間断なく補給を実施しなくてはならない。補給には平均2隻の駆逐艦を護衛に付けた輸送船団を構成し、糧食はもちろんのこと、兵器・弾薬、建材や石炭等を運んだ。最初の第一船団は昭和17年の12月24日の幌筵(パラムシル)島を出港している。

以来第一二船団まで続くが、第一一船団では「あかがね丸」が米艦艇と遭遇して撃沈され、従来は敵飛行機だけを回避していた輸送方式は、根本的な見直しが必要となった。そこで以後はアッツ島に対してできるだけ集団輸送を実施し、キスカ島に対してはアッツ島から潜水艦で輸送することとした。

北方部隊には2月1日、第三潜水戦隊の第十二潜水隊（伊三一潜、伊一六八潜、伊一六九潜、伊一七一潜）が増備された。さらにキスカ島に配備されていた甲標的6隻に加えて、2月25日には増援部隊の甲標的2隻が伊一七一潜、伊一六九潜によって輸送されるなど、着実に潜水艦部隊の兵力は増強されていった。

北方部隊指揮官は、キスカ、アッツ両島の陸上基地を急速造成するため、海軍艦艇による緊急輸送を計画し、3月中旬に第一次輸送、下旬に第二次輸送を実施する。しかし、敵の妨害により第二次輸送は失敗に帰した。以後は潜水艦による輸送以外は成功の目途が立たなくなった。

かくして、伊七潜、伊三一潜、伊三四潜、伊三五潜、伊一六八潜、伊一六九潜、伊一七一潜は3月下旬から、5月上旬にわたる間、主としてアッツ、キスカ両島間の輸送に従事し、アッツ島に蓄積された資材のキスカ島に対する輸送を実施した。その間、3月2日から5月8日までに、のべ24隻の潜水艦が輸送作戦に投入され、アッツ島には10回、キスカ島には14回の輸送が実施された。しかし潜水艦の輸送は極めて効率が悪く、1回の輸送で4tないし5tの物資しか運べない。

潜水艦による輸送は食糧が中心で、積載物資の約半分にあたる2t、その他は機銃弾、小銃弾などが多い。主に機銃弾が多いのは常に空襲を受けるため、対空機銃の消耗が激しいからである。また輸送の復路では病人などの人員収容に努めた。離島への輸送は、海岸にできるだけ潜水艦が近付き、浮上してすぐさま糧食や弾薬を上甲板に積み上げ、大発が4、5隻で横付けするとバケツリレー方式で素早く物資を移送した。

昭和18年5月末から7月下旬にかけて、12隻18回の輸送で潜水艦がキスカ島に運んだ物資は、兵器・弾薬が約125t、糧食が約100tである。駆逐艦であれば2隻分の積載量であろう。

海大六型aの伊一六八潜。同型艦の伊一六九潜、伊一七一潜とアッツ・キスカ島への補給任務に就いた。しかし潜水艦輸送も危険が多く、レーダーの発達により霧の中で初弾命中も起きていた(Photo/USN)

潜水艦の喪失と増勢

4月15日、アッツ、キスカ両島への輸送任務に当たっていた伊三一潜に特別な命令が与えられた。新たにアッツ島の守備隊長となった山崎保代大佐の輸送である。同艦はキスカ島輸送任務から4月10日に幌筵島に帰投すると、あわただしく補給を行い、15日には山崎大佐を載せて出発した。幸いにも順調に航海を続け、18日には山崎大佐を無事送り届けている。米軍のアッツ島上陸の1ヵ月前のことである。

昭和18年5月12日、アッツ島に上陸を開始する米軍。アッツ島の守備隊は17日間の死闘の末全滅、初の「玉砕」となった（Photo/USN）

5月12日、米軍はついにアッツ島に上陸する。この報を受けて北方部隊指揮官は同日、キスカ方面所在の潜水艦にアッツへの急行を命ずるとともに、第一水雷戦隊の水上機に協力し、敵船団を攻撃するよう下令した。

当時、北方部隊にあった潜水艦は伊二潜、伊七潜、伊三一潜、伊三四潜、伊三五潜の5隻であり、内地整備中の伊二潜を除く4隻がアッツ方面に急行し、作戦に参加した。ただし、攻撃に成功したものは伊三一潜、伊三五潜の2隻である。

伊三一潜は5月13日、ホルツ湾方面において敵戦艦に魚雷2本を命中させ、その後艦種不明艦1隻、14日には軽巡1隻を攻撃し、損害を与えたものと報告があった。しかし14日以降消息不明となり、結果は確認できなかった。戦後の調査では、戦艦はこの魚雷を味方水上機の警報により回避したとある。それ以外の戦果についても米軍側には記録がない。

一方、伊三五潜は5月16日、アッツ北岸において軽巡を襲撃したが効果なく、逆に駆逐艦2隻の爆雷攻撃を受けて損傷。幌筵島に帰還した。

5月10日に敵がアッツ島に上陸を開始するや、北方部隊潜水部隊は急速な増勢を決定したが、その兵力はいずれも内地またはトラック方面にあったため、実際にこれら兵力がアリューシャン方面に進出したのは5月下旬ないし6月初頭であった。

アッツ島の攻防戦に際し、敵艦隊接近に伴う警戒や襲撃企図などの直接作戦に参加し得たものは伊一七一潜、伊一七五潜の2艦に過ぎず、両艦ともアッツ玉砕まで、戦果を挙げるに至らなかった。

5月20日には北方部隊を一層強化するため、呉鎮守府部隊の伊一五五潜、伊一五六潜、伊一五七潜の3艦が連合艦隊司令長官の指揮下に置かれた上で、3艦を北方部隊に編入された。

また6月7日には、新たな就役艦である呂一〇四潜、呂一〇五潜の2艦が連合艦隊司令長官の命によって臨時に北方部隊に編入された。

海大三型aの伊一五五潜。本型は開戦時で艦齢15年を超えていることから昭和17年には練習潜水艦として一線を退いたが、その後艦隊に復帰、北方部隊に編入され輸送任務に従事している(Photo/USN)

潜水艦による撤収作戦

昭和18年5月21日、ケ号作戦が発令され、アッツ、キスカ両島の守備部隊を撤収することに決した。北方部隊指揮官は、アッツ島近海で作戦中の潜水艦に、幌筵島帰還を命じ、また5月下旬同地に進出した北方部隊潜水部隊指揮官（第一潜水戦隊司令官古宇田武郎少将が統一指揮）に対し、撤収作戦の実施を指令した。

北方部隊潜水部隊指揮官は、その指令に基づき撤収の細項を計画したが、5月29日、アッツ島守備隊は玉砕してしまう。同島からの撤収はその必要を認めなくなったので、キスカ島守備隊の撤収にほとんど全力を傾注することとなった。後に木村章福少将率いる第一水雷戦隊のキスカ撤収作戦を第二期撤収作戦、先んじて行われた潜水艦によるものを第一期撤収作戦と称することになった。

潜水艦による撤収計画（第一期撤収作戦）は次の通りである。

・キスカ島所在人員は逐次潜水艦により幌筵方面に転進輸送する。
・キスカ島の入泊地点は主として東岸のキスカ湾を使用し、同日に2隻の潜水艦が入泊する場合またはキスカ港が危険な場合は南岸のベカ湾を使用する。
・濃霧中における味方潜水艦同士の混淆を防止するため、航路を指定し、また入泊期日を統制する。
・撤収終了までに敵の来攻ある場合に備え、潜水艦の往路便には極力弾薬糧食を同島に輸送する。
・潜水艦の往復日程を減じ、回転率を向上させるため、アッツ島と幌筵の中間付近に監視艇を派遣し、撤収人員の移乗収容に任ぜしめる。
・アッツ島チチャゴフ湾は輸送不適のため哨戒に充当する。
・呂一〇四潜、呂一〇五潜は輸送不適のため哨戒に充当する。

撤収は5月27日、伊七潜を第1回として開始された。北方部隊潜水部隊所属の潜水艦17隻中、伊三五潜は修理のため5月下旬以降内地に帰還して作戦に参加せず。また呂一〇四潜、呂一〇五潜は小型のため輸送不適とされ、哨戒に使用することとした。また6月中旬、アッツ島及びコマンドルスキー諸島中間海域において哨戒に従事した。また、すでに述べた通り伊三一潜は5月中旬以降、消息不明のため作戦に参加しなかった。

残りの潜水艦13隻は輸送に従事したが、2回以上従事したものは7隻であり、成功したのは延べ13回だった。その結果、本作戦においてキスカ島から北千島に合計872名の人員を収容し、かつキスカ島に対して兵器弾薬約125t、糧食約100tを揚陸した。

潜水艦輸送で乗員たちを悩ませたのは霧だった。6月6日と17日の二度にわたるキスカ島輸送任務を成功させた伊一七五潜の士官で、本作戦参加者中の唯一の生存者である航海長の証言によれば、浮上航行でキスカ湾を目指すも、周囲を濃い霧に囲まれ何も視認できない霧中航行が数時間続いたという。

キスカ島に展開した甲標的。悪天候に阻まれ、また甲標的基地に押し寄せる波や砂により稼働は困難だった。撤収作戦もあり、アリューシャン作戦ではついに出撃することはなかった（Photo/USN）

現在のようにGPS機能があれば位置も特定できるだろうが、天測に頼っていた当時の航法では周囲を白い霧に囲まれればなすすべがない。霧の中の哨戒任務は過酷で、当直で艦橋の見張りに数時間立っていれば下着まで濡れて寒さに震え上がった。その中で航海長は自身の感覚で方位を取り、艦を進め、やがて霧の切れ間にキスカ島を見たときは無常の喜びだったという。

しかし、本作戦で我が潜水艦は濃霧中、敵哨戒艦艇から攻撃を受けることしばしばで、多数の被害を受けた。自艦の位置もままならぬ中で、敵はレーダーを使用し、いきなり初弾で至近弾を浴びせてきたのである。

相次ぐ潜水艦の損害

伊二四潜は、アッツ島守備隊員中、チチャゴフ湾方面に退避した連絡員を収容するため、5月末に幌筵島を出港し、6月上旬に3回にわたり同港外で近接連絡に努めたが手掛かりがなく、指揮官の指令に基づき同島における作業を取りやめた。引き続きキスカ島に向かったが、その後消息はなく、アッツ島北東海面において6月上旬に沈没したものと推定された。伊九潜は、6月中旬キスカ着の予定をもって同艦第二次輸送任務に従事中、消息不明となったが、同島東岸において敵の攻撃を受けて沈没と推定された。

伊一五五潜は、6月上旬に第一次輸送のため幌筵島出港後、荒天のため船体に被害を生じ、行動を中止して内地に帰還した。伊一五七潜は、6月上旬幌筵島発、列島線南方をアダック島付近まで帰航した後、キスカ島に向かうべく指令されたが、6月中旬セミソポチノイ島付近で座礁し、被害を生じたため輸送を中止して帰還した。伊二潜、伊二一潜、伊一六九潜は輸送任務に従事中、霧中から敵の砲撃を受けた。その中でも最も悲惨だったのが伊七潜の死闘である。

伊七潜は5月27日、6月9日と2回のキスカ島への輸送を成功させ、3回目の輸送のため6月15日に幌筵島を出港した。5日後の6月20日にキスカ島に到着したが、濃霧のため艦位が不明とあって入港できず、同日の突入を見合わせることとなった。

翌21日午前1時、潜航しながらキスカ島への接近を図り、午後2時半頃浮上することとなった。潜望鏡から一瞬陸岸が見えたため浮上してみると、周辺に敵はなく、入港準備を開始した。視界は約150mしかないが、湾口に接近したため水深測定を開始。海上は波も立たず極めて平穏だったという。

午後3時頃、右方向からの砲声を聞いた。当然濃霧のため、相手の艦は分からない。艦橋にいた艦長がただちに潜航のため「急速潜航、ベント開け」と命令を発した直後、突然艦橋に命中弾を受けた。弾は司令塔下部付近に命中し、約40cmの穴を空けた。こうなるともはや潜航は不可能である。「潜航止め」「ベント閉め」「砲戦用意」と下令された直後、次の弾が司令塔中央部に命中、司令塔内で炸裂した。

これにより潜水隊司令玉木留次郎(とめじろう)大佐、艦長長井勝彦少佐、航海長花房義夫中尉、信号長、信号員、操舵員、伝令の7名が即死。通信長中山泰一中尉が重傷を負った。先任将校の関口六郎大尉はすぐさま全艦の指揮を執り、反撃する。終始濃霧のため敵影は見えないが、どうやら敵艦は1隻で、伊七潜の主砲による反撃でやがて退いたらしい。危機は去ったものの司令塔、艦橋の各種装置は大きな被害を受け、メインタンクも満水の状態でしだいに沈下を始めた。沈没させてはならぬと陸岸とおぼしき方向に強速で前進し、陸岸に擱座した。後でキスカ島七夕湾東方の旭岬と呼ばれている付近であることが判明した。しかし伊七潜の死闘はこれで終わりではなかった。

陸軍部隊からの支援を受け、復旧作業と積載物資の荷降ろしを行い、再度出撃を果たし一路横須賀を目指した。しかし潜水艦の利点である潜航は不可能であり、運悪く再び敵に捕捉され、哨戒艇らしき3隻からの攻撃を受けた。小なりといえども複数の水上艦から攻撃を受けてはどうすることもできない。70発にも及ぶ反撃を行ったが多数の命中弾を受け、先任将校以下准士官7名、下士官兵57名の戦死を数え、力尽きた伊七潜は小キスカ島西側に再び擱座、爆破処分された。生存者の43名はキスカ島守備隊に収容された。

なお、最初に伊七潜を砲撃したのは米駆逐艦「モナハン」である。米艦艇はすでにミッドウェー海戦の時点で駆逐艦にもレーダーを搭載しており、艦載用レーダーの開発と配備が遅れた日本海軍を苦しめた。伊七潜は後に日本海軍が辛酸をなめさせられることになる、米軍のレーダー射撃の洗礼を受けたのである。

潜水艦による撤収の中止

新任の第五艦隊司令長官、河瀬四郎中将（昭和18年4月1日着任）は6月23日、ついに潜水艦によるキスカ島撤退作戦の中止を命令した。これにより伊三四潜、伊一六九潜、伊一七一潜は幌筵島に帰投し、伊三六潜には輸送作戦の実施を艦長の判断に任せたが、結局輸送を断念して帰投している。

第一期撤収作戦に参加した潜水艦13隻のうち、伊七潜、伊九潜、伊二四潜の3隻が失われ、伊一五五潜、伊一五六潜、伊一五七潜は6月28日、連合艦隊司令長官の作戦指揮を解かれて呉鎮守府に復帰した。第一期作戦おける成果は次の通りである。

一、撤収人員
　海軍　308名
　陸軍　58名
　軍属　506名
　　計　872名

二、キスカ島に揚陸した物資
　兵器・弾薬　125t
　糧食　106t
　計　231t

アリューシャン作戦参加潜水艦

■アッツ及びキスカ攻略部隊～輸送作戦
細萱戊子郎中将直率（昭和17年5月10日～昭和18年5月上旬）
第一潜水部隊　山崎重暉少将指揮（昭和17年5月10日編入）
伊九潜（×）、伊一五潜、伊一七潜、伊一九潜、伊二五潜、伊二六潜
第二潜水部隊　市岡寿少将指揮（昭和17年6月10日編入）
伊一潜、伊二潜、伊三潜、伊四潜、伊五潜、伊六潜、伊七7潜（×）
付属潜水隊　（昭和17年7月14日編入）
第二十六潜水隊:呂六一潜（×）、呂六二潜、呂六五潜（×）、呂六七潜
第三十三潜水隊:呂六三潜、呂六四潜、呂六八潜
基地潜水部隊　（昭和17年11月15日編入）
伊三四潜、伊三五潜
甲標的部隊　（昭和18年2月15日6隻、25日2隻編入）
第十二潜水隊　（昭和18年2月1日編入）
伊三一潜（×）、伊一六八潜、伊一六九潜、伊一七一潜
■キスカ撤退作戦
古宇田武郎少将指揮
伊二潜、伊五潜、伊六潜、伊七潜、伊九潜、伊二四潜（×5月12日編入）、伊三一潜、伊三四潜、伊三五潜、伊三六潜（5月13日編入）、伊一六九潜、伊一七一潜、伊一五五潜、伊一五六潜、伊一五七潜（以上3隻5月20日編入）、呂一〇四潜、呂一〇五潜（以上2隻6月7日編入）

※×は喪失艦。

6月5日、呂一〇四潜、呂一〇五潜が北方部隊に編入され、また5月31日、南東方面の作戦に従事していた伊五潜、伊六潜が原隊復帰を命ぜられ、第二期作戦（水上艦による撤収作戦）における潜水部隊の兵力は11隻となった。

冒頭で述べたように水上艦による撤収作戦は、幾多の困難を乗り越えて成功したが、各潜水艦はアムチトカ水道南方、ウニマク水道北方海域、アダック島クルック湾北方海域などの散開線に配備され、敵艦の哨戒や気象通報を行い木村艦隊（第一水雷戦隊）のキスカ撤退作戦に協力した。

キスカ撤収は8月1日、木村艦隊が幌筵島に無事到着して完了した。これにより長く苦しい潜水艦による北方作戦は終わりを告げた。労多くして実り少なし——35隻の潜水艦が北の海で戦い、6隻が還ってこなかった。我が潜水艦による特に撤収作戦は、作戦のほとんどが霧の中の作戦であった。レーダー（電波探信儀）を装備しない艦が米哨戒艦艇から霧中に突如射撃を受ける等、レーダー装備の有無が決定的な要素となったのである。これは来るべき電波兵器による潜水艦の大消耗の前兆だと、当時の潜水艦関係者はどこまで感じたであろうか。

第九章

日本海軍小型潜水艇全史

〝決死兵器〟から〝必死兵器〟へと変化していった海の小兵

甲標的に始まる日本海軍の排水量100t以下の小型潜水艇は、当初、米艦隊に対する漸減邀撃作戦のために開発された。しかし太平洋戦争の戦況の影響を受け、運用方法が劇的に変化しやがて未帰還が求められる特攻兵器が生まれてくることとなった。その歴史的流れを追いながら、個々の小型潜水艇を詳解する。

不文律はなぜ覆されたか

日本海軍の潜水艦の歴史は、明治38（１９０５）年から昭和20（１９４５）年終戦までの40年で、明治38年に竣工した日本海軍初の潜水艦（当時は潜水艇）であるホランド型は、１０３ｔあった。だが日本海軍は、排水量が１００ｔに満たない小型潜水艇（甲標的（こうひょうてき）・輸送用潜水艇・人間魚雷など）をさまざまな用途や目的のために、多数開発して実戦に投入している。

その始まりは昭和７（１９３２）年に設計案が提案された「甲標的」からで、戦場からの要請によって輸送用潜水艇も開発される。やがて戦争末期には回天といった人間魚雷、すなわち特攻兵器が生まれるようになっていく。

しかし日本海軍の兵器開発や作戦運用においては、本来、帰還・生還できる兵器しか認可されなかった。実際、甲標的の開発が上申された時、当時の軍令部総長だった伏見宮博恭王（ふしみのみやひろやすおう）は「ぶつかる兵器ではないね」と念を押されたという。

ではなぜそれまでの不文律が覆されてしまったのか。本稿では、戦争の推移によって運用や目的が変化していった日本海軍の１００ｔ未満の小型潜水艇の歴史をたどりつつ、各タイプについて詳解していきたい。開発のみで実戦に投入されていないものや、区分けに異論・注釈が必要なものもあるが、そのつど後述していく。

甲標的――帰還を前提とした〝決死兵器〟

甲標的の存在は、回天を含む後の小型潜水艇の技術や人材育成のベースとなっており、その開発に至る経緯を見ることは、以後の小型潜水艇の発達を理解するうえで重要である。

甲標的は一人の軍人の発案でスタートした。その軍人とは、昭和6（1931）年11月2日に艦政本部第一部第二課長に着任した岸本鹿子治大佐である。岸本大佐は兵学校37期で、水雷屋の道を進み、水雷学校の教官や各艦の水雷長を歴任した。技術士官ではないが、魚雷の専門家である。岸本大佐は着任するやいなや、酸素魚雷と小型潜水艇の開発という2件の研究に着手した。

後者の小型潜水艇こそ後の「甲標的」だが、これは岸本大佐が横尾敬義予備役大佐が提案した「魚雷肉攻策」に関心を寄せたのが発端となった。この横尾大佐の提案は漸減邀撃作戦のためのもので、その内容は「被発見防止のため潜航可能な高速搬送発射体、魚雷発射のための魚雷」を用いるというものだった。この横尾大佐提案の魚雷肉攻策にヒントを得た岸本大佐は、朝熊利英中佐に技術的可能性の検討を命じた。

日本海軍にとって、それまで前例のない特殊潜航艇である「甲標的」は魚雷屋たちだけで研究が進められることになった。魚雷関連の技術としては「耐圧円筒船殻」や「高性能蓄電池」、特に「薄型極板（蓄電池の電極に使用される薄型の電極板）」「小型電動機」などの研究で日本海軍は世界をリードしていたこともあって、ほとんど問題なく開発は進められた。朝熊中佐は、酸素魚雷の開発で多忙だったにも関わらず水槽実験を実施し、昭和7（1932）年春には設計案を提出した。ちなみに、甲標的は開発当初から機密を守るため秘匿名称が使われたが、複数の秘匿名称があり、「的」、あるいは「筒」とも称された。

日本海軍の至宝、酸素魚雷と甲標的の開発に尽力した艦政本部第1部第2課長の岸本鹿子治大佐。その後戦艦「金剛」の艦長を経て昭和11年に海軍少将になり、呉海軍工廠魚雷実験部長になっている（写真提供／勝目純也）

岸本大佐から甲標的の構想の提案を受けた海軍の重鎮・加藤寛治大将と、軍令部第二部兵備担当の石川信吾中佐は、石川中佐の部下の志波国彬中佐に用法を研究させ、「母艦に12基の甲標的を搭載し、敵艦隊の前程で発進、襲撃する」という漸減作戦用法をまとめた。この母艦とは、後に水上機母艦として建造された「千歳」型にあたる。

昭和7年5月、岸本大佐と石川中佐は海軍技術会議の了承を得ずに伏見宮博恭王軍令部長に構想案を直訴した。冒頭の「ぶつかる兵器でないね」と念を押されたのは、この時である。

これに対し、岸本大佐は「本兵器は決死的ではありますが、収容の方策も考えてあり、決して必死的ではありません」と答えて承認を得た。発想からわずか6ヵ月後のことである。軍令部長から通知を受けた藤田尚徳海軍次官は、艦政本部から着任したばかりで委細承知しており、岡田海相は1基製造費15万と聞いて決裁を下した。

オアフ島東岸ワイマナビーチに座礁した酒巻艇。酒巻艇はジャイロコンパス故障のまま発進。針路不明となり座礁、鹵獲された（Photo/USN）

昭和7年8月、岸本大佐がプロジェクト・チームのリーダーとなり、艦政本部各部から担当者を集めて開発チームを結成、驚異的な速さで設計図の作成に入った。設計図ができると、呉海軍工廠魚雷実験部に第一次試作艇製造訓令が出され、甲標的の製造が開始された。

試作艇の完成と各種実験

第一次試作艇は各種の試験を経て、昭和8（1933）年10月上旬、ついに有人の航走試験が行われ、甲標的が曳航する赤色ブイを陸上基点から観測して速力や旋回径、惰力などを計測した。赤色ブイが波を切る状況から水中を走る42ｔの艇体を想像し、関係者は肩を叩き合って喜んだという。

比較的順調に開発が進む甲標的だったが、10月、この有人航走試験の途中で開発は突然打ち切られた。これまでの1年間にわたる経緯からすると、実験中止は意外であるが、その理由は不明である。

昭和9（1934）年10月、高知県・宿毛湾北隣の平城湾を基地として、豊後水道で外洋搭乗実験が実施された。1年間、中断されていた甲標的の搭乗実験が再開されたのである。ところがこの試験において、甲標的は耐波性、凌波性が全く不十分で波浪に翻弄され、行動不能となったことから、外洋における使用は不適と判定されてしまう。

実験の成績を受け、昭和10（1935）年3月、実験委員長の呉海軍工廠長・松下薫少将から大角岑生（おおすみみねお）海軍大臣に対し、「開発中止あるいは要求性能変更等抜本的対策」意見書が提出された。だが、呉鎮守府司令長官も承認したこの意見書は、第一次試作艇設計図とともに艦政本部の金庫にしまい込まれた。つまり実験委員長と呉鎮守府司令長官の「使用不適」の所見を海軍大臣が握りつぶし、金庫にしまい込んだのである。その理由は明らかではない。

第二次試作艇と母艦の建造

昭和13（1938）年7月、甲標的の母艦ともなる水上機母艦「千歳」の就役をきっかけとして、艦政本部に眠っていた甲標的設計書は3年半ぶりに日の目を浴び、第二次試作艇設計の検討が開始された。昭和14（1939）年7月、試作艇2基の製造訓令が出され、正式に「甲標的」の名称が与えられた。

昭和13年に撮影された「千歳」。第一次状態が水上機母艦、第二次状態が甲標的母艦、最終的に航空母艦として使用する極めて特殊な艦だった。本艦の就役で甲標的計画は再始動する（資料提供／大和ミュージアム）

母艦となる「千歳」型は、当初は水上機母艦である「第一状態」として建造・運用されるが、甲標的搭載時には甲標的母艦の機能も持たせた「第二状態」に改修される。そのため、積み込みクレーン、艦内の甲標的移動設備、発進装置を装備し、甲標的12基を搭載、100秒間隔で発進させることが計画された。

第二次試作艇は昭和15（1940）年5月に一号艇が完成し、基礎実験、高速運転、外洋試験を相次いで実施。7月から8月中旬まで、母艦からの発進試験が行われた。10月15日、ついに甲標的は制式採用された。

制式化された後、戦力化担当責任者となった母艦「千代田」艦長の原田覚大佐は、「甲標的は魚雷として生まれ、その内容も魚雷である。しかし潜望鏡により観測し、接敵し、魚雷発射を実施するものは実質的に潜水艦である」と言って、甲標的を小型潜水艦に発展させようと努力することとなる。

甲標的の制式化により、甲標的の運用に関する教育が開始された。ちなみに、この頃実験搭乗員だった加藤良之助中佐は「甲標的乗りの元祖」、戦力化に努力した原田大佐は「甲標的育ての親」と呼ばれたという。

講習内容は基礎的操縦取扱法と昼間の基礎的航行艦襲撃訓練であり、基礎術力の練成を目的としたものであった。発進訓練は1回実施されるのみであり、夜間訓練や外海での訓練も行われなかった。

こうした状態で、搭乗員たちは真珠湾攻撃という、全く想定していなかった港湾襲撃任務に投入されることとなったのである。

実戦における甲標的

制式採用された甲標的が実戦に投入されたのは6回であった。まず、開戦時のハワイ作戦における真珠湾攻撃に参加した第一次特別攻撃隊に所属する5艇の甲標的が港湾の敵艦艇襲撃のために発進したが全艇未帰還となり、1隻が座礁後、米側に拿捕されている。

昭和17（1942）年4月には、第二次特別攻撃隊が豪州シドニー湾とマダガスカル島ディエゴスワレス湾への作戦を行った。シドニー湾への攻撃は3艇出撃して全艇が未帰還。ディエゴスワレス湾への攻撃は2艇が出撃（1艇発進取り止め放棄）、そして全艇未帰還であった。

同年11月には、ガタルカナル島における任務で、ルンガ泊地の米輸送船襲撃のため甲標的は8艇が出撃、そのうち3艇が未帰還となった。（第十章参照）

戦争後半の昭和19（1944）年～20（1945）年にかけては、フィリピンのセブ島を根拠地として延べ14艇が出撃し、うち1艇未帰還となっている。そして沖縄では延べ8艇出撃、2艇未帰還だった。

戦果を見てみると、確実とされるのはディエゴスワレスで戦艦大破、油槽船撃沈であり、1艇による戦艦1隻大破、さらに1艇によるタンカー撃沈は、小型潜水艇としては第二次世界大

一等輸送艦「第五号輸送艦」に積載されている甲標的丙型六九号艇。丙型は最初の甲標的に発電機を搭載したもので、その際に当初の甲標的を甲型、発電機付きを丙型とした（写真提供／勝目純也）

戦で極めて大きな戦果と英国潜水艦史で評価されている。

シドニー湾では停泊艦撃沈、ガ島では輸送船2隻を撃破、セブ島での作戦では駆逐艦1隻撃破だった。その他、実戦は行っていないが、甲標的が配備された地域としては、アリューシャン列島キスカ島、ラバウル、インドネシアのモロッカ諸島ハルマヘラ島、トラック島、父島、比島マニラ（後に高雄）、奄美加計呂麻島と、少数ながら広範囲に配備されている。

甲標的の各型

先述の各攻撃や島嶼に出撃・配備された甲標的には、以下の種類があった。ちなみに、甲標的は「特殊潜航艇」とされるが、海軍省から正式に特殊潜航艇と呼称されたのは、ハワイ真珠湾攻撃の第一次特別攻撃隊と、シドニー湾およびディエゴスワレス湾における第二次特別攻撃隊に属していた計10艇のみの呼称で、以後のガ島やセブ島などは単に甲標的と称していた。よって、甲標的すべてを特殊潜航艇と称するわけではない。

【甲標的　甲型】

昭和9（1934）年の第一次試作艇、昭和15（1940）年の第二次試作艇を経て量産化されたタイプ。後に発電機を装備した改良型を建造した際、従来のものを甲型、発電機装備型を乙型とした。第一次試作艇よりも、量産型はモーターの強度の向上、操縦室の拡大、縦舵の機力量の増加、縦舵面積の増加、応急補助タンクを増設して航続距離の延伸を図った。

ハワイ真珠湾攻撃用の仕様としては、後部の電池を1／4取り外して気畜器を増設。また防潜網突破用

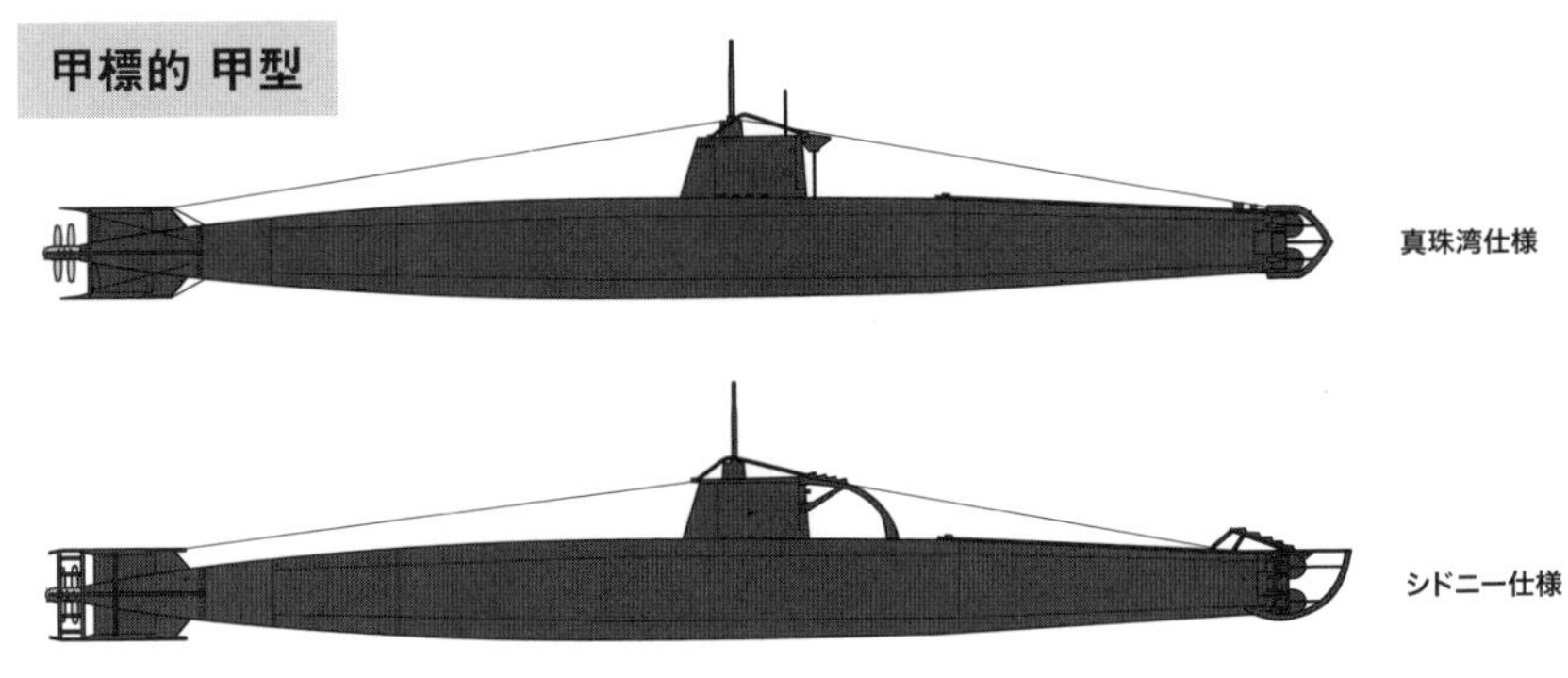

図／田村紀雄

として司令塔頭部の網切りおよび魚雷発射管前に設けられた八の字カッター、プロペラ・ガード、司令塔と艇首部の間に保護索が設置された。搭載中の母潜水艦との連絡用として電話装置を装備し、自爆装置も設置した。

シドニーおよびディエゴスワレスの第二次攻撃隊仕様では、母潜水艦と甲標的の間に水密された交通筒を設置。縦舵動力を油圧にし、水中聴音器を装備した。また、発射管前に水密キャップを付し、発射の前に艇内操作で離脱できるようにした。この他、通風装置とジャイロコンパスの改良を行っている。ガ島攻撃までは甲型が使用された。

■諸元：全長23・9m、直径1・85m、排水量46t（全没時）、速力6ノット（水上）／8ノット（微速時）、航続距離84浬（6ノット時）、耐圧深度100m、乗員2名

【甲標的 乙型】

乙型は甲型に対して、司令塔下部の操縦室後部を約1m延長して、自己充電装置とディーゼル発電機を装備した試作艇で、これによって水上航続力が甲型の15・8浬から500浬へと、飛躍的に伸びた。乙型は第五三号艇1艇しか建造されず、その後の量産

甲標的 丙型

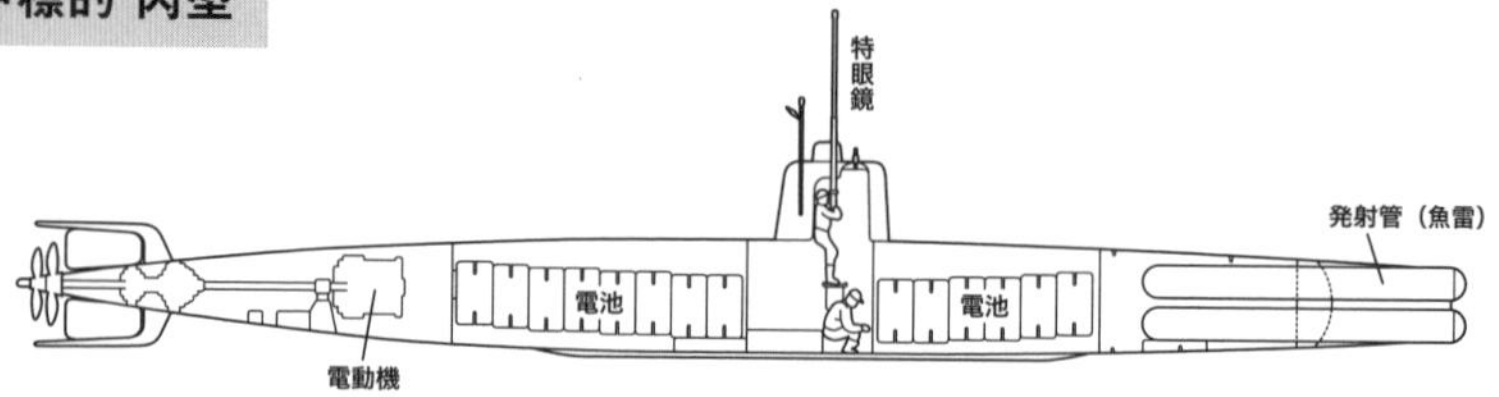

特眼鏡
発射管（魚雷）
電池
電池
電動機

図／おぐし篤

型は丙型にとして移行した。

■諸元：全長24・9m、直径1・85m、排水量47t（全没時）、速力6ノット（水上）／6～8ノット（水中・微速）、航続距離500浬（水上6ノット時）、耐圧深度100m、乗員2名

【甲標的 丙型】

丙型は、乙型で良好だった充電装置と発電機を装備した乙型の量産タイプといえる。その結果として水上航続距離も乙型と同じ500浬となった。ただし充電機関の操作のため電機員が1名必要になり、乗員がそれまでの2名から3名となった。

しかし、航続距離が延びたのはあくまで水上航走により充電器を発動させた場合に限られた。このため敵の威力圏下や潜航状態の充電は困難で、基本の航続距離は変わりない。丙型はラバウル、ハルマヘラ、トラック、セブ、ダバオ、父島、マニラ（後に高雄）に配備され、最も広く配備されたタイプとなった。しかし完成すると、すぐさま外地に配備されたため、現物や資料が残っていない。

■諸元：全長24・9m、直径1・88m、排水量49・1t（全没時）、速力6ノット（水上）／5～8ノット（水中・微速）、航続距離500浬（水上6ノット時）、耐圧深度100m、乗員3名

甲標的 丁型

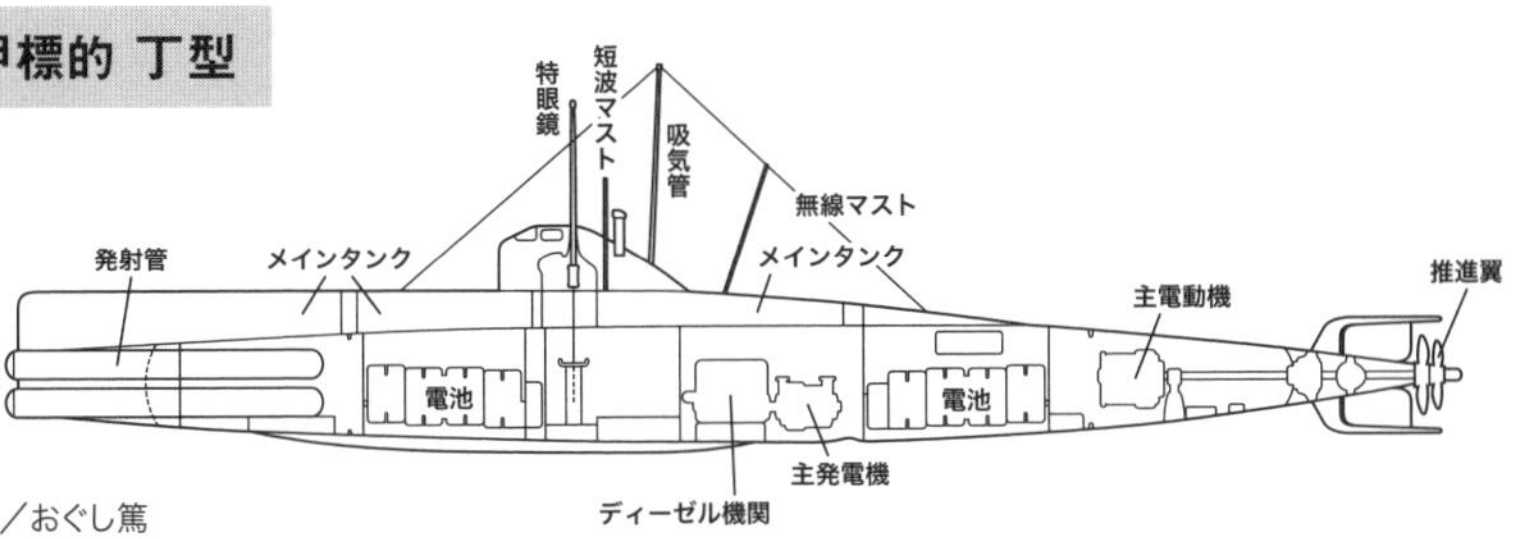

図／おぐし篤

【甲標的 丁型(蛟龍)】

戦局がますます厳しくなり、島嶼防衛が日に日に深刻度を増していく中で、甲標的を改良して島嶼防衛、さらには本土防衛戦に使用する構想が生まれた。それが丁型で、「蛟龍」と名付けられた。

排水量、全長、最大幅がこれまでの甲標的より大きく、乗員は5名となり、メインの燃料タンクの他に2・5tの重油タンクを有している。150馬力の発電機を装備し、航続距離も8ノットで1000浬と大きく延びたほか、フロンガスの冷房装置やトイレ設備も設けられていた。沖縄に配備され、出撃しているが、多くは本土決戦用に温存され、終戦を迎えた。

■諸元：全長26・25m、直径2・04m、排水量59・3t(全没時)、速力8ノット(水上)／4・6〜6ノット(水中・微速)、航続距離1000浬(水上8ノット時)、耐圧深度100m、乗員5名

＊　＊　＊

太平洋戦争を通じて、甲標的は日本海軍が当初想定していた漸減邀撃作戦とは異なった港湾襲撃という任務に投

横須賀工廠で未成のまま終戦を迎えた「蛟龍」。セイルから艇首まで直線であるので後期型であろう(Photo/USN)

入されることとなった。数も十分ではなく、物資不足もあって十分な戦果を挙げることはできなかったが、甲標的は活発に活動し、かつて岸本中佐が述べた「決死的な兵器」としての任務に赴いたのである。

輸送用潜水艇――膠着した戦局による新しい任務

日本は緒戦の第一段作戦を成功させ、米豪を分断させるためにラバウル島以南に航空基地を設置することとなった。このため、昭和17（1942）年8月5日にガダルカナル島に滑走路を建設したが、同月7日、米軍が上陸し、ガ島は米軍の手に落ちた。

日本軍は奪回のためガ島に陸軍部隊を派遣するものの、米軍が制空権・制海権を握っており、輸送船で補給物資を輸送することは非常に困難だった。

このため駆逐艦や潜水艦も輸送任務に投入されることとなったが、さらに輸送量を拡大せんと考案されたのが小型潜航輸送艇である。最終的には3種類が考案され、その中でも容量の異なるものもあった。

【特型運貨筒(うんかとう)】

特型運貨筒（略称：特運筒）は、甲標的と同様に潜水艦の甲板に搭載され発進する有人の輸送用小型潜水艇で、搭乗員が操縦して補給先まで自律航行する。ただし、物資を揚陸したあとは使い捨てとなり、帰還することはない。

艇体は基本的に甲標的の甲型を使用し、先端の魚雷発射管部分を撤去して直径1mの円錐形ハッチを取り付け、そこからの物資の搬出入を容易にした。また司令塔部分を操縦筒として、高さ1・2mの上にさ

特型運貨筒

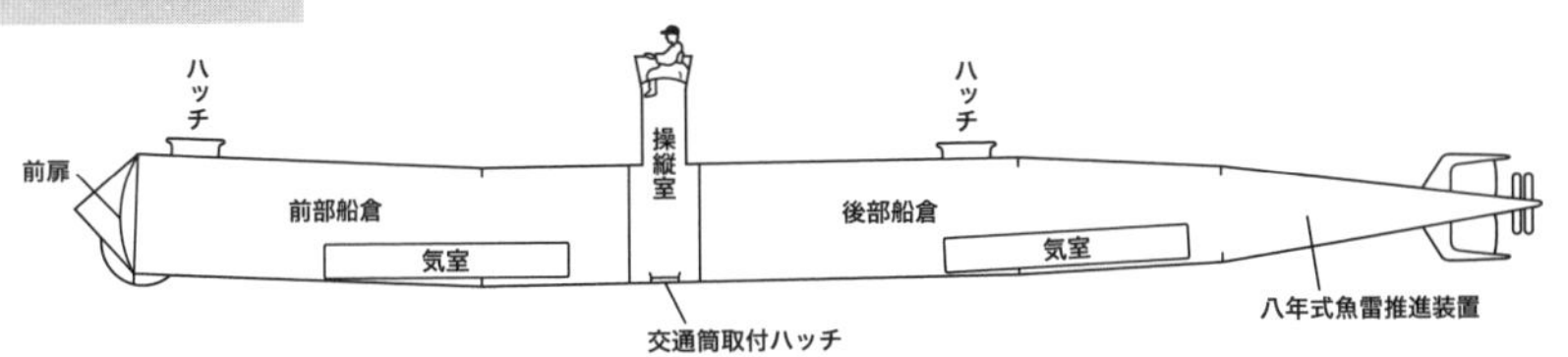

図／おぐし篤

らに波除をつけ、1名の搭乗員が露天で操縦できる構造とした。艇内には約18tの物資が積載できたが、速度は約6ノットと、水上航走においても決して俊足とは言い難かった。

潜水艦への搭載には甲標的と同様の架台の上に固縛バンドで固定され、艦内から交通筒を経て艇内に入り、水中から分離・発進した後、浮上してハッチを開け、露天の操縦台から艇を操り目的地まで水上航行を続ける。

特運筒の設計と試作実験は昭和17年12月にはすでに終了し、直ちに生産が開始された。搭乗員の教育・訓練も開始され、講習員は特運筒のほか、運砲筒、曳航式の運貨筒、後に搭乗する邀撃艇の搭乗員として活躍した。

■諸元：全長22・95m、直径1・85m、高さ4・8m、排水量40t（全没時）、速力6・5ノット、航続距離5000（A型）／2500m（C型）、貨物積載量25t（A型）／26t（C型）、乗員1名

【運貨筒】

特型運貨筒以外に輸送量を増やすべく造られたもので、大型・中型・小型の3種類があった。いずれも無人・無動力で、通常の潜水艦に曳行されて目的地まで物資を運ぶものであった。

大型の運貨筒は三度の実験を経て、昭和18（1943）年5月11日から瀬戸内海西部の伊予灘で、伊三六を使って曳航試験が実施された。しかし試験中に

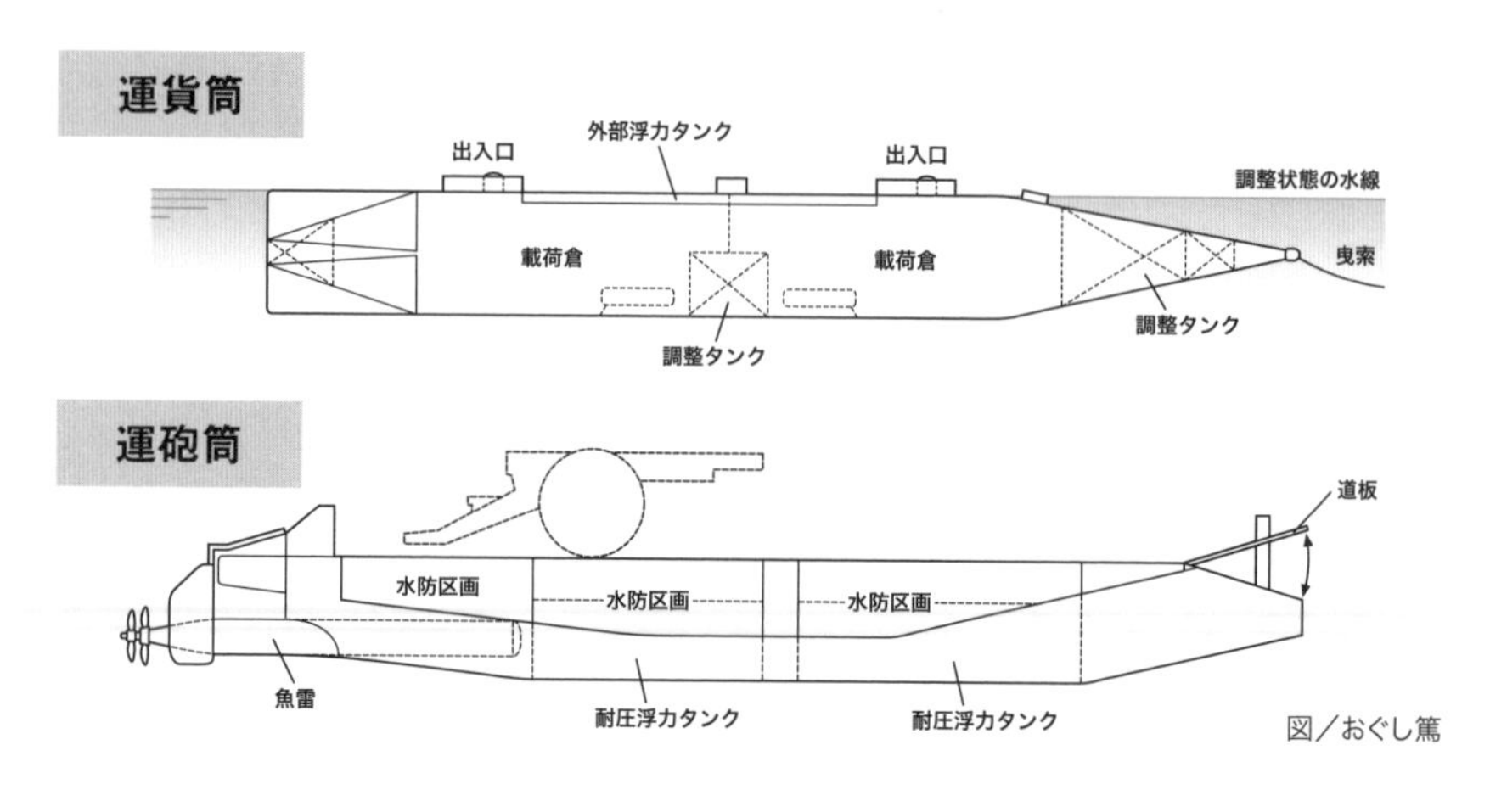

図／おぐし篤

破損事故を起こして、実戦投入は見送られ、その後の試験においても、うねりなどに対応できないと判断され実戦投入は見送られた。

■諸元：全長41・3m、直径4・9m、排水量546t（全没時。小型は88・5t）、積載可能容積469・9㎥（小型は58㎥）、貨物積載量375t（小型は貨物58t／石油47t）

ラバウルで連合軍に接収された運貨筒。中型の運貨筒は伊三八潜によってニューブリテン島への物資輸送に使用された（写真提供／勝目純也）

【運砲筒（うんほうとう）】

火砲輸送のための自走式双胴型の小型運送艇。魚雷2本で双胴部を成し、その動力を使って推進した。特型運貨筒同様、潜水艦に積載され、潜水艦から搭乗員1名が乗り込み、目的地まで操縦した。15cmの榴弾砲なら3門、20cmの榴弾砲なら最大2門まで積載できた。

■諸元：全長21・45m、幅4・35m、排水量36・73t（満載）、速力5・5ノット、航続距離5800m（5・5ノット時）、貨物積載量15t、乗員1名

〝必死兵器〟の様相を帯び始めた小型潜水艇

戦争も後半になり、連合軍の攻勢が激しくなると戦局はみるみる悪化していった。劣勢を挽回する必要性に迫られる中、小型潜水艇の役割も大きく変わる。かつての甲標的のような「決死的ではあるが、帰還することを前提とする兵器」から、「必中を期するため、必ず死ぬことが前提となる特攻兵器」としての小型潜水艇も開発されるようになった。

昭和19（1944）年4月の段階で、軍令部は戦局悪化の打開策に、特殊兵器としての小型潜水艇開発に着手していた。おのおの秘匿名称を「○○金物（かなもの）」と称し、試作を含めて形になったのは以下の計画である。ただし後述するように、「震海」は体当たりを意図した兵器ではない。ちなみに、小型潜水艇ではないが、この他に「○四金物」と呼ばれた船外機付き衝撃艇「震洋」があった。

・○三金物：後の海龍
・○六金物：後の回天
・○九金物：後の震海

「海龍」の構想は、海軍工作学校の教官・浅野卯一郎機関中佐（後に大佐）の研究から生まれたものであった。空気も水も同じ流体であるため、飛行機と同様に潜水艦も翼を付けてその揚力によって浮上したり潜航したりできるのではないか、というものだった。つまり、水中に一定の深度でとどまる中性浮力よりやや重い水中艦を造り、飛行機のように翼を付け、その揚力によって水上航走させ、下げ舵で潜航するようにできれば、注排水で潜航や浮上をするような手間が省ける。さらに飛行機のような流線形に翼を付ければ、水中速力が非常に速くなるのではないかとも考えた。「戦闘機のごとく勇躍できる有翼潜水艇」という発想である。

浅野中佐は工作学校の教官であった利を活かし、早速モックアップを作成して軍令部に答申。昭和18年7月に航空技術廠の大型水槽を借りて模型による航走実験を実施した。この時の秘匿名称は「S金物」と呼ばれていたが、後に「海龍」として生産された時には、もっと小型になり、後述するように「SS金物」と呼ばれることになる。

艦政本部としては、この「有翼潜水艇」に懐疑的で、真剣に採用する方向には動かなかった。そこで浅野中佐は実物をもって実験すべきと考え、司令塔を高くした甲標的甲型の胴体部に翼を付け、水上・水中での運動が企図通りに作動するかという実験を試みることにした。

準備にとまどったこともあって、実験が行われたのは昭和19年3月となった。浅野中佐自らが同乗して、水上航行、潜航、浮上、耐圧試験を実施したが、その結果、かえって翼がある方が速度を出せないことが分かった。特に水上航走では、9・5ノット以上を出すと艦首が水中に急激に突っ込んでしまった。これは実験に使った甲標的と、装着した翼の面積が考慮されていなかったためと考えられるが、艦政本部側としては「それみたことか」と当初の判断を曲げず、「S金物はなお研究の余地あり」と判断されてしまった。事実上の採用不可である。

しかし、浅野中佐はこの結果に諦めることなく、同時に研究を進めていた排水量50t前後の「SS金物」で実用化が可能ではないかと作業を継続させた。そして最終的に、横須賀鎮守府司令長官の命により、海軍工作学校において正式に「SS金物」を1基製造する許可が下りた。そして7月10日、ついに試作艇の完成にこぎつける。

試作艇による試験潜航は、久里浜港沖で実施され、その結果、当初の設計性能からは性能面で劣る部分

海龍

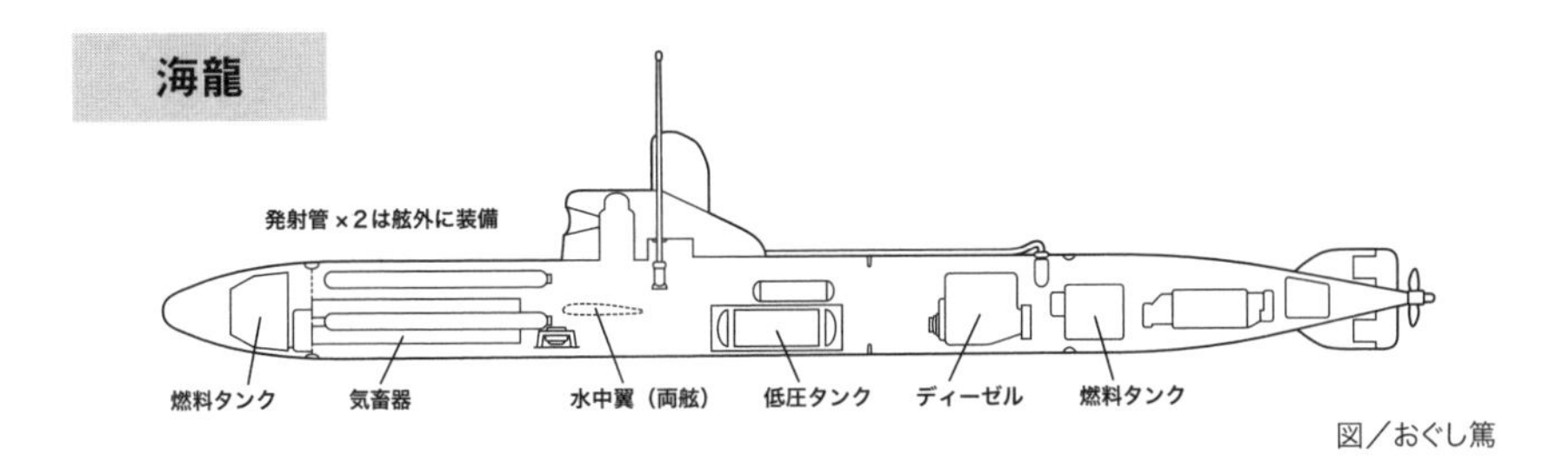

図／おぐし篤

もあるものの、戦局が厳しい中での局地防御兵器としては使い道があると判断され、二号艇の試作にとりかかることとなった。試作二号艇は、一号艇のテスト航行で得た改善点をふまえて、各種の改良が施された。しかし主翼面積を拡大しすぎたため、改めて縮小した試作三号艇をもって完成を見るに至った。

昭和19年11月、数隻の「SS金物」をもって部隊が編成され、その隊長には甲標的第四期艇長講習員の篠倉治大尉が着任。「篠倉部隊」と称して三浦半島の油壷で隊の錬成を図った。そして昭和20（1945）年3月1日、「SS金物」は正式に「海龍」と命名された。

横須賀工廠では4月中に100隻の完成を目指して生産を急ぐこととなり、終戦直前には200隻を超える勢いとなる。海龍には試作型、量産前期型、後期型、練習艇があったが、前期と後期型には大差はなく、司令塔に一部変化が見られる程度である。練習艇は試作艇を改造して教官が搭乗できるように改良されていた。

■諸元：全長17・28m、艇体直径1・3m、最大幅3・7m、排水量19・27t（水中）、速力5・3ノット（水上・半速）／3ノット（水中・微速）、最大深度200m、二式魚雷×2／炸薬600kg、乗員2名

順調に生産が進む海龍だったが、新たな問題が発生し始めていた。それは装着すべき魚雷の調整が、海龍の生産ペースに間に合わなくなったのである。こ

のため魚雷の装備を断念し、艇首に600kgの炸薬を装着する検討が始まった。つまり回天と同じ水中特攻兵器として、体当たりも辞さない仕様となったのである。その反面、海龍は回天ほど高速で航行できず、航行中の敵艦を襲撃するのは困難ではないかとみられるようになった。

しかし油壷の第十一突撃隊に加えて、5月5日には横須賀突撃隊が新たに編成されるなど、本土決戦に向けて海龍を配備する突撃隊が次々と編成されていった。

本土決戦の海龍部隊

本土決戦に向けての特攻戦隊は、5個突撃隊をもって編成され、甲標的の丁型である蛟竜隊、海龍隊、回天隊、震洋隊で編成された。海龍隊は基本、編成総数は21隊で、1隊は12隻を標準とした。

沖縄の戦いが終わり、ついに本土決戦の可能性が高まった。米軍は九州南部に上陸してくるか、あるいは関東を直接突いてくるか、緊張が高まるなか、昭和20年8月上旬、八丈島観測所から「上陸用舟艇を伴った敵大艦隊を発見」の報がもたらされた。こ

小型有翼潜水艇「海龍」。本土決戦用の潜水艇で魚雷2本を搭載したが、艇首に特攻用として500kgの炸薬も装備可能であった。終戦時に224隻が完成しており、さらに207隻ほどが建造中だった（Photo/USN）

れにより、米軍は本土上陸、しかも関東地区を直撃する計画と判断。ただちに本土防衛の「決号」作戦を発動する命令が下された。

油壺にある第十一突撃隊には、「全艇出撃用意」と、「直ちに雷装用意」が命ぜられた。搭乗員には整備でき次第、全艇出撃が発令され、九十九里浜沖の集合地点の海底に沈座して敵を待て、との指示が出た。

各艇は次々と基地を発進していったが、城ケ島を回ったところで誤報と分かり、「全艇直ちに帰投せよ」の命令が発せられた。このように、終戦まで緊張は続くものの、ついに海龍の出撃・実戦の機会はないままに終わった。

若者の熱意から始まった回天の開発

回天の開発および実用化が、若い中尉・少尉の発案から始まったことは、つとに有名である。潜水艦への乗組みを熱望した久戸義郎少尉、深佐安三少尉、久良知滋少尉の3名は兵学校のクラスメートで、甲標的の特攻士として、生産工場や整備工場、訓練施設が完備され、呉にあった甲標的の基地、P基地にいた。昭和18年12月、3人は余っていた酸素魚雷を何か新しい兵器として活用できないか、日夜考えていた。そしてモーターを置く場所や操縦席のスペースなどを考慮し、魚雷に人間が乗って敵艦に体当たりする兵器を構想した。これが後の回天の原案ともいうべきものである。

ちょうどそのころ、P基地に機関科出身の士官に黒木博司少尉がいた。彼は甲標的の整備兼艇長という役割で、日夜訓練に使用する甲標的の整備を担当していたのだが、先の3人は人間魚雷の作図を黒木に見せ、意見を求めた。もともと黒木は、甲標的では戦局を挽回することは不可能と思っていた矢先だったので、この人間魚雷のアイディアに飛びついた。

黒木は機関科だけに技術に詳しく、彼の参加によって人間魚雷の実用化は飛躍的に進むこととなった。黒木は甲標的の乙型や丁型の改造に深くかかわり、特に丁型の改造に至っては、ほとんど黒木の力によってできたと言っても過言ではなかった。その実績に呉工廠の人脈も加わり、黒木の作成する設計図は、より実現性が高まることとなった。

そんな中、回天開発に重要な役割を担うもう一人のメンバーが加わることになる。それは仁科関夫少尉(兵学校71期)で、甲標的の第六期講習員として黒木の一つ後輩で同部屋になった。この仁科が加わってメンバーが5人になったことで、回天の開発は、さらに進むこととなった。

昭和19年に入り、5人の動きはより活発になった。黒木は自費で参考となる部品を購入することまでして設計図に落とし込んでいき、一方、久良知はこの人間魚雷の戦術をまとめていく作業にとりかかった。

5人は上申書をまとめ上げ、基地司令に提出したが、司令は取り上げず、上申書を焼却処分にせよと命じた。その理由は不明だが、却下された黒木らは軍令部、軍務局、連合艦隊、呉鎮守府、各艦隊、各地根拠地隊に、この上申書を送りつけたのである。

もともと日本海軍では、このような指揮系統を違える意見具申は「ショートサーキット」といって戒められてきた。それを若い中尉・少尉が独断で行ったことから、軍務局からは「首を洗って待っとけ」と言われ、基地司令からも厳しい叱責を受けることとなった。

ところが、連合艦隊の潜水艦関係者がこの兵器を知って関心を寄せ、昭和19年2月に軍務局から呉工廠魚雷実験部に対し、3基の試作が命じられた。こうなると話は急速に動き出し、魚雷実験部の技術者が4人も結集され、秘密裡に魚雷の調整工場内で試作の製作が開始された。この段階で、海軍の伝統を重んじ

て脱出装置を装備しようと試みたが、そうすると実用化まで時間がかかり、試作の完成が遅れるとみられた。このため「脱出装置は置いていく」ということになり、その開発と装備化は一時、ペンディングとなったが、結局、回天に脱出装置は装備されなかった。

7月下旬、2基の試作艇——秘匿名称「○六金物一型」が完成した。7月25日、早速、呉軍港に近い大入沖の魚雷射撃場で航走試験が実施された。一号艇に黒木、二号艇に仁科が搭乗したこの航走試験の結果は上々で、水中速力30ノットを記録し、浮上・潜航も無事に行われた。

これに前後して、久良知を中心として回天の運用構想がまとめられ、軍令部に意見書を提出。昭和19年8月1日には海軍大臣の決裁が下り、正式に「回天一型」として制式採用されることとなった。

昭和19年頃呉工廠で試作された回天一型。海上から視認しやすく、訓練時に発見されやすいように、上半部を白色に塗装されている（写真提供／勝目純也）

しかし構想から実用化まで、まさに中心人物だった黒木少尉は、昭和19年9月6日、天候の悪化により回天の訓練が中止となっても「天候が悪いからといって、敵は待ってくれない」と言い、樋口孝少尉と共に訓練を実施。結果、悪天候の影響で深度約15mの海底に激突し、両名とも殉職となった。

回天の初陣は昭和19年11月8日である。黒木に代わり中心となった仁科中尉を含む菊水隊がウルシー、バラオ方面に出撃。以来、終戦まで出撃搭乗員148名、回天を搭載した潜水艦は延べ32隻。母潜水艦が

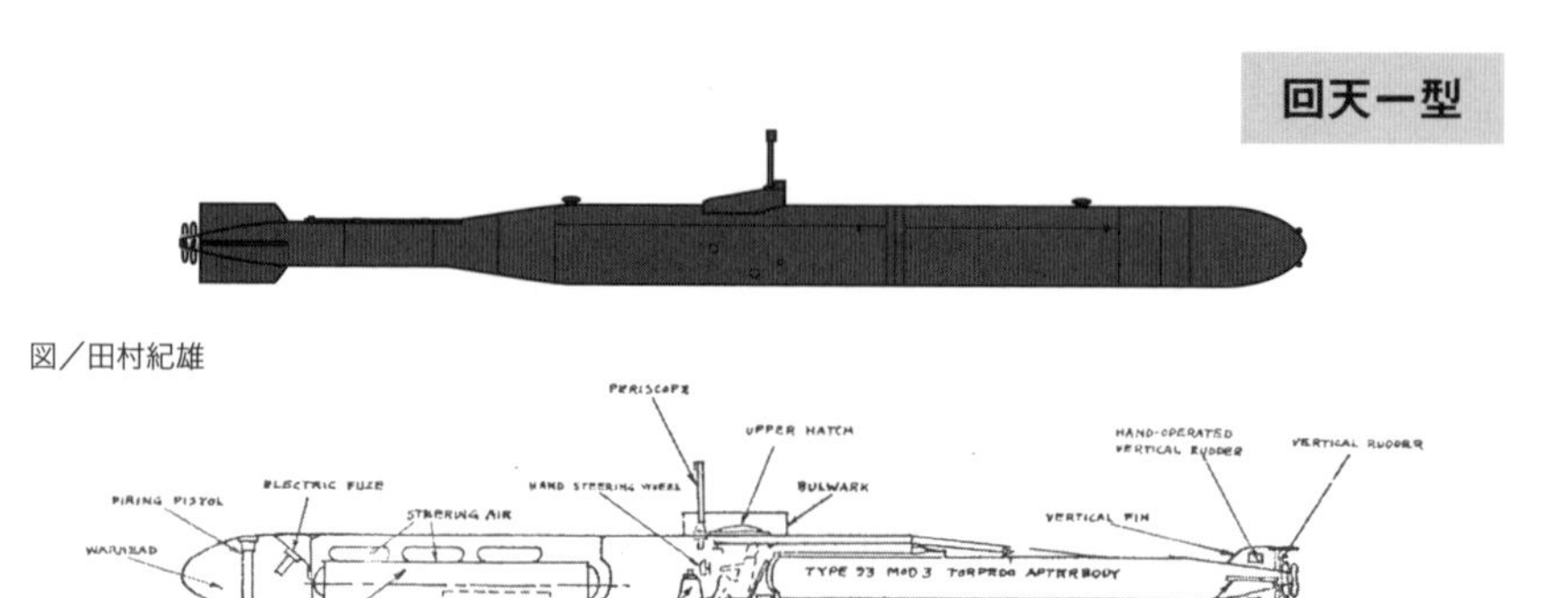

図／田村紀雄

図／USN

回天もろとも沈没した例も少なくなく、812名もの母潜水艦乗員が戦死している。

回天の各型

回天は以下の各型が計画されたが、実戦に投入されたのは一型のみである。

【回天一型】

日本海軍の誇る九三式酸素魚雷を動力とし、搭乗員1名が乗艇できるよう開発された。頭部には1・55tの炸薬が充填され、1発で大型艦を撃沈できる破壊力を有している。信管は信管にあたる爆発尖のほかに、通常の電気信管も有していた。搭乗員は電気信管の手動スイッチに手をかけ、その身体が命中時の衝撃による慣性で前傾することで自然にスイッチが入り、電気信管が作動する仕組みとなっていた。

動力としては、魚雷の動力が用いられているため、通常の内燃機関のような爆発・燃焼エネルギーを用いたものではない。燃焼室で純酸素とケロシンを噴射し、その化学反応によって生じる燃焼ガスに海水を噴射することで大量の水蒸気を発生させ、その水蒸気と二酸化炭素でピストンを作動させる。

だが回天で最も問題になったのは耐圧だった。その安全潜航深度は80mで、回天を搭載する潜水艦の安全潜航深度より浅かったため、母潜水艦はそれよりも深くは潜航できなくなり、作戦上の大きな制約となった。

操縦においては自動操舵機能があり、縦舵はジャイロコンパスを内蔵した電動縦舵機によって制御された。このため搭乗員は、回天の針路をジャイロに設定すれば所定針路を進むことができる。ツリムは刻一刻と減る燃料とのバランスをとるため、海水を注入することで維持した。

回天一型の量産が思うように進まないため、構造を簡素化する改良が施された。制御装置の簡素化や船体の延長、海水タンク新設などが施された回天一型改が回天一型と並行生産された。

■諸元：全長14・5m、直径1・0m、重量8・1t、速力30ノット、航続距離24km（30ノット時）、炸薬量1550kg、乗員1名

昭和19年11月20日、菊水隊の攻撃により爆発炎上する艦隊随伴油送艦「ミシシネワ」。これが回天戦の初の戦果となった（Photo/USN）

回天二型

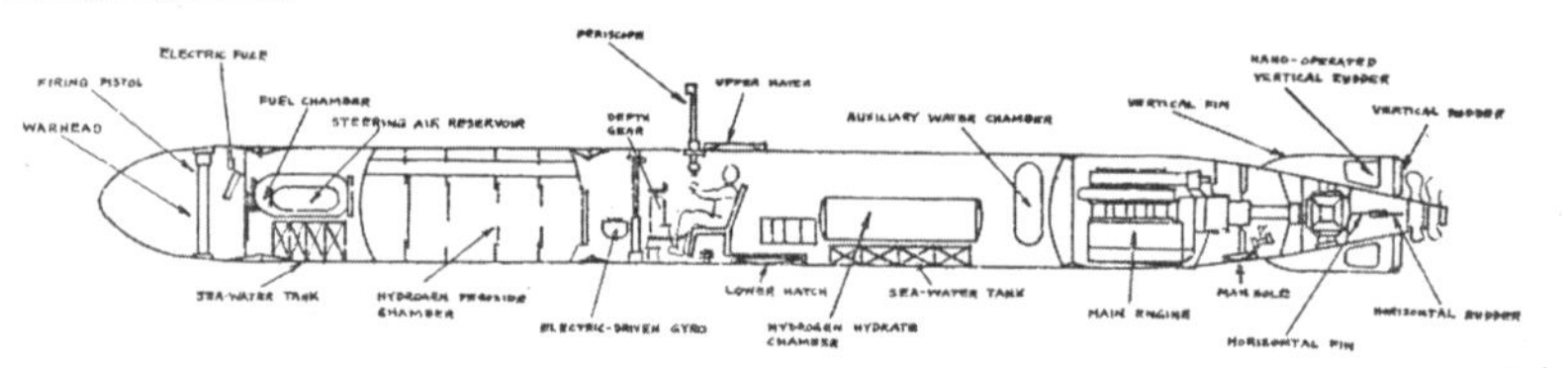

図／USN

【回天二型】

回天二型は本格的な人間魚雷として、海軍の技術スタッフが総力を挙げて開発した。呉海軍工廠を中心として、民間の三菱重工長崎兵器研究所で開発・実験が行われた。

推進機関の燃料にロケット戦闘機「秋水」で使われる過酸化水素と水化ヒドラジンが採用され、さらにケロシンも加えたことが特徴である。これらによって生じた燃焼ガスを利用して蒸気ピストンを動かすわけだが、機関の一部に設計上の不備があり、高速・高馬力の長時間運転が不可能であった。また燃料についても「秋水」の開発に力が入れられるようになったため、昭和20年3月には開発中止となった。

■諸元(呉工廠製)：全長16・5m、直径1・35m、重量18・4t、速力40ノット、航続距離25km（40ノット時）、炸薬量1500kg、乗員1名

【回天四型】

四型は二型と同時並行で開発されたもので、技術的難易度の高い二型が失敗したときのリスク回避案と思われ、燃料系統以外は二型と共通の構造や部品が多く見られる。しかし速力40ノットという高い要求に応えることができず開発を断念。さらに、横須賀工廠は原因不明の不完全燃焼を解決することができず開発を断念。呉工廠だけが要求性能に近づけることができたが、昭和20年3月には二型同様、開発が断念された。

■諸元：全長16・5m、直径1・35m、重量18・2t、速力40ノット、航続距離27km（40ノット時）、炸薬量1800kg、乗員1名

【回天十型】

十型は本土決戦向けとして計画された。九二式電池魚雷改一をベースにした小型の回天で、炸薬量が300kgと少なく、駆逐艦より大きな艦艇に対しては複数が命中しないと撃沈は困難だった。それに加えて速力30ノットで射程距離7000mと短いため、昭和20年9月までに520基ほどの量産計画が立てられたものの、実際には少数の生産にとどまっている。現在、呉の大和ミュージアムには十型の試作艇が展示されているが、これが現存する唯一のものである。

■諸元：全長9・0m、直径0・53m、重量2・5t、耐圧深度20m、速力14ノット、航続距離3km（8ノット時）、炸薬量300kg、乗員1名

弾頭を電磁石で吸着させる小型艇 震海

○九金物と称された乗員2名の小型潜水艇で、隠密裏に敵泊地

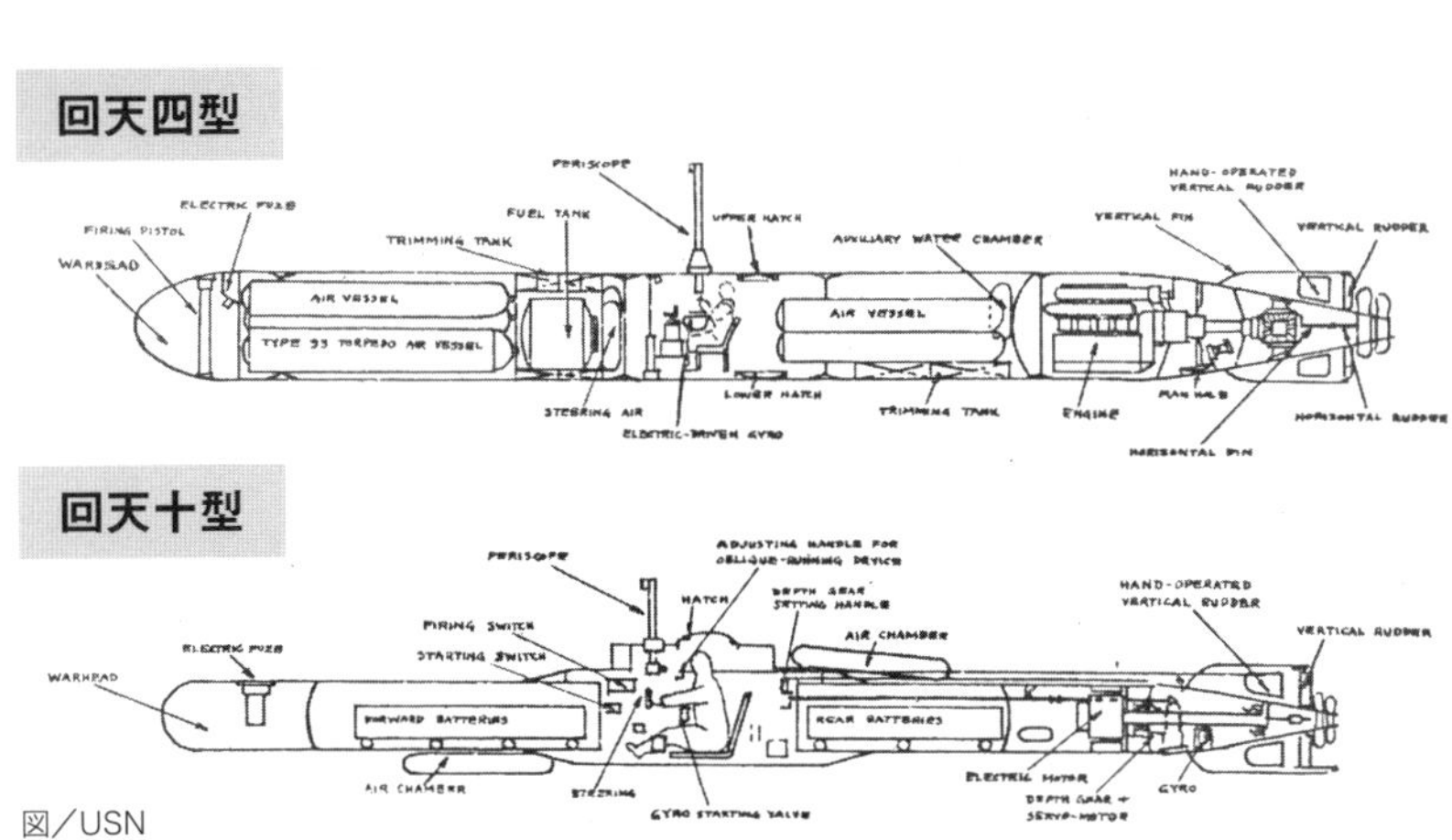

図／USN

震海は艇体頭部に機雷を取り付け、水中で大型艦の艦底に装着、時限装置により爆破する予定だった。試験結果が悪く、開発は中止された（写真提供／勝目純也）

に潜入し、炸薬量1tの弾頭を敵艦船に電磁石で吸着させ、時限信管で爆発させる。爆発の前に、操縦席にある離脱ハンドルで離脱を図る。

接近時には、水中聴音器と水防眼鏡と呼ばれる視察装置で敵艦船に接近するが、肝心の聴音器が実用に適さず、実戦投入が危ぶまれた。また肝心の艇体も、速度が増すと深度維持が困難になるなど、実験の段階で搭乗員が危険を感じるほどだったという。実験以前に呉、佐世保、横須賀、舞鶴の各工廠において5艇建造しており、他に民間会社の三井玉野造船所でも5艇建造していた。しかし試験結果が著しく悪く、このため採用は認められずに開発が中止され、艇体は格納庫にしまわれた。最終的に建造された22艇の末路は、終戦後定かとなっていない。

■諸元：全長12・5m、全幅1・65m、排水量11・44t、速力6・15ノット（水上）／9ノット（水中）、航続距離40浬（水中9ノット時）、乗員2名

特運筒を流用 邀撃艇（ようげきてい）（U金物）

邀撃艇はその名の通り、待ち伏せ攻撃を行う半潜航艇で、特型運貨筒の艇体をベースに建造された。戦局悪化により不要となり、多数放置されていた特型運貨筒の艇体中央部を流用し、操縦筒を中央に移動さ

せ、前部に61㎝魚雷発射管を2門装備した。昭和19年6月に試作艇が完成し、性能試験が行われたが、そもそも特型運貨筒と同等の動力しかもたないので、求められた作戦目的には不向きと判断され開発は中止された。

しかしそれまでに20艇完成していたので、大浦崎で訓練が開始され、昭和20年3月に、大分県の佐伯基地に移動して実戦に向けてさらに訓練を続けた。同地は現在でも海上自衛隊が呉への中継基地として使用されているが、日本海軍当時は豊後水道の対潜哨戒のための航空基地であった。よって邀撃艇も豊後水道を進行してくる敵艦を邀撃する計画であったと思われる。

しかし本土決戦が行われた場合、上陸侵攻以前に徹底した空襲が行われることは必定である。半潜航しかできない邀撃艇は、おそらく空襲によって壊滅させられたと思われる。

■諸元：全長11・9m、直径1・85m、全高4・0m、速力およそ6ノット、航続距離2500m（6ノット時）、武装61㎝八年式魚雷発射管×2、乗員1名

輸送用の特運筒を改造して魚雷発射管2門を装備した邀撃艇。豊後水道に展開したが実戦には参加せずに終わった（写真提供／勝目純也）

潜水艦そのものに大きな期待をかけていた日本海軍は、当然のことながら小型潜水艇も重視していた。漸減作戦に甲標的を秘密兵器として準備したことは、いい例である。しかし、結果的に甲標的は潜水艦を母艦として発進させられ、港湾襲撃という想定外の作戦に投入された。一方、回天は、日本海軍の伝統に

反する「必死兵器」として誕生している。このように、日本海軍の小型潜水艇は、戦局の変化に合わせて、その性格を変遷していったといえる。

しかし、甲標的の戦果も確実な撃沈は豪宿泊艦と輸送船だけであり、回天の戦果も、米海軍に裏付けが取れる戦果は撃沈として油送艦1隻、歩兵揚陸艇1隻、駆逐艦1隻となっている。苦心の末に開発され、多くの若者が出撃し、帰らなかった決死兵器も、必死兵器のいずれも、影響を与えうる戦果を挙げることができなかったのである。

ドック内に並んだまま終戦を迎えた甲標的丁型咬龍。終戦から約半年後の撮影で、荒廃した状態が敗戦の混乱を思わせる。世界に冠たる戦艦、空母を保有していた日本海軍だが、最後の頼みとしたのが小型潜水艇だったのは皮肉である(Photo/USN)

第十章

ガダルカナル島攻防戦の潜水艦作戦

太平洋戦争の転換点となった消耗戦

太平洋戦争開戦以来、主力艦に対する潜水艦の攻撃は功を奏さず、
やはり交通破壊戦こそ潜水艦本来の役割という認識が広まりつつあった。
開戦から半年を経て、ついに大規模な交通破壊戦が発動をされるという
まさにそのとき、ガダルカナル島に米軍が上陸を開始、
潜水艦は不向きなさまざまな任務を強いられ、消耗していくことになる。

本来の潜水艦作戦への回帰

当初潜水部隊は、漸減作戦に多大な威力を発揮できるものと大いに期待され、日米開戦を迎えた。ハワイ作戦では、30隻から成る潜水部隊でハワイ周辺に展開したが、敵艦の出撃を捕捉・襲撃できないばかりか、逆に敵航空機や駆逐艦の制圧を受け、甲標的も全艇が未帰還、戦果ゼロに終わった。

続いて惹起したマレー沖海戦では、潜水艦は出撃した敵主力艦を発見したが、雷撃のチャンスがありながら取り逃がし、ミッドウェー海戦でも散開線配備に遅れたことから米機動部隊を捕捉できていない。その後潜水部隊では、潜水艦による敵主力艦への監視・追躡・触接・襲撃は困難で、やはり交通破壊戦こそが最も適した作戦であると、認識を改める意見が強くなった。

そんな中、昭和17（1942）年3月10日に第八潜水戦隊が編成される。3個潜水隊と直轄潜水艦で3つの先遣支隊が編成され、総数11隻が集められた。しかもすべてが甲型、乙型、丙型で編成された、いわば最精鋭部隊である。

第八潜水戦隊に与えられた任務は多岐にわたる。甲標的によるシドニー湾、ディエゴスワレスへの第二次特別攻撃もその一つである。結局、甲標的による第二次攻撃も全艇未帰還に終わったが、シドニー湾で宿泊船1隻を撃沈、ディエゴスワレスで英戦艦1隻大破、油槽船1隻を撃沈という戦果を挙げた。続く交通破壊戦では東方先遣支隊、甲先遣支隊が29隻もの商船を撃沈している（特設巡洋艦の撃沈・拿捕も含む）。

大本営は、第八潜水戦隊が交通破壊戦を実施中の6月にさらなる強化を企図、軍令部総長・永野修身の名で山本五十六連合艦隊司令長官に対し、大海指で次のような主旨の命令を発した。すなわち「他の作戦に支障なき限り、あらゆる使用可能な兵力及び機会を利用して、極力敵の交通破壊・攪乱を実施し、敵の屈服を促進せよ」としたのである。

第八潜水戦隊によるインド洋やオーストラリア方面での戦果は、大本営の企図に沿うものであった。かくして潜水部隊は交通破壊戦を強化するため、南西方面艦隊付属となった第三十潜水隊と伊八潜に加えて、第一潜水戦隊と第二潜水戦隊はインド洋に、第三潜水戦隊をオーストラリア方面に投入することになった。その参加戦力は30隻にものぼる。

交通破壊戦強化直前の米軍侵攻

かくして潜水部隊は、待望の交通破壊戦を強化するため、3個潜水戦隊30隻にものぼる潜水艦を集結して、当時の潜水艦特性を活かした、一大作戦を発動しようとしていた。

そんな矢先の昭和17年8月7日早朝、米軍は突如、ガダルカナル島及びツラギ島に上陸を開始した。当時ガ島には海軍の2つの設営隊と警備隊合わせて約2700名がおり、飛行場の完成まであと一歩という状態にあった。ツラギ島には警備隊と横浜航空隊の240名が駐屯していた。

これに対して米軍は、9日までに約1万9000名も

昭和17年8月7日、ガタルカナル島に上陸を開始する連合軍部隊。その日早朝から突如激しい艦砲射撃と航空機による波状爆撃が行われ、その後多数の上陸用舟艇が海岸に殺到、占領されてしまった(Photo/USN)

の兵力を投入し、ツラギ守備隊は激しく抵抗するも壊滅。ガ島では組織的な抵抗もできないまま飛行場を占領されてしまったのである。

大本営や連合艦隊は当初、米軍の攻撃を「威力偵察」程度と軽視していたが、実際には本格的な反攻の始まりであり、ガ島をめぐる半年にわたる大消耗戦の幕開けでもあった。そしてこの米軍のガ島上陸により、発動されようとしていた一大交通破壊戦は中止せざるを得なくなってしまう。そして、事態の深刻さを認識するに至った大本営と連合艦隊は、インド洋や豪州での交通破壊戦を取りやめ、第八潜水戦隊のうちインド洋に残留させる第三潜水隊を除く、多数の潜水艦をガ島方面へ集中させたのである。米軍の上陸は、まさに絶妙なタイミングで実施されたといえよう。

ガダルカナル島に展開した潜水艦

連合艦隊はすぐさまツラギ、ガ島方面の敵に対して第三潜水戦隊の5隻の潜水艦を第八艦隊の指揮下に組み入れた。本来同方面の担当である第七潜水戦隊も、豪州北方やラバウル、トラックに点在していた5隻の潜水艦をガ島周辺に集結させたが、米輸送船団を発見することはできなかった。というのも、8月8日から9日にかけて起こった第一次ソロモン海戦で米巡洋艦部隊が壊滅、輸送船団は東方に退避してしまったからであった。

ガ島における米軍の作戦行動が本格的な反抗作戦と見るや、連合艦隊は精鋭第一潜水戦隊をインド洋ではなくガ島作戦に投入することとした。これにより第六艦隊隷下に、先遣部隊と称して第一、第三、第七潜水戦隊の3個潜水戦隊を投入することとなった。

当時、米海軍の空母は「サラトガ」「エンタープライズ」に加えて、大西洋から「ワスプ」が加わっていた。第六艦隊は敵空母の捕捉に全力を傾注し、出没予想海域に散開線を展開することとなった。

8月23日、早速伊一七潜が、続いて伊九潜、伊一一潜も敵空母を発見している。ただ当時の潜水艦の性能では、発見できたからといって、すぐ襲撃できるとは限らない。距離が遠く、潜水艦の位置とは異なる方位に移動していては、快速の空母部隊に潜水艦は追いつけない。結局、敵空母を発見するも襲撃には至らなかったが、ガ島周辺200浬以内に敵空母の存在を確認したことは大きい。

8月24日、第二次ソロモン海戦が戦われた。爆弾3発を受けた空母「エンタープライズ」が退却中であることから、海戦の5時間後、潜水艦部隊に追撃の命令が下った。これ対して伊一五潜、伊一七潜が、「エンタープライズ」以下、戦艦、巡洋艦2隻、駆逐艦5隻を発見する。しかし、「エンタープライズ」はすでに火災を鎮火し、速力も24ノットに回復しており、逆に駆逐艦に追い払われ、襲撃の機会を得ず取り逃がしてしまう。

海戦翌日、伊九潜も「エンタープライズ」発見したが、やはり駆逐艦に3時間8回にわたる爆雷攻撃を受け、沈没寸前の状況まで追い込まれてしまった。結局手負いの空母にとどめを刺すことはできなかったのである。潜水艦より優速で、警戒厳重な空母部隊を、追躡・触接・襲撃することがいかに困難なことかが分かる。

空母「サラトガ」「ワスプ」への攻撃

その後もたびたび潜水艦から米空母発見の報告は入るものの、襲撃までは至らなかった。その中で新鋭

トンガに後退し、応急修理中の米空母「サラトガ」。昭和17年8月31日に伊二六潜の魚雷攻撃を受け損傷、左舷に傾斜している。一時行動不能に陥ったが沈没せず、ハワイに戻っている（Photo/USN）

の伊二六潜が8月31日の早朝、潜望鏡にガスタンクのような巨大な構造物を発見する。米空母「サラトガ」である。伊二六潜の艦長は、戦後に手記を残した横田稔艦長で、ガ島東方洋上において輪形陣中の「サラトガ」に対し、全射線6本を発射、魚雷2本を命中させた。「サラトガ」は同年1月にも伊六潜から魚雷を受け、ようやく修理を終えて戦線に復帰したばかりだったが、この雷撃によってパールハーバーに逆戻りし、再び3ヵ月の修理を余儀なくされることになる。

9月13日早朝、ショートランドから発進した横浜航空隊の二式大艇が、ガ島の南南東345浬に空母部隊を発見する。空母「ワスプ」である。当時の米海軍は空母を複数で運用せず、1隻ずつ戦艦や巡洋艦、駆逐艦で護衛する機動部隊を編制しており、「ワスプ」隊は巡洋艦4隻、駆逐艦6隻という陣容だった。これに対し第一潜水戦隊は、「ワスプ」を包囲すべく新鋭潜水艦9隻を投入した。その中で「ワスプ」への襲撃に成功したのは伊一九潜である。艦長の木梨鷹一少佐は、後に伊二九潜でドイツへの遺独潜水艦を成功させるも、帰路バシー海峡で敵潜水艦の待ち伏せを受け沈没。二階級特進を果たす三人の潜水艦長のうちの一人である。

9月15日早朝、伊一九潜は「ワスプ」隊を発見するが、距離が遠く、態勢からも襲撃は困難と思われた。しかし「ワスプ」はガ島攻撃支援の飛行作業のため転舵を繰り返しており、やがて伊一九潜にとって絶好の襲撃体制になった。木梨艦長は迷うことなく6本の魚雷を3秒間隔で発射。ここに日本海軍潜水艦が挙げた最高の戦果が現れる。

伊一九潜が放った魚雷6本のうち、3本が命中し、始めの2本が「ワスプ」の右舷前部に命中した。「ワスプ」にとって不運だったのは、命中箇所が爆弾庫、航空機用ガソリンタンク付近だったため、誘爆を引き起こしたことだ。これにはダメージコントロールに長けている米空母もひとたまりもない。3回にも及ぶ誘爆を起こし、格納庫にある魚雷や爆弾にも次々と引火、爆発を起こした。これにより魚雷命中より30分で総員退艦となり、味方駆逐艦の魚雷処分を受けて沈没した。太平洋戦争を通じて、日本海軍の潜水艦が無傷の米正規空母を撃沈した唯一の戦果である。

しかし驚くべき戦果はこれにとどまらない。「ワスプ」に命中しなかった残り3本の魚雷は、そのまま快走を続けた。そして「ワスプ」隊の北北東五浬にあった「ホーネット」隊に向かっていったのである。まず「ホーネット」隊を護衛していた戦艦「ノースカロライナ」左舷一番砲塔付近に命中した。さすが戦艦だけに1本の魚雷命中では大事には至らなかったが、日本海軍の潜水艦が戦艦に魚雷を命中させた唯一の戦果となった。

さらに外れた魚雷が駆逐艦「オブライエン」にも命中する。一見すると被害は少なく、修理のために本国へ帰ることとなったが、実はダメージは深刻で、なんと本国への帰路の途中に突如、機関室から船体が折れてしまい沈没する。魚雷命中から1ヵ月以上経っていた。これにより伊一九潜による1回の襲撃によって、正規空母撃沈、戦艦撃破、駆逐艦撃沈という驚異的な戦果を記録することとなったのである。

伊一九の魚雷が命中、炎上中の空母「ワスプ」。残りの外れた魚雷は戦艦「ノースカロライナ」、駆逐艦の「オブライエン」に命中、「オブライエン」は本国への帰還時に船体が折れ、沈没している(Photo/USN)

海大七型の1番艦伊一七六潜。本艦は5年ぶりに建造された海大型である。竣工後、ガ島に進出を命ぜられ南方戦線で活躍したが、昭和19年5月に爆雷攻撃を受け沈没している（写真提供／勝目純也）

米巡洋艦「チェスター」。昭和17年10月20日に伊一七六潜にサン・クリストバル島南南東で「戦艦」として発見され、魚雷攻撃を受けた（Photo/USN）

米重巡洋艦への攻撃

10月に入り、ますますガ島をめぐる攻防戦は消耗戦となっていった。同月11日深夜、サボ島沖海戦が生起し、海戦3日後に伊三潜が敵機動部隊を発見、さらに伊一七二潜が戦艦「ワシントン」を中核とする第六四部隊を発見するに至る。そして第三潜水戦隊の新造間もない伊一七六潜が10月20日の夕刻に「ワシントン」隊を発見する。艦長はミッドウェー海戦で損傷した空母「ヨークタウン」を撃沈した田辺艦長である。

伊一七六潜はサン・クリストバル島の南々島東130浬で同隊を発見、先頭を行く重巡「サンフランシスコ」は相手の速度が勝り、発射の好機を逸してしまう。そのため続航する重巡「チェスター」に狙いをつけて6本の魚雷を発射。魚雷は一番、二番煙突の中間に位置する、カタパルトの下の部分に命中した。浸水は食い止められ自力で航行できたが、船体と機関に少なからぬダメージを受け、結局1年間戦列を離れることとなった。

田辺艦長はガ島戦で空母、巡洋艦の撃沈破を果たし、自身も後に敵の機銃弾を浴びることとなるが、わずかの差で心臓から外れるという強運の持ち主であった。

ガダルカナル島をめぐっては、その後も南太平洋海戦、第三次ソロモン海戦と続くものの、こうした海戦の帰趨に潜水艦がかかわることは少なかった。しかし第三次ソロモン海戦後に大きな戦果を挙げた潜水艦がいる。この海戦は混戦を極めており、連合国側は夜間水上砲戦で軽巡「ジュノー」が損傷を受け、重巡「サンフランシスコ」「ヘレナ」と共に南に退避していた。

11月13日の朝、伊二六潜がガ島の東方、サン・クリストバル島付近で南下してくる3隻を発見する。伊二六潜は先に「サラトガ」に損傷を与えた横田艦長の艦である。海戦で手傷を負った米艦隊であるが、伊二六潜にもアクシデントがあった。数日前にサンゴ礁に艦首をこすり、下部発射管3門は破損して魚雷を発射できない状態だったのである。それでも伊二六潜は残りの3門から魚雷を発射、「ジュノー」の左舷前部、弾薬庫に命中させた。「ジュノー」は大爆発を起こし、わずか60秒で沈没する。まさに轟沈だった。

潜水部隊の苦悩

ガダルカナル島をめぐる戦いにおいて、空母などの戦闘艦に対して戦果を挙げていた時期が過ぎると、日本海軍の潜水艦にとって苦しい戦いが始まろうとしていた。それは潜水艦による輸送任務である。

米軍に制圧されたガ島の飛行場は幾度となく奪回が試みられたが、ことごとく失敗に終わり、ガ島の制空権は米軍の手にあった。ガ島に上陸した日本軍には、当初船団輸送で補給が試みられたが、それが失敗すると駆逐艦による高速輸送、米称「東京急行」が実施された。しかし少なくない駆逐艦が犠牲となり、困難を極めた。そこで次に投入されたのが潜水艦である。

昭和17年11月24日、伊一七潜、伊一九潜による最初の潜水艦輸送が行われた。これが3ヵ月もの間、延

巡潜一型の伊三潜。ガ島輸送任務中、カミンボで米魚雷艇の攻撃を受け沈没している。ほかに同型艦の伊一潜も同じカミンボで沖で失われている（写真提供／勝目純也）

べ39隻が投入され「もぐら輸送」などといわれた潜水艦による苦難の輸送任務の始まりであった。

1日1隻のペースで行われた潜水艦輸送は前半と後半に分けられる。前半は昭和17年11月24日から12月9日までで、延べ13隻が投入された。輸送した食糧及び弾薬は約１９０ｔ、輸送した人員は１３７名に及ぶ。この間、伊三潜が敵の魚雷艇に攻撃を受け、沈没している。

後半は12月26日より昭和18（１９４３）年1月30日までで、延べ26隻が投入され、食糧及び弾薬約３７０ｔ、人員７９０名を輸送した。喪失は伊一潜で、米掃海隊のコルベットの急襲を受けて損傷、浮上してコルベットと砲戦になった。相手が小艦艇といっても、浮上砲戦で潜水艦に勝ち目はない。伊一潜の艦橋には複数の砲弾が命中し、艦長は戦死。さらにコルベットは3回にわたり体当たりまで行った。結果、伊一潜はカミンボ岬沖で擱座し自爆する。生存者55名は、翌朝陸軍部隊に収容された。

しかしこの伊一潜は完全に爆破沈没しておらず、後日味方の急降下爆撃機に船体を爆撃してもらった。それでも不安が残るということで伊二潜に捜索させるが、伊一潜の残骸は確認できなかった。

これだけ入念に処分を命じたのには理由があり、生存した乗員から暗号書が一部艦内に残っていると報告を受けていたからである。戦後、出版された米書籍によれば、やはりこの時暗号書を入手し、暗号解読のヒントになったと書かれている。結果的にこの伊一潜の沈没により、ガ島への潜水艦輸送作戦は断念され、撤退の大きな決断要素になった。

甲標的ガダルカナル島進出

ガ島戦においては、潜水艦に搭載した多数の甲標的が投入され、改造した小型輸送艇も使用された。ガ島での戦いが始まると、当時、呉近海で第五期甲標的講習を実施中だった甲標的母艦「千代田」へもガ島への進出命令が下る。艦長の原田覚大佐は9月末の講習終了を待って甲標的12基と八巻悌次中尉以下、艇長10名を乗せトラックに向かった。

甲標的隊はトラックに到着すると早速、原田大佐の指揮の下、環礁内で停泊船を目標とした碇泊艦襲撃訓練、長時間潜航訓練、隠密露頂（潜航状態で潜望鏡を水面に出すこと）訓練などを行い、出撃に備えた。ところが、ガ島に対する甲標的の作戦構想はなかなか決まらなかった。当初は、ガ島の日本軍占領地の小湾を基地として甲標的を進出させ、再び基地に帰るという、後にフィリピン戦のセブ島で甲標的が実現することになる反復攻撃を企図していた。

10月11日夜、ガ島の米軍飛行場砲撃に向かった第六戦隊（重巡「青葉」「衣笠」「古鷹」）と駆逐艦4隻が、サボ島西方で米巡洋艦部隊のレーダーに捕捉されて奇襲を受け、「青葉」大破、「古鷹」と駆逐艦「吹雪」が沈没という損害を受けた。いわゆるサボ島沖海戦である。

この報を受けた増援部隊指揮官である第三水雷戦隊司令官の橋本信太郎少将は「甲標的戦闘用意」を下令した。ただし進出予定のショートランド島からガダルカナル島までは400マイル（741km）もの距離があり、甲標的単独では出撃できない。この命令は2時間後に取り消されている。

続いて10月14日、「15日夜サボ島付近で甲標的を発進、2日間敵攻撃を行った後、基地に帰投せよ」という命令が出された。しかし甲標的の性能は水上速力6ノットで14時間の航続距離でしかなく、さすがに連合艦隊も命令が適当でないと考えたのか、「千代田」は引き返している。

甲標的ついに出撃

10月13日の第三戦隊の戦艦「金剛」「榛名」によるヘンダーソン飛行場砲撃、高速船団輸送の成功を受けて陸軍第二師団の総攻撃に期待がかかったが、飛行場を占領することはできなかった。また、総攻撃支援のために日米空母部隊が激突した10月26日の南太平洋海戦では、航空部隊が回復困難な打撃を受け、水上部隊も整備のため内地に帰投を余儀なくされた。

このような状況でもなお、ガ島奪回方針は変わることなく、陸軍第三十八師団の投入が決まる中、ついに、先遣部隊指揮官（第六艦隊司令長官・小松輝久中将）に甲標的の出撃命令が下った。

10月27日、連合艦隊司令部は潜水艦の大部をもって、米軍の増援阻止を図ることを計画。先遣部隊指揮官に31日、甲標的によるルンガ泊地の米軍輸送船攻撃ならびに、サン・クリストバル島方面に潜水艦散開線を構成し、米軍増援阻止などの兵力配置を発令したのである。

かくして潜水艦3隻をもって甲標的をガダルカナル島に輸送し、ルンガ泊地の輸送船団を攻撃することとなった。11月3日、伊一六潜、伊二〇潜、伊二四潜がショートランド島に入港、「千代田」で作戦会議が行われた。会議では、「攻撃目標は輸送船最優先」「乗員帰投は味方占領地付近で艇を沈め搭乗員のみ上陸」の二点が確認された。11月4日、「千代田」に横付けされた伊二〇潜に最後のツリム調整を終えた甲標的一一号艇が搭載される。この一一号艇こそが、甲標的作戦の中で初の生還を果たすことになる。

11月5日、１８００（日本標準時）、乗員の声援に送られて伊二〇潜は「千代田」を離れ、夕食後出港、

18ノットでガ島を目指す。七日の0345時、搭乗員の国弘艇長と井上一曹が乗艇後、母潜潜航。一一号艇は母潜を離れ、最微速（4ノット）、針路90度、深さ30mで一路ルンガ沖を目指したのである。

ルンガ沖で輸送船撃破

一一号艇は0845時、ルンガ岬北方5マイルに達したと判断し、180度に変針、5分ごとに露頂し、3回目の観測で海岸の椰子林の頂上らしきものが見えた。距離7000mで2本煙突の敵艦を発見、「魚雷戦用意」でスクリュー音を聞きながら、接近。浅い所にぶつかる危険性を感じ、敵前で露頂すると、なんと駆逐艦2隻が5000mのところで積荷を降ろしているが見えた。

ちょうどその頃、ルンガ沖で輸送艦「マジャバ」は駆逐艦「ランズダウン」ほかに護衛され、弾薬の陸揚げを開始していたが、0927時、甲標的の潜望鏡を発見する。両者ほぼ同時に敵を発見したことになるが、「マジャバ」は錨を捨て、艦尾を振って1本目の魚雷を回避した。

ルンガ沖で甲標的一一号艇に発見され、雷撃を受けた輸送艦「マジャバ」。ガ島戦において潜水艦から発進した甲標的が米輸送船を複数回攻撃し、生還者を出したことはあまり知られていない（Photo/USN）

甲標的は1t近い魚雷を発射すると、急に軽くなって艇首が浮き上がってしまい、その動揺で照準がずれる。速やかに修正して2本目を発射、命中させた。その後、爆雷攻撃を受けたが、1130時には爆雷攻撃が止み、1400時に浮上、ハッチを開いた。実に10時間が経過していた。

その後、敵機に脅かされながらも、ガ島のカミンボとマルボボの中間と思われる付近に接岸。キングストン弁を抜き、艇を自沈させ、国弘艇長と井上一曹はソロモンの海水を浴びることなく同島に上陸、紆余曲折の末、伊九潜で12月1日トラックに帰着している。

国弘艇に続いて11月11日、伊一六潜から三〇号艇が発進。しかし発進時に甲標的の艇尾が母潜の船体と接触、舵が破損し、復旧困難なため海上で注水自沈し、乗員は泳いで上陸した。

さらに11月19日、伊二〇潜から発進した三七号艇は、発進後横舵機に故障が発生、潜航不能になって水上航走を続けたが、日の出後も復旧せずエスペランス沖で自沈。乗員はやはり泳いでガ島に上陸し、生還している。

11月23日、伊二四潜から発進した一二号艇は、ガダルカナル島戦に参加した甲標的8艇のうちで、唯一完全に消息を断ち、該当する米軍の記録も発見されていない。何らかの不測の事態が起こって、沈没してしまったのかもしれない。

ルンガ泊地で再び輸送船を撃破

11月27日0616時、ルンガ泊地に投錨し輸送艦「バーネット」とともに補給物資を揚陸していた輸送艦「アルチバ」に、甲標的の放った2本の魚雷のうち1本が左舷に命中。さらに12月2日、座礁している「アルチバ」の艦尾をかすめ、魚雷が海岸に乗り上げた。6日にも魚雷1本が「アルチバ」の機械室左舷に命中、浸水したが艦尾が沈下しただけであった。つまり「アルチバ」は11月27日、12月2日、6日の計3回も魚雷攻撃を受けたことになり、そのうち2本が命中したわけである。

甲標的の魚雷により黒煙を上げる米輸送船「アルチバ」。本船は10日間のうちに、3度も甲標的からの攻撃を受けている(Photo/USN)

この攻撃を行った甲標的には、3艇が該当すると思われる。11月27日の襲撃は一〇号艇で、サボ島の北北東二2イルにおいて伊一六潜から発進した。一〇号艇は南下を続け、27日の日出後に輸送船「アルチバ」を発見、魚雷を発射した後、護衛駆逐艦の爆雷攻撃により沈没したと考えられる。

12月2日の襲撃は、伊二〇潜から発進した八号艇で、伊二〇潜から順調に発進し、薄明のガ島を発見したが、陸岸に近づきすぎて座礁してしまった。なんとか離礁した後、ルンガ岬東方約2・5㎞で潜望鏡を上げたところ、目の前に輸送船を発見、魚雷を発射した。発射後、深度を取ったところ海底に突っ込んでしまったが、離礁に成功、カミンボ付近に上陸、生還を果たしている。

12月6日の襲撃は、三八号艇である。6日0142時に伊二四潜から発進した三八号艇は、「アルチバ」に魚雷を発射した後、米駆潜艇の投下した爆雷8発により沈没したと考えられる。3艇で輸送船1隻を撃破したが、2艇の甲標的が未帰還となった。

ガ島最後の甲標的発進

ガ島における甲標的最後の攻撃は12月13日、二二号艇で、サボ島北北東10マイルで伊一六潜から発進。ルンガ岬北方で駆逐艦に対して魚雷を発射したが、命中させることはできなかった。その後、エスペラン

水上機母艦兼甲標的母艦として建造された「日進」。高速輸送艦としても使用され、後にブーゲンビル島への輸送作戦中に撃沈されている（写真提供／勝目純也）

ス沖で注水処分を行い、乗員は泳いでガ島に上陸、生還した。

「千代田」搭載の甲標的は残り少なくなり、呉で伊一八潜に搭載された増援の甲標的がガ島に向かう途中で作戦は中止となった。甲標的はトラックで「千代田」に収容され、これ以後、ガ島での甲標的の突入は行われなかった。連合艦隊が甲標的を輸送していた母潜も、ガ島への糧食輸送に充てる必要に迫られたと考えられる。ガ島に投入された甲標的は8艇で、戦果は輸送船2隻撃破、3艇が未帰艦となった。

ガ島タサファロング海岸に放置された甲標的。甲型とみられ司令塔前部と艇首にネットカッターが付いている。後方は揚陸中に爆撃を受け放棄された輸送船「山月丸」。現在でも現地には本船の一部が残っている（Photo/USN）

苦肉の運貨筒による輸送

ガダルカナル島への輸送作戦は、昭和18年1月以降、もはや潜水艦をもってしても危険な任務となっていた。こうした中、ガ島への補給輸送量を拡大せんと考案された小型潜航輸送艇、運貨筒も実戦に投入されることとなった。ガ島へは特型運貨筒による輸送が4回実施され、主に食糧を届けている。能力的には約25tが積載できた。しかしこれには潜水艦も親潜水艦として4隻使われており、成果に対して危険が大きかった。

1月6日、ツリム調整や食糧の積載など、特運筒に最後の整備が行われた。翌7日早朝に水上機母艦「日進」が呉・倉橋島の亀が首に入港して特運筒の積載を行うこととなったが、急造で製作したため、積み込み直前に漏水箇所が発見されるなど、不具合が認められた。何とか応急修理を済ませた後、同地を出港し、1月15日にトラック島に到着した。

翌16日、特運筒は早速伊二〇潜に搭載され、潜航試験を行ったが、今度は二度にわたりハッチから浸水事故を起こしている。浮上・潜航のたびに修理を行い、三度目でやっと浸水を止めることができた。

特運筒を搭載した伊二〇潜は、昼間は潜航、夜間は水上航行でガ島を目指した。この初の特運筒使用作戦の搭乗員となった後藤良忠上曹は、伊二〇潜の艦長・工藤兼男少佐から詳しい諸注意を受け、発進準備を整えた。武器は搭乗員が傾向する拳銃1丁だけだった。

21日2000時、艦内交通筒を使用して、特運筒に移乗。艇内電話で「発進用意良し」の連絡をし、いよいよ発進となった。固定していたバンドが解けると特運筒はゆっくりと浮上した。海面に出て上部ハッチを開き、半身を司令塔から出して、ただひたすらガ島のエスペランス岬を目指して水上航行を開始する。敵に見つかればそれこそ一巻の終わりである。

陸地に近づくと、友軍に向けて発光信号を送り続ける。敵機が飛翔すれば、機械を停止し、4個あるタンクに注水

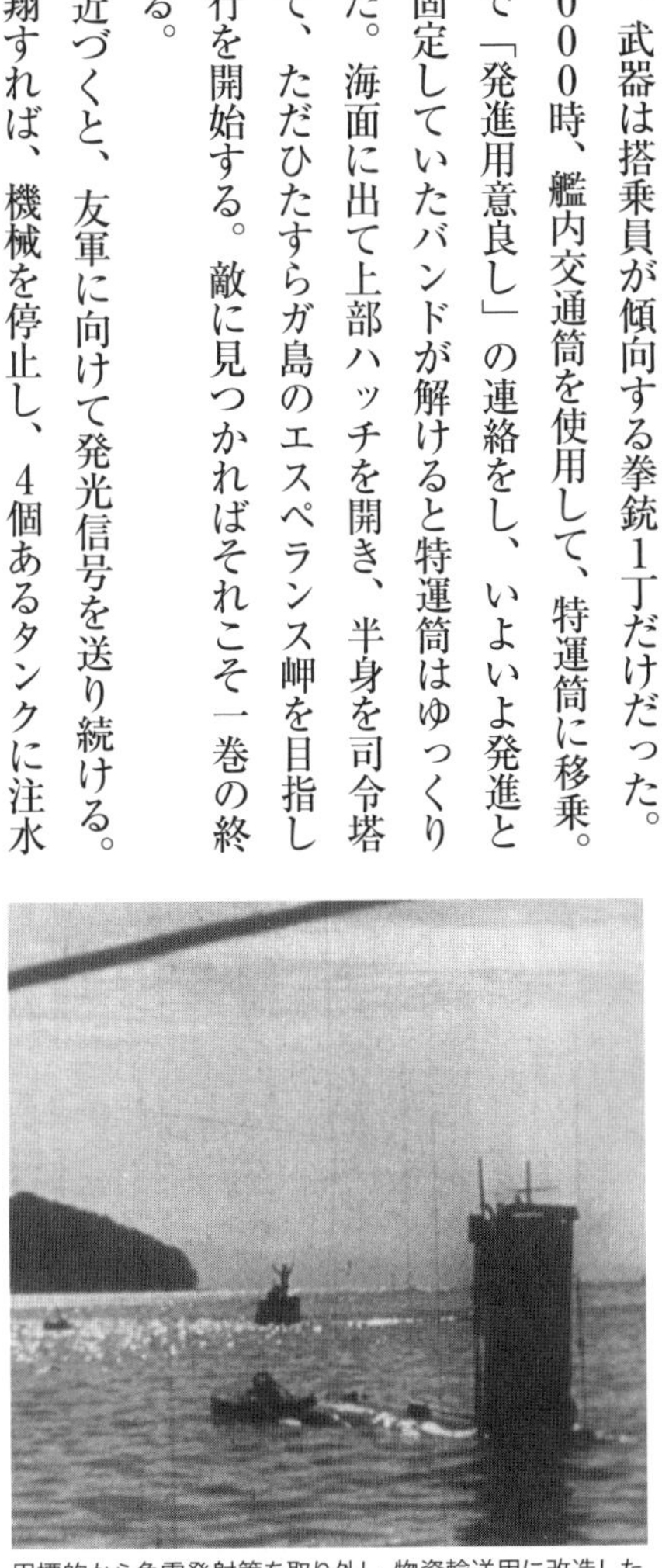

甲標的から魚雷発射管を取り外し、物資輸送用に改造した特型運貨筒。潜水艦に搭載され、浮上後は水上航走で目的地を目指す。1名の操縦員が写真の突き出した操縦筒から操作する（写真提供／勝目純也）

することで、司令塔を半分程度沈めた状態で、海中に艇体を沈めることができる。速度が全速でも4ノットしか出せない特運筒は、魚雷艇に見つかればひとたまりもない。幸いにも、この時後藤艇は航空機にも魚雷艇にも発見されることなく、味方が占有する海岸に無事たどり着くことができた。

約50名もの陸兵が物資の揚陸を実施したこともあって、比較的早く揚陸が完了した。特運筒は使い捨てなので、後は空になった特運筒を処分するだけである。海岸にのし上げた形で留まっており、そのまま爆破したりすれば敵の知るところとなるので、大発で約300m沖合まで曳航し、注水弁と下部ハッチを全開して水没処分を行った。搭乗員の後藤上曹は、そのままエスペランス岬の海軍通信隊に収容され、その後、ジャングルを進んでカミンボに向かい、同地にある甲標的収容基地に移動。基地隊の長門義視大尉の指揮下に入り、ここに入港する潜水艦で帰還した。

この後藤上曹による輸送任務のほかに、1月25日に河村忠邦二曹、1月26日には西村安夫二曹、1月28日には上田利八一曹が揚陸を成功させている。

ちなみに、運貨筒は中型がラバウルに進出。伊三八がニューブリテン島シオに昭和18年10月31日、11月25日、12月22日の3回、運貨筒で物資輸送を成功させている。ただ中型では思ったより輸送量が少なく、取り扱いも難しいこともあり、以後の作戦に使われなかった。

運砲筒は、昭和18年5月からニューギニアのラエ、サラモア、グアムで陸軍の15cm砲や弾薬等の輸送を実施したと言われているが、詳細は不明である。

輸送用の潜水艇は、実施回数は限られているものの成功率が高く、陸軍部隊に大いに感謝された。戦争も中盤を迎え、ガ島を中心とした一進一退の攻防の様相を呈する戦況の中で、小型潜水艇は輸送という新しい任務も担うようになったのだった。

ガ島攻防戦における潜水艦作戦の総括

昭和17年12月31日の大晦日、大本営はガダルカナル島撤退を決めた。最後の輸送任務や、撤退に気が付いた敵艦の妨害阻止を目的に10隻の潜水艦が投入された。結果的に撤退作戦、通称ケ号作戦そのものは成功する。

7ヵ月に及ぶガ島をめぐるソロモンの戦いは、日米ともに多大な消耗戦となった。米海軍も一時期、まともに戦える空母がほとんど姿を消した時期もあった。潜水艦における戦いでは、前半、敵主力艦の撃沈破が続き、空母1隻、軽巡1隻撃沈、空母1隻、戦艦1隻、重巡1隻撃破の戦果を挙げている。これは太平洋戦争全般を通しても輝かしい戦果であるといえる。その後、大型戦闘艦の撃沈は終戦まで軽空母1隻と重巡1隻のみにとどまったことからも、短い活躍期あるいは黄金期であった。

しかし戦いの後半は貴重な潜水艦を輸送任務に投入したため、敵戦闘艦への戦果はなく、潜水艦に不向きな輸送作戦に戦果は埋没した。ガ島戦で失われた潜水艦は7隻、うち2隻が輸送作戦で喪失している。

甲標的については、ガ島の場合、真珠湾やシドニー湾、ディエゴスワレスのような狭い港湾とは違い、洋上の泊地への突入のため、成功の確立が高いと見積もられたのかもしれない。それでも内地に照らせば、千葉の館山沖から発進して、潜望鏡を頼りに川崎の沖合に停泊する船舶を白昼攻撃するようなもので、困難な任務であることに変わりはない。もとより大戦果は奇跡でも期待する外なく、敵の補給支援阻止等という任務達成は望むべくもなかった。

母潜の甲標的搭載数も伊一六潜と伊二〇潜が各3艇、伊二四潜が2艇で、これら新鋭の丙型潜水艦3隻は40日の間、甲標的作戦に拘束された。投資や犠牲に見合った作戦であったとは言い難い。

7ヵ月のガ島における潜水艦作戦で、最後まで残る疑問は、米軍のガ島補給路、シーレーンへの潜水艦による交通破壊戦が行われていないことである。日本軍がガ島戦に力尽きたのは、飛行場をいち早く占領され、常にガ島周辺の制空権のイニシアチブを取られたことによる。これにより輸送船はもとより駆逐艦でも補給が困難となり、戦う前に多くの将兵が飢えに苦しんだ。精鋭陸軍部隊も食糧と重火器、弾薬がなくては米軍に太刀打ちできない。

一方で米潜水艦はガ島戦期間中、日本の商船を62隻も撃沈している。同じことが米軍に対しても行えたはずである。米軍のガ島への補給路を執拗に潜水艦により脅かしていたら、どのような結果になっただろうか。ガ島の潜水艦作戦の実態を調べれば調べるほど、日本海軍の潜水艦作戦運用の縮図が見えてくるのである。

第十一章

日本海軍の誇る空前の巨大「潜水空母」

世界最大の潜水艦 伊四〇〇型

伊四〇〇型潜水艦は満載排水量５５２３ｔという
巡洋艦並みの巨大な船体に、攻撃機３機を搭載し、
長大な航続力で世界のどこにでも進出できるという、
空前の「潜水空母」として、
山本五十六長官肝煎りの計画により建造された。
しかし、その登場は遅きに失し、
活躍の場を得ぬまま終戦を迎えることになる。

日本海軍が建造した超大型潜水艦伊四〇〇型は、それまでの伊号潜水艦の基準排水量が平均して約２０００ｔ、全長約１００ｍだったのに対し、基準排水量３５３０ｔ、燃料満載時の最大排水量は５５２３ｔ、全長は１２２ｍと、水上艦に例えれば駆逐艦を超え、軽巡洋艦に匹敵する大きさであった。戦後の昭和34（１９５４）年に米海軍原子力潜水艦「トライトン」が竣工するまで世界史上最大の潜水艦であり、通常動力型潜水艦（機関が原子力ではないディーゼル等を使用する潜水艦）では、ごく最近まで伊四〇〇を超える大きさの潜水艦は造られていなかったほどである。

当時を知る人に聞くと、この超大型潜水艦を始めて見た時の感想は異口同音である。伊四〇一の艦長をつとめた南部伸清艦長は「ずいぶんと長い間潜水艦に乗ってきたが、あんな大きな艦は見たことがない」と語り、伊四〇〇の乗員だった高塚一雄は「あまりの大きさに、潜航しても本当にまた浮上できるのか不安になった」と言わしめるほど、その巨大さは群を抜いていた。

伊四〇〇型の大きな特徴は、2隻の潜水艦を横付けで合体したような眼鏡式形状の船体に、水上攻撃機3機を収納する巨大な格納筒を設け、前甲板に発進用のカタパルトを有していた点にある。南部は「これまでの潜水艦は前から後ろに1本の通路を通るだけだったが、この艦は横にハッチが付いていて、隣の部屋に行けるようになっていたのは驚いた」と語ってくれた。

その双胴のような船体に乗る格納庫には、これまでの小型偵察機ではなく、魚雷や爆弾を搭載して急降下爆撃まで可能な、特別に開発された水上攻撃機「晴嵐」が3機も搭載されていた。

さらにその巨大な船体を活かして、１７５０ｔの燃料を搭載、水上速力14ノットで3万７５００浬という長大な航続距離を有しており、途中で給油を受けることなく米本土西海岸を3往復、パナマ運河まで2往復、往復だけなら米東海岸はもとより、地球上のどこにでも到達することが可能とされた。すなわち隠

伊四〇〇型こと潜特型の特長をよく捉えた一枚。長大な船体、大きな艦橋と飛行機格納筒、潜水艦とは思えない長いカタパルトなど、他国に例をみない世界最大の「潜水空母」だった。写真は米軍に拿捕された後に米駆逐艦から撮影されたもの（Photo/USN）

密裏に敵の要衝に潜入し、爆弾や魚雷を装備した複数の攻撃機によって攻撃を加えることができるという運用は、後の戦略潜水艦の発想の礎となったと言われている。

またこれだけ大きな船体であるにもかかわらず水中の運動性能は良好で、艦首に魚雷発射管8門を有し、対艦攻撃力も優れていた。また大型の耐圧船体、格納筒、カタパルト、飛行機を揚収するクレーン、水中充電装置（シュノーケル）等は、伊四〇〇型を建造するに当り、前例のない多くの困難と高い技術によって開発されたものであり、日本海軍の潜水艦の最高傑作と言っても過言ではない。

では日本海軍はなぜこのような超大型の潜水艦の建造に踏み切ったのであろうか。伊四〇〇型開発の着想は、山本五十六連合艦隊司令長官が、米本土を空襲できる潜水空母構想を発案したことに始まるとされている。

当初の構想では、水上攻撃機を2機搭載し、航続距離3万浬、連続行動可能期間4ヵ月以上という大型潜水艦18隻の建造が計画された。作戦上では36機の水上攻撃機が米国の主要都市を突如空襲するという、物理的な損害以上に米国民の動揺や戦意喪失を企図したものとされる。

伊号第四〇〇型潜水艦（潜特型）

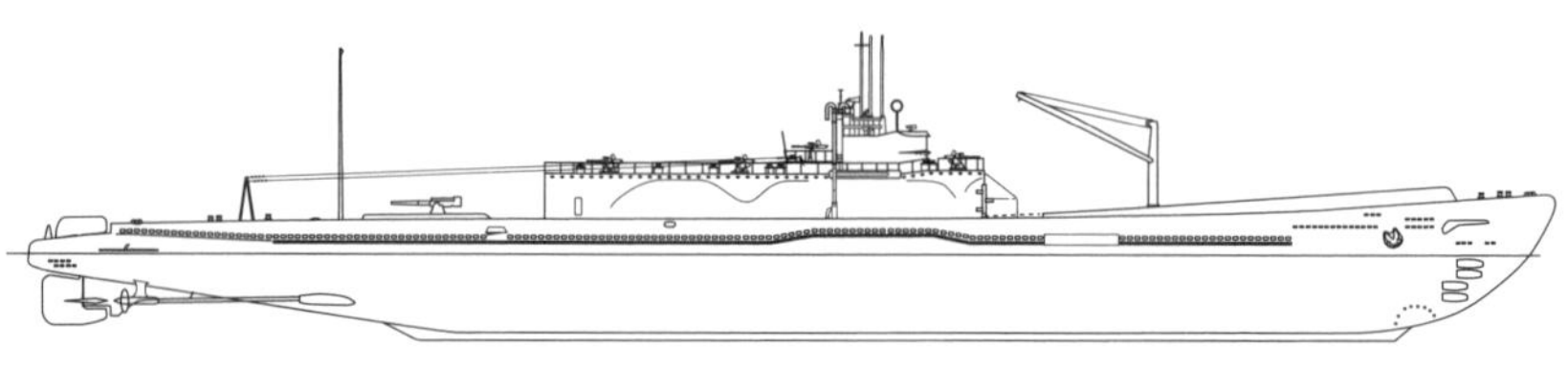

図／吉野泰貴

公刊戦史によれば、後に山本五十六連合艦隊司令長官から信頼を得ていた参謀から「伊四〇〇型の建造構想は山本長官であり、米東海岸に対する作戦を企図していた」と聞かされたという軍令部員への聞き取り調査が残っている。山本の構想の中には、常に米本土空襲、米国民の戦意喪失という狙いが強くあった。

山本長官としては、アメリカと戦争となった場合、長期不敗態勢の構築は国力の差があり困難である。従って、次々とアメリカの急所を叩き、戦意を喪失させ、アメリカ国民を対日戦早期和平へと導くことを目標としていた。

その一つの手段が米本土空襲だが、日本の航空兵力では後に日本本土を焼野原にしたような重爆撃機を多数、アメリカ本土に差し向けることは困難である。そこでアメリカ東海岸まで行ける大型の潜水艦に攻撃機を搭載して、主要都市に爆撃を加えアメリカ国民の戦意を喪失させようと考えたのだ。

この着想は大胆であっても全く未知の領域ではなかった。日本海軍は当時すでに潜水艦に搭載した航空機の実用化に成功している。各国は同様の開発を進めていたが、いずれも断念しており、実戦で頻繁に使用したのは唯一日本海軍だけであった。

真珠湾攻撃前の昭和16（1941）年11月30日には、フィジーのスバに在泊艦船がないか、伊一〇潜から偵察機が発進し、未帰還となっている。開戦の意図や作戦が漏洩したのではないと緊迫したが、開戦後は矢継ぎ早に潜水艦による航空偵察を実施していた。真珠湾攻撃の後に戦果確認を実施したのも伊七の偵察機だった。昭和17（1942）年9月には伊二五から発進した偵察機に焼夷弾を搭載（76kg焼夷弾2発）して前後2回にわたりオレゴン州に空爆を実施している。森林地帯に焼夷弾を投下して山火事を起こす作戦であったが、大被害には至っていない。しかし規模は小といえどもアメリカ本土空襲を実施したことは歴史的事実である。このような実績があったからこそ、実現可能ではないかと考えたのであろう。

現にこの攻撃を実施した伊二五潜の艦長田上明次中佐は、「潜水艦の長距離隠密行動の能力を活用して米本土に接近、飛行機を飛ばしてアメリカの軍事施設やパナマ運河などを爆撃すべきである」と意見具申している。当時の潜水艦の性能を考えれば補給路遮断作戦に専用すべきではあったが、伊四〇〇型の潜水艦があれば、パナマ運河を爆撃する、あるいは日本海軍の潜水艦が出没するなど予想もしない場所で交通破壊戦や航空爆撃を繰り返すことは極めて先見性があり、正しい潜水艦の使い方であったと太平洋戦争の潜水艦史は教えている。

山本長官はこれまでの対米作戦の基本構想である、西太平洋に進出してきたアメリカ艦隊を潜水艦や甲標的、中型爆撃などにより漸減を図り、日本海海戦の再来を実現すべく大艦巨砲をもって一気に雌雄を決するという漸減作戦に疑問を持ち、独自の作戦構想を練り実行してきた。それが真珠湾攻撃であり、伊四〇〇型による米本土東海岸大都市爆撃構想だったのである。

伊四〇〇型の長大な航続距離や、魚雷や航空機の攻撃能力は、漸減作戦はもちろん、米本土沿岸の交通破壊戦に極めて有効であると計画されたことは、戦後軍令部第一部長の証言からも明らかになっている。伊四〇〇型の計画は山本長官が単独・独走して着想したのではなく、漸減作戦における有力な切り札、あるいは米艦隊を日本艦隊との決戦に誘致する潜水艦としても計画されたのではないかと推測できる。

構想から具体的な開発へ

日本軍が破竹の勢いで勝ち進んでいた昭和17年1月、艦政本部第四部設計主任であった片山有樹造船大佐（後に技術少将）は、軍令部から「航空魚雷または800kg爆弾を搭載できる攻撃機を積んで、4万浬航行できる潜水艦はできないか」と相談を受けた。

この要求は当時の潜水艦技術では、到底簡単には達成できない能力である。潜水艦に航空機を搭載して作戦運用を行うだけであれば、当時すでに日本海軍では実現している。しかし、搭載する航空機は偵察機で、攻撃力は有していなかった。

それを航空魚雷や爆弾を搭載できる潜水艦用の航空機として開発できないかというのだ。当然それだけの爆弾等の積載量であれば、それ相応の大きさの航空機が必要となり、水圧に耐えられるだけの大型の格納筒も必要になる。

4万浬という航続距離も桁外れの性能で、当時の潜水艦で最大の航続距離も2万浬であり、もっとも標準的な潜水艦であれば1万4000浬でしかない。すべてにおいてこれまでに類例のない大型・高性能の潜水艦を求められたのである。

伊四〇〇型の開発は、山本長官が昭和18（1943）年までに水上攻撃機2機を搭載し長大な航続距離を有する潜水艦を建

潜特型は3隻完成したが、実戦に投入されたのは1番艦の伊四〇〇潜と写真の2番艦伊四〇一潜である。通常1番艦であれば四〇一番からのはずだが、潜特型は四〇〇から採番されている（写真提供／勝目純也）

造できないか、腹心の参謀黒島亀人先任参謀に検討を命じたことに始まる。黒島参謀は先任をもじって「仙人参謀」などと言われるほどの変人であったといわれるが、部内においてとかく固定概念、既成概念にとらわれることが多いなか、斬新かつ奇抜なアイデアを発想できる柔軟な頭脳を持っていたため山本長官の信頼が厚かったとされている。

通常、このようなトップの特命はナンバー2たる宇垣纏参謀長に相談するのが筋と思われるが、そのような形跡は見られない。黒島参謀はただちに軍令部に相談を持ち込み、軍令部では戦備を担当する第二部長の鈴木義尾少将、そして後に伊四〇〇型の潜水隊司令を務めることとなる軍令部潜水艦主務参謀の有泉龍之介中佐が検討に入った。

軍令部での検討を経て、艦政本部の潜水艦部である第七部へ、そして先述したように第四部に持ち込まれ、その設計主任である有山造船大佐、潜水艦設計班長の中村小四郎造船大佐が本格的な検討に入った。その結果、早々に実現可能と判断され、「軍機」扱いで、ただちに艦政本部は潜水艦の船体、機関、兵器を担当し、航空本部が搭載する計画の水上攻撃機の機体以外に射出器も担当して開発をスタートさせた。そして最初の原案である設計基礎案が立案されたのが昭和17年3月と言われているので、異例の速度で検討が進んでいったことが分かる。

ただし戦時とはいえ、組織の壁は厚いものがある。基礎設計案ができても、通常はさまざまな紆余屈折なり、横やりが入るものだがこの案については海軍省、軍令部両者で意見の一致を見た後、なんと翌4月には軍令部次長名で潜水艦と搭載攻撃機の要求が正式に出された。これにより、伊四〇〇型は本格的に始動することとなった。山本長官の着想が表面化してから、数ヵ月で実現に向けて動き出したことになるのである。

ここからはさらに加速的に検討が進められていく。5月17日は艦政本部内の技術的な検討を実施する「技術会議」が開催され、設計の概要案が決定を見た。中村設計班長が戦後にまとめた「潜水艦建造計画の大要」には次のような記載がある。

1. 本艦の特徴は航続距離大であること。攻撃機2機を搭載することであって、この特徴は艦型を著しく大にして常備状態約4500t、満載状態約5600tの排水量に達する。
2. 要求航続距離16ノットで3万3000浬、14ノットに換算し4万2000浬、このための重油量に1750tを計上。
3. 攻撃機2機を搭載するため、極めて大なる水密格納筒を上甲板に装備する必要あり。かかる大なる筒の装備は初めてのことゆえ、詳細計画、特に扉の開閉装置に細心の注意を必要とする。射出機の長さは26m、飛行機吊揚用の起倒式クレーンは約3・5tの荷重を揚ぐるを要し、これまた潜水艦としては類例なき大規模な装置であり、艦の潜航性能に不安なからしむるよう細心の注意が払われなければならない。艦橋など上部に装備する兵器などは潜水艦として忍び得る限りこれを節し、上部構造物を極力小と

横須賀で米潜水母艦「プロテウス」に横付けされている伊四〇〇潜（左）と伊四〇一潜（右）。両艦は「晴嵐」を搭載してウルシー攻撃に向かったが、攻撃直前に終戦。米海軍に接収される道を選んだ（Photo/USN）

する要がある。

4. 舵面積、排水量がかつて経験せざりしほど大なる潜水艦なるに鑑み、操縦性能に関してはこれを低下せしめぬように留意すべきはもちろん、従来の艦に比し最良と認めらるる程度優秀なるものとし、潜航舵についても急速潜航を容易ならしめるよう充分考慮する。

5. 飛行機格納筒は、浮量220tあり、被害などにより浮力を喪失したる場合の対応策として、これに充当する重油の量を排除し、浮力を保ち、かつこの場合における復原性能を考慮し、水中BG（完全水没状態における浮心 Bと重心 Gの距離のこと。距離が長いほど艦は復元力が大きい）を大ならしむるように内殻内に重油タンクを配置。

6. 満載時の予備浮力を18％とし、かつ前後のタンクトップを高くし、凌波性を良好ならしむるよう考慮すること。

7. 行動日数4ヵ月を要求せられている関係上、倉庫はこれに対して100㎥とる必要がある。

8. 本艦型中、若干隻は司令潜水艦としての施設を要するも、艦型は同一とし、ただこれに対応するための次の二点を改装する。

・予備魚雷を6本減ずるほか、聴音室、測探室、兵員室などの配置を変更し、司令部職員の居住施設、作戦室などを設ける。

・電信室容積を増大し、受信機数を10台とすること。

士官居住区。右側に寝台が見える。写真は米軍が接収後に撮影したもので小さな黒板に「OFFICER」の文字が見える。船体は大型化したが居住性はあまり改善されていなかった（Photo/USN）

9. 要求潜航所要秒時は1分であるが、これを可及的に短縮するよう前記の如く舵面積を極力大にし、かつ装備位置を能う限り前方とし、舵の利きを助けるほか、前部の補充タンクを負浮力タンクとして使用するように考慮する。

かくして伊四〇〇型の設計計画案は、その後「戦備考査部会議」（軍務局、軍令部、艦政本部、航空本部の部局長等が出席し、新しい艦艇の建造を検討する最高会議）を経て、建造に向けて準備が正式に開始されるに至った。しかし、昭和17年の後半に入ると、⑤計画（昭和17年度艦船建造補充計画）で伊四〇〇型潜水艦を18隻建造という計画に疑問の声が軍令部を中心に高まってきた。昭和17年という年は、6月のミッドウェー海戦を境に前半と後半では戦局も情勢も大きく異なる。

昭和20年9月15日に横須賀で撮影された伊四〇一潜。整備が行き届いており、飛行機格納筒の扉を開いて起倒式のクレーンで艦載艇を吊り上げている。14㎝砲や機銃もまだ撤去されていない（Photo/USN）

開戦後間もなく竣工する計画で進められているならともかく、設計も着手したばかりでこれから建造を開始するとなれば、2年はかかる。搭載の航空機でも同様で実戦使用は当分先となる。それよりも今、必要な潜水艦を建造するべきではないか。米本土空襲も、こちらの戦局が有利であれば心理的効果を狙うことも可能かもしれないが、今の状況下では限られた資材や労力をつぎ込む余裕はないというのが反対派の意見であった。

これに対し片山大佐は、すでに多くの資材は発注している、今さら全廃はできないと、昭和18年1月に呉工廠で伊四〇〇潜が、続く2番艦伊四〇一潜が4月26日に佐世保工廠で起工を果たした、ついに伊四〇〇型の建造が始まったのである。
ところが、伊四〇一起工のわずか8日前の4月18日、発案者とされる山本五十六長官がブーゲンビル上空で戦死している。いざという時に強固な後ろ盾を失い、伊四〇〇型の建造は山本長官亡き後、紆余屈折を繰り返すことになるのである。

伊四〇〇型の特徴

第二次世界大戦中、技術や物資の交流の目的で日本海軍は前後5度にわたり、ドイツへ伊号潜水艦を派遣した。ドイツはUボートの名で知られる潜水艦を実に約1000隻も建造した潜水艦大国であったが、日本から派遣された伊号潜水艦の大きさには彼らも驚いた。全長はUボートより40mも長く、排水量は約3倍もあったのである。しかし、伊号第四〇〇型潜水艦、別名「潜特型」は、それより1300tも大きい。まさに当時世界最大の潜水艦だった。

伊四〇〇型がかくも巨大な潜水艦である必要性こそが、同艦の最も大きな特徴であると言ってよい。伊四〇〇型は、当初2機、最終的には3機の攻撃機を格納・発進できる能力を有していたのだ。

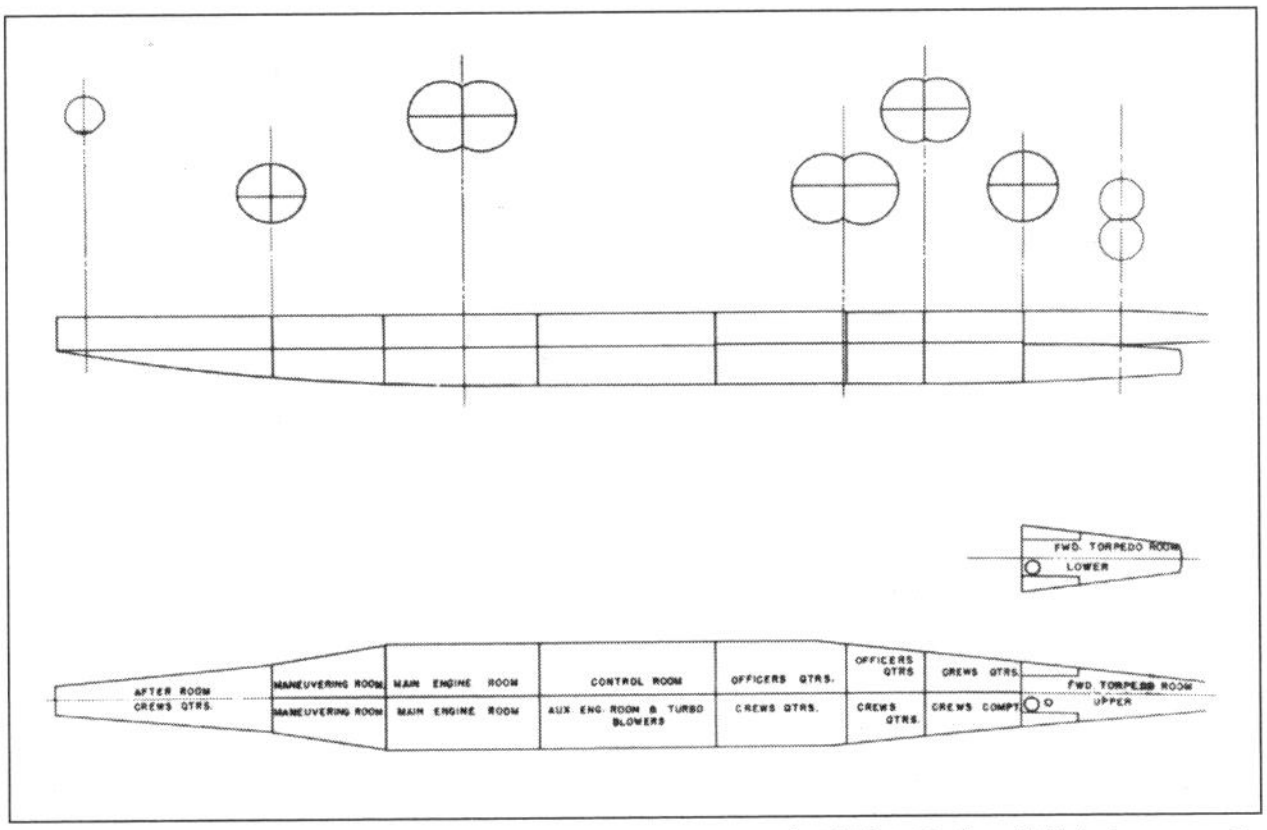

米海軍が制作した伊四〇〇型の艦内配置図。断面図は本型が双胴式の船体となっていることが分かる（図/USN）

船体はこれまでの巡潜型、海大型と同様の複殻式を採用したが、最も大きな特徴はいわば2隻の潜水艦を合体させた構造にある。航空機を3機も格納できる格納筒と艦橋を有するには単一構造では困難であるため、2隻の潜水艦を接合するようにして、内殻の構造断面を眼鏡型とした。写真で見て分かる通り、長大な船体に極めて大きな格納筒と艦橋、前部に伸びるカタパルトが印象的である。

しかし船体が大型化することで潜航性能や水中性能に支障が出てしまっては実戦では使えない。特に当時の潜水艦の死命を制する急速潜航速度についても、1秒でも早く潜航できるように研究が重ねられた。艦首部分に配置されている潜舵の面積をできるだけ広くとるとともに前部に配置し、空気抜きタンクの構造を工夫するとともに、場合によっては危険とも言われるネガティブタンクを前部補助重油タンクとして使用できるように処置された。こうして急速潜航性能を1分とすることに成功した。

そのほかにも横舵面積をできるだけ広くとり、旋回性能、水中での運動性は高く、乗員からも好評を博した。

小型化しスペースを重視した機関

これだけの大型の船体を動かす主機は、過給機付きの4サイクル単動方式の艦本式二二号一〇型ディーゼル2基2軸が搭載されている。この主機は水上で7700馬力を有しているが、これまで高出力を誇った甲型や乙型が装備した艦本式二号一〇

左舷機械室。潜特型は艦本式二二号一〇型低加給ディーゼル機関2基を装備している。写真左の筒状のものには「起動気蓄器」と書かれている（Photo/USN）

型ディーゼルの1２４００馬力よりかなり馬力は低い。

これは機関の構造を容易にするための処置で、いわば戦時生産効率を高めるものであった。戦時建造潜水艦の甲型改一、改二、乙型改二などに装備された機関と同様のもので、構造をシンプルにし、その分速度は低下するが、機械の小型化により生じた余積を燃料タンクに充て、航続距離の延伸を図った。そのため水上速力は18・7ノット、水中速度は６・５ノットとなり、当時の最速の潜水艦より水上速力で約５ノット程度低下している。

スミソニアン博物館に収められた愛知M6A1水上攻撃機「晴嵐」。これまでの潜水艦搭載水上機は偵察が主任務で、特殊な作戦以外は爆弾等を搭載することはなかったが、本機はフロートを付けなければ最大800kgまでの爆弾や魚雷を搭載可能だった（Photo/USN）

搭載機3機を誇る兵装

伊四〇〇型の主兵器は何といっても搭載機3機を有する点にある。搭載機は伊四〇〇型にあわせて設計された水上攻撃機「晴嵐」で、我が国には珍しい水冷式のエンジンを有し、最大速度は４７４km／hと、これまでの零式小型水上偵察機が２４６km／hであることから格段の性能向上が図られた。しかもフロートを装着時は２５０kg爆弾1発、フロートを装着しない場合は８００kg爆弾もしくは航空魚雷1本を搭載できる攻撃力を有していた。

たとえば3隻の伊四〇〇型で潜水隊を編成すれば、地球上のあらゆる場所に隠密裏に潜入して突如浮上し、9機の水上攻撃機で奇襲攻撃を仕掛けることができる。その脅威は戦略的な意義を有し、後に米国が戦略原潜を着想した原点となったともいわれる。

　本来の潜水艦としての攻撃性能も劣っていることはなく、魚雷発射管は8門を備え、搭載魚雷数20本も積載可能であった。ほかに「晴嵐」用の航空魚雷3本も搭載している。

　また、14㎝単装砲を後部甲板に1門、25㎜3連装機銃を艦橋前部に1基、艦橋後部に2基装備していた。

兵員居住区。寝台は簡易なもので、鎖で釣られているため雑音の音源になったであろう。潜水空母と称されるほど大型であったが、兵員の居住性は良いとはいえず、食堂もなかった(Photo/USN)

昭和20年10月14日に撮影された艦後部にある40口径11年式14㎝単装砲。最大射程は15,000mで、浮上砲戦時に使用された(Photo/USN)

後部機銃甲板。長大な格納筒上に25㎜3連装機銃3基と単装1基を装備した。当初の設計では機銃ではなく14㎝砲を設置の予定であったが対空機銃に改めた(Photo/USN)

昭和20年8月29日に撮影された伊四〇〇潜の前甲板。整列している乗員との比較で26mのカタパルトの大きさが分かる。写真左に写るのは接弦してきた米潜水母艦「プロテウス」(Photo/USN)

水密構造になっていた飛行機格納筒の扉。油圧で開閉し、最後の締め付けや最初の開錠は乗員の人力で行っていた(Photo/USN)

巨大潜水空母ならではの装備

伊四〇〇型はこれまでの日本海軍の潜水艦にはない、航空機を3機も搭載する必要性から、独自の装備も多い。航空機3機を搭載する格納筒は巨大であるため、その浮量は220tにもなった。扉の開閉装置には細心の注意が払われ、格納筒には艦内から行き来が可能な交通筒や、航空機の暖気運転時間を短縮する処置として、エンジンオイルをあらかじめ温める装置も開発された。

航空機を発進させる射出機、カタパルトも長大となり、長さ26mにも達した。左舷前甲板に設置された航空機の揚収等に使用する吊揚用のクレーンは、約3・5tまでの荷重上げ下げが可能で、クレーンそのものの支柱も太い。

シュノーケルを使用し、潜水艦が浮上しなくても内燃機関を運転して充電と換気が可能な潜航充電装置も装備されていた。第二次世界大戦では、ドイツで実用化が先行しており、日本海軍の潜水艦に装備されたのは戦争末期となった。

輸送用潜水艦の丁型に装備、試験運用された後、潜高型(片舷用)、潜高小型、潜輸小型が装備していたが、実戦に投入された作戦用潜水艦としては伊四〇〇型が初である。装備時期については明確ではないが昭和20（1945）年の4月以降と思われる。

ただし当時のシュノーケルはドイツのように主機を動かすためではなく補助発電用で、発電機を動かし水中航走に必要な電気を発電して二次電池に充電する役割を担った。それでも敵の威力圏下に浮上することなく、シュノーケルのみで充電できることは被探知防止には大きな力を発揮できると期待され、現に後に伊一四は同装置で危機を脱したといわれている。

電波や短信兵器についても、当時の最新型が装備されていた。現在ではソナーといわれている三式探信儀は、太平洋戦争中期に実用化されたアクティブソナーであるが、敵に接近しているような場合は、パッシブソナーとしても使われた。

しかし当時の日本海軍では海水の温度や潮流、塩分濃度や海底地形、深度によっても音の伝搬が変化することは分かっておらず、しばしば季節や地域によって探知にバラツキが起きることに悩まされていた。

電波兵器としては水上見張り用のラッパの形をした二号電波探信儀二型、通称二二号電探、対艦艇用として用いられた一号電波探信儀三型、通称一三号電探を装備していた。その他、逆探用のE27電波探知機、ドイツから導入した無指向性の逆探電波アンテナを装備していた。

伊四〇二潜の艦橋後部。写真左から逆探、ラッパ型の二二号電探、テレビアンテナ状の一三号電探、水中充電装置の排気筒が確認できる。25㎜機銃の下部にある多数の小さな穴は潜航時の空気抜きである（Photo/USN）

寝台に横たわる乗員たち。伊四〇〇型の乗員は、戦後に米海軍のガトー級に乗り、米潜の居住性の良さに驚いたという。ただし日本海軍の潜水艦は1つの寝台を複数人で共用することはなかった（Photo/USN）

従来通りだった居住性

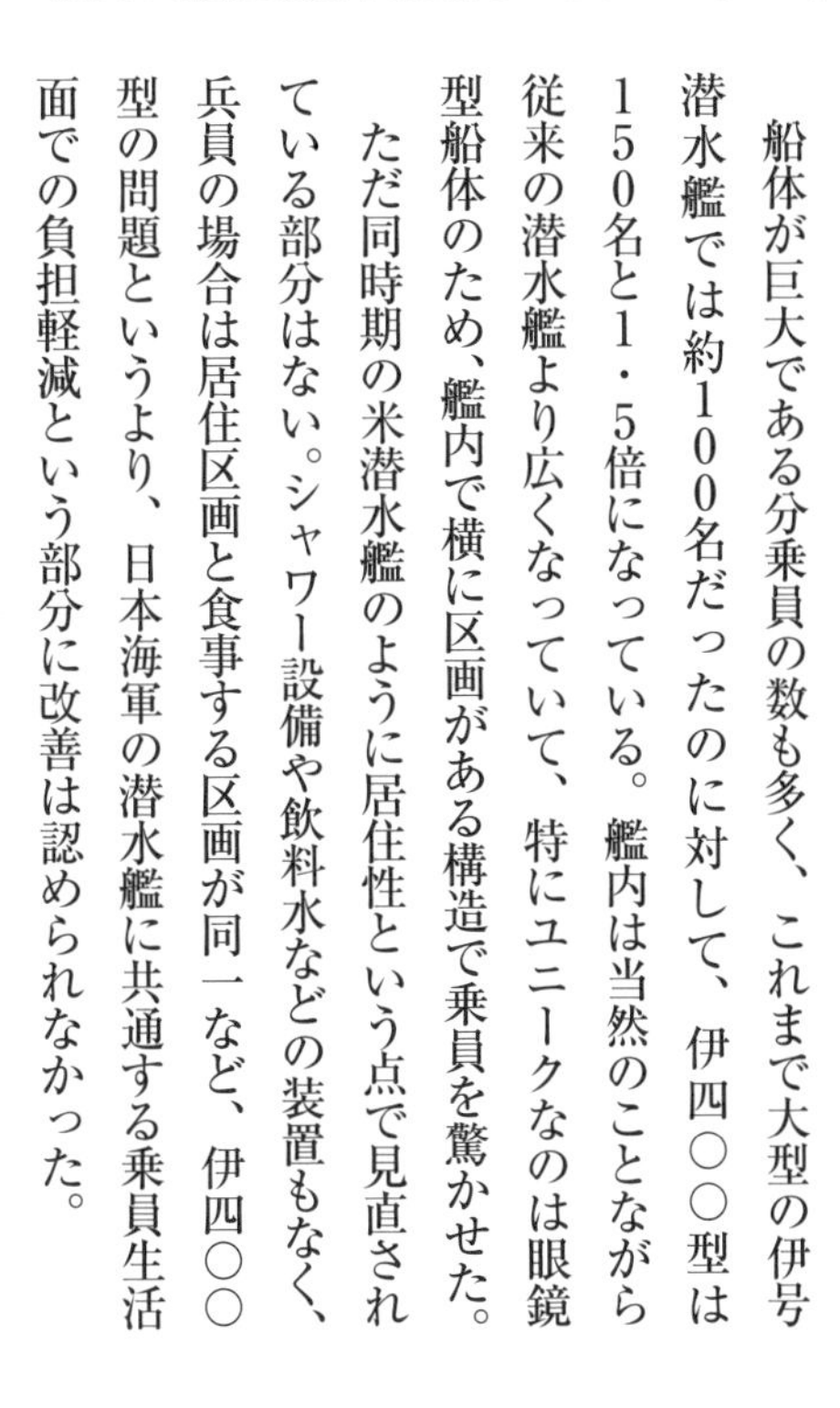
船体が巨大である分乗員の数も多く、これまで大型の伊号潜水艦では約１００名だったのに対して、伊四〇〇型は１５０名と１・５倍になっている。艦内は当然のことながら従来の潜水艦より広くなっていて、特にユニークなのは眼鏡型船体のため、艦内で横に区画がある構造で乗員を驚かせた。ただ同時期の米潜水艦のように居住性という点で見直されている部分はない。シャワー設備や飲料水などの装置もなく、兵員の場合は居住区画と食事する区画が同一など、伊四〇〇型の問題というより、日本海軍の潜水艦に共通する乗員生活面での負担軽減という部分に改善は認められなかった。

大きな方向転換

先述の通り、昭和18年1月、伊四〇〇型は起工され、昭和19（１９４４）年11月には1番艦が完成する予定であり、続々と18隻の同型艦が竣工する計画だった。しかし、わずか半年後の同年6月に、建造隻数は大幅な見直しを余儀なくされた。つまり戦局厳しい折に、2年もかかる大型の潜水艦を複数建造するよりも、交通破壊戦を主とした汎用性の高い中型潜水艦を量産すべきとの意見が大勢を占めた。

確かに戦局ならび潜水艦の不振を考えるとやむを得ない処置ではあり、結局伊四〇〇型は起工されていた5隻のみの建造にとどめられた。いずれにしても隻数減に伴い、当初2機だった搭載機「晴嵐」を3機搭載とし、別途「晴嵐」を搭載できるように甲型を改造した改二型4隻を計画するに至った。

現場の設計者は突然の設計変更に大いに悩み、苦労した、まずその大きな格納筒の拡張である。実際には当初の格納筒を後方に延長することになったが、復元力や万が一格納筒が浸水した場合の浮力確保など、本来は急遽変更できるような内容の設計変更ではない。しかし、現場の技術者や造船所のメンバーは、この巨大潜水空母伊四〇〇型が必ずや戦局を挽回できる切り札と信じ、海軍側の過酷な要求に応じていったのである。

昭和20年10月14日に横須賀で撮影された伊四〇〇潜の格納筒内部。直径4.2m、長さが30.5mもあり、「晴嵐」を当初計画の2機から3機に増やして搭載できた（Photo/USN）

伊四〇〇型を使用した作戦計画

昭和19年末、1番艦の伊四〇〇潜が竣工する直前、パナマ運河を攻撃する構想が立案され、その実施は昭和20年5月と予定された。しかし、肝心の搭載機「晴嵐」の開発が思うように進まず、結局搭載機の生産が遅れたこともあり、パナマ運河の攻撃は実現しないまま終わることになる。

この間、昭和19年12月に伊四〇〇潜、翌昭和20年1月に2番艦伊四〇一潜が竣工。また「晴嵐」2機搭

写真手前の伊四〇〇潜に接弦しようとする伊一四潜。一見伊四〇〇型と見分けがつきにくいほど似ている。これだけ大きな潜水艦であっても接舷などの操艦技術の高さに米乗員は感心したという（Photo/USN）

載用の甲型改二の1番艦伊一三潜が昭和19年12月、続く2番艦伊一四潜が昭和20年3月に竣工した。

遅れていた「晴嵐」の開発もようやく実用化の目処が立ち、「晴嵐」を試験・運用するための飛行隊、第631航空隊が横須賀で新編された。当時「晴嵐」のパイロットであった浅村敦の記憶によれば、「晴嵐」を伊四〇〇型に搭載したのは昭和20年5月だったという。新型潜水艦搭載水上攻撃機「晴嵐」の製作機数は試作機を含めても28機と少なく、その全容は今もって明らかにはなっていない部分が多い。

昭和20年5月となると、すでに同盟国ドイツは敗退し、大西洋で活動していた連合軍艦艇は太平洋に展開を終えようとしていた。そうなるとパナマ運河を攻撃する意味は薄くなる。そこでパナマ運河攻撃計画は中止となり、代わって浮上したのが、米艦隊の前線拠点、西太平洋カロリン諸島ウルシー泊地に展開する米機動部隊である。

この目標に対して立案されたのが「光」作戦と「嵐」作戦である。まず「光」作戦によって伊一三潜と伊一四潜が高速偵察機「彩雲」をトラック島に輸送する。トラックから「彩雲」でウルシー在泊の機動部隊の状況を偵察するのである。

「嵐」作戦では、伊四〇〇潜、伊四〇一潜の攻撃機、合わせて6機が、ウルシー泊地の米機動部隊に肉薄攻撃を加える。攻撃後は全艦シンガポールに集結、「晴嵐」を空輸された後に搭載して、4隻10機が次期作戦命令を待つというものだった。

初陣直前の敗戦

昭和20年7月、「光」作戦が発動され、まず同月11日に伊一三、17日に伊一四潜が、それぞれ大湊を出港、トラックに向かった。続いて「嵐」作戦の伊四〇〇潜、伊四〇一潜は7月26日、同じく大湊からウルシーに出港していった。しかしすでに日本近海にすら敵潜水艦等の跳躍を許していたので、安全な海域は極端に少ない。出港即戦場という状況であった。この間、7月24日には3番艦伊四〇二潜が竣工している。

計画では、伊四〇〇潜と伊四〇一潜は、これまでの潜水艦作戦と同様、それぞれ単艦で行動し、後にサイパン、グアム、トラックの東方海域を南下、ウルシー南方海域に進出し、8月14日にポナペ島南方で合流。最終的な作戦打ち合わせを行った後に再び分離し、攻撃予定日である8月17日に再び合流を果たして、攻撃隊を発艦させる計画だった。後に考えれば、まさに終戦の日をまたいでの攻撃行動計画だったことが分かる。

しかし、実際には第1潜水隊司令である有泉龍之介大佐の指示で、敵からの発見を恐れ、南鳥島から針路を変え、ウェーク島の東方を迂回した後、マーシャル諸島の東を南下するコースを選択した。これに南部艦長は異議を唱えたとされるが、当時の潜水艦では司令と艦長の意見が割れた場合、司令の発言権が大となるのが通例で、この時も有泉司令の迂回ルートが選択された。

しかしこのルート変更の知らせは伊四〇〇潜に伝わっておらず、結局両艦は会合することができなかった。伊四〇〇潜、伊四〇一潜がそれぞれの会合地点で、僚艦の出現を信じて待機を続ける中、思いもよらぬ情報が入ってきた。日本の降伏である。当然ながら当初はデマの疑いを持ったが、状況は刻一刻と敗戦と判断せざるを得ず、伊四〇〇潜と伊四〇一潜はさまざまな紆余屈折を経て内地を目指すことになった。

8月26日、海軍総隊司令部から「一切の武器を捨て内地へ向かえ」との命令を受け、両艦は断腸の思いで、それぞれ搭載機である「晴嵐」を射出して海中に投棄して処分、その後米海軍に捕捉され、2艦は横須賀を目指すことになる。米海軍による接収を受け、第1潜水隊司令は艦内の自室で自決を遂げた。かくて伊四〇〇潜、伊四〇一潜は1機の攻撃機も1本の魚雷も発射することなく、潜水空母の威力を発揮することなく横須賀に入港した。

アメリカ軍は伊四〇〇型潜水艦を検分してその大きさ、性能に驚嘆したいという。一時期、アメリカ海軍は伊四〇〇潜を自軍で使用することを検討したというが、ソ連が関心を示したこともあり、早々と伊四〇〇潜と伊四〇一潜をハワイに回航し、調査の上海没処分とした。伊四〇二潜は8月に呉で空襲による被

米潜水母艦「プロテウス」に接弦した第一潜水隊の各潜水艦。写真奥から伊四〇〇潜、伊四〇一潜、伊一四潜。終戦時、この3隻以外の攻撃型の潜水艦は、伊四〇二潜と乙型、丙型4隻しか残っていなかった（Photo/USN）

昭和20年9月16日、呉に停泊中の伊四〇二潜。7月に就役したが、8月11日に爆撃で損傷、整備中に終戦を迎えた。五島列島沖で標的艦となり撃沈処分されたが、2017年、沈没位置が特定された（Photo/USN）

害を受け、整備中に敗戦を迎えたが、長崎五島列島沖に回航の上海没処分とされ、伊四〇〇型は姿を消した。

伊四〇〇型は最終的には3隻の完成に留まったが、日本海軍が建造した最後の潜水艦であるとともに、世界最大の潜水艦でもあった。戦局厳しい時期において資材調達もままならぬ中、前例のない巨大潜水艦を独自の技術と工夫で作り上げ、あわせて不得意ともいうべき水冷式の水上攻撃機もこれも前例なく短期間に実用化を成し遂げたことは驚嘆に値する。

初陣直前で終戦となったが、試験航海やウルシーへの航海においても、目立った欠陥や致命的な設計ミスなどなかった。これは日本の潜水艦建造技術の高さを物語るものとして特筆に値すると言ってよい。

第十二章

悲惨な出来事はなぜ起こったのか?

日本海軍の潜水艦事故

日本海軍潜水艦の40年に及ぶ歴史の中には、
小さなものも含めて
300件以上もの事故が起こっている。
なぜ潜水艦で繰り返し事故が発生するのか?
11ケースの重大事故を検証し、その原因を探る。

犠牲者810名を出した潜水艦の事故

海軍に進むと、「飛行機と潜水艦には乗らんでくれ」と親に懇願されて困ったと元潜水艦乗りから聞いたことがある。飛行機と潜水艦は戦死率だけではなく事故も多く、海軍の航空基地だった厚木では、「鳥の泣かない日はあっても、事故のない日はない」と言われていたという。

潜水艦も同様で、日本海軍の潜水艦40年の運用史の中で、沈没事故、水中衝突、水上衝突、浸水、転覆、火災、爆発、船体損傷等の事故は合計306件もあり、そのうち沈没という重大な事故は14件。殉職者（戦地での事故の場合は戦死扱い）は実に795名にも及び、その他の人員損傷事故での死者15名と合わせて合計810名もの殉職・事故死を出している。なぜここまでの死者を出した事故が起こってしまったのだろうか。沈没事故を中心に解明していきたい。

■太平洋戦争以前の事故

ケース①

ガソリン半潜航中に通風筒より浸水して沈没

第六潜水艇（ホランド型改）。明治43（1910）年4月15日。広島県新湊沖

山口県岩国沖で日本海軍の中で最も小さな潜水艇（ホランド型改）が訓練中に事故により沈没し、艇

ホランド型改

図／吉野泰貴

呉の鯛乃宮神社に奉納されている第六潜水艇のプロペラ。第六潜水艇遭難は発展途上の潜水艦で起きた痛ましい遭難事故であったが、佐久間艇長以下の乗員の行動は今日まで語り継がれている（写真提供／勝目純也）

長以下乗員14名全員が殉職した。世に言う「第六潜水艇遭難」である。艇員は全員各々の持場で全力を尽くして最後まで復旧に務めたが、高圧下のガソリン中毒により、沈没後約2時間で佐久間艇長以下14名は殉職。文字通り艇と運命を共にした。（第二章参照）

ケース②

公試を終えて浮上した直後に突然沈降して沈没

第七〇潜水艦（特中型。後の呂三一潜）。大正12（1923）年8月21日。淡路島仮屋沖

事故当時、第七〇潜水艦は引渡し前の公試を実施中で、事故当日は淡路島仮屋沖海面において深深度潜航のテストを実施する予定となっていた。同艦の安全潜航深度は45・7mである。上林潔艤装員長総監のもとに無事に所定の行動を終え、1230頃に浮上した。

メインタンク高圧ブローに引き続いて、低圧排水（当時の潜水艦は水上航走が基本であるため、潜航・浮上の回数が多い。そのため気畜器内の高圧空気の節約を目的として、ディーゼル機関の排気をタンクからの排水に利用することを低圧排水といった）を実施。一部のメインタンクの排水も終わりつつあったので、艤装員長は「ハッチ開け」を号令した。それにより艦橋昇降口ハッチ、機械室ハッチ、後部兵員室のハッチが各々開かれ、数名の乗員が上甲板に出たところで突然艦の沈下が始まった。ハッチを開けていたため大量の浸水を止めることができず、上

呂号海中五型（特中型）

図／吉野泰貴

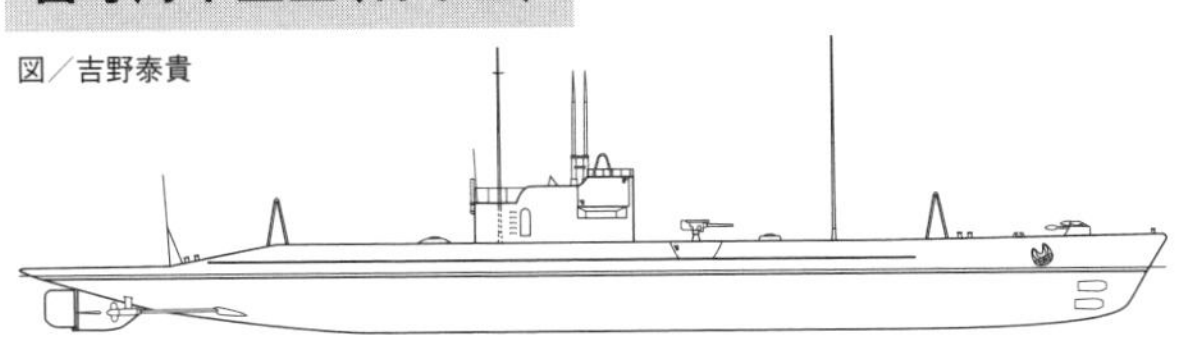

甲板に上がっていた5名を除いて沈没した。沈没した艦内には88名もの乗員が残されており、中でも悲劇的だったのが、川崎造船所の職員42名が含まれていたことだ。いったい何が起こったのだろうか。

浮上作業の末期、最初に排水が終わった後部メインタンクのキングストン弁を閉鎖した後、同タンクに至る低圧空気の分配弁の閉鎖が終わらないうちに、何らかの錯誤によって後部メインタンクのベント弁を開放したことが最初の要因となった。排水がまだ終わっていなかった前部および中部メインタンクの排水空気は、低圧空気分配弁筐および後部メインタンクのベント弁を経て直接大気と通じる状態となり、このため前部・中部メインタンクに海水が逆流して艦首から沈下し始めた。

この時、別の区画において低圧排水ポンプを運転していたポンプ員は、後部メインタンクのベント弁が過早に開かれたのに気が付かず、ポンプの背圧（排気側の圧力のこと）が急に減少したことでポンプ自体の故障と即断して低圧排水のポンプの運転を停止したため、海水の逆流は一層急激となってしまったのである。

これだけなら途中で錯誤に気付き、対応策は可能だったかもしれないが、浮上できると判断して過早に開放されていた

第七〇潜水艦沈没の原因

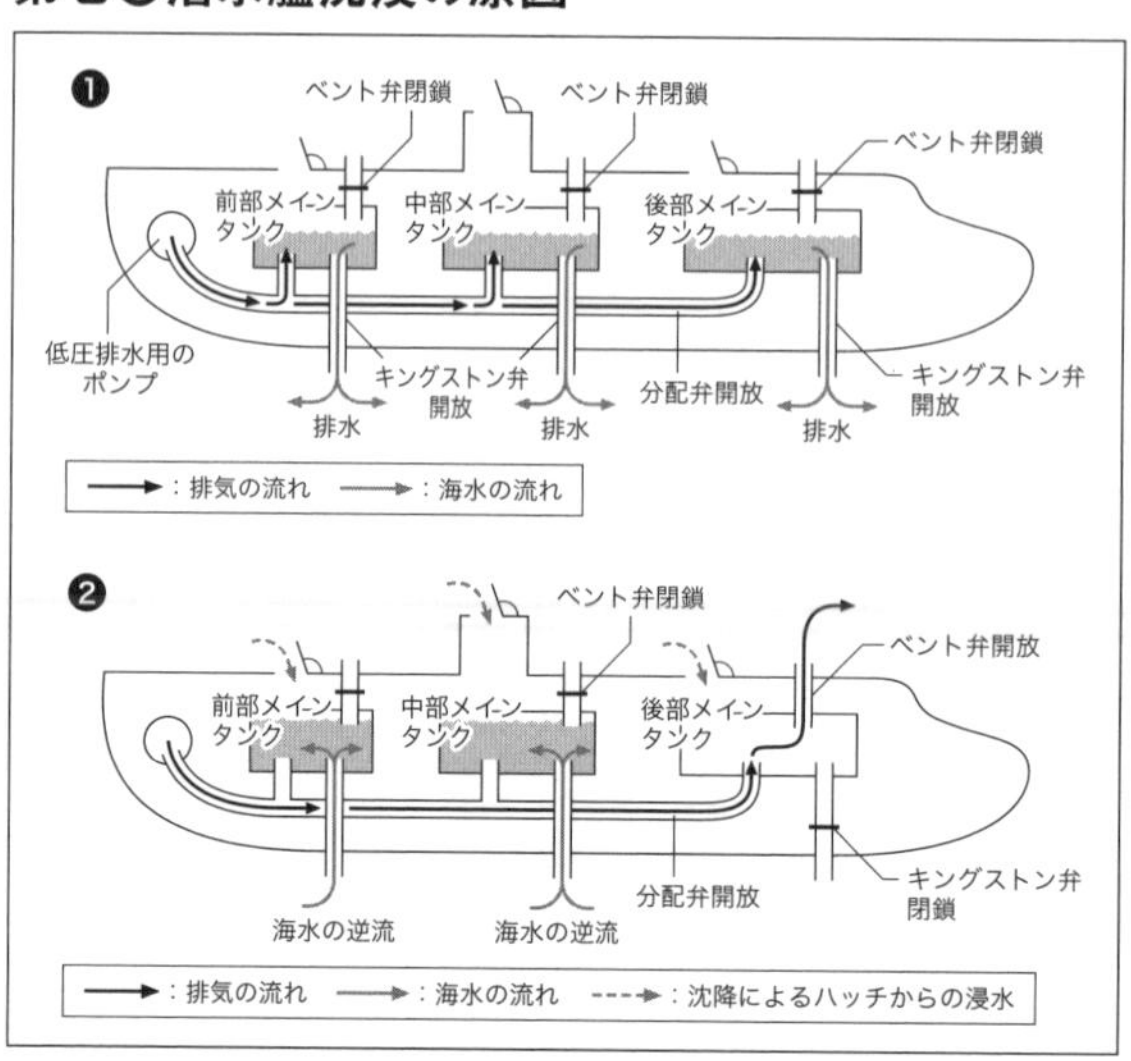

①ディーゼル機関の排気を前部・中部・後部の各メインタンクに送り、排水を実施した
②最初に空になった後部メインタンクのキングストン弁を閉鎖し、空気を排出するためのベント弁を開けてしまった。このため排気は主にそこから抜けてしまい、前部・中部メインタンクに流れなくなり海水が逆流。船体は前から沈み始め、開けていた各ハッチから艦内に海水が流れ込んだ
図／おぐし篤

前記の各ハッチからも浸水をきたし、浮力を失って沈没した。

◆事故原因のまとめ

低圧排水中、後部メインタンクのベント弁を過早に開いた。低圧排水ポンプを停止した後、高圧空気でメインタンクの排水を行うに際して低圧空気分配弁を閉鎖しなかった。またハッチの開放が早かった。

ケース③

魚雷による襲撃演習中に標的艦と衝突

第四三潜水艦（海中三型。後の呂号第二五潜）。大正13（1924）年3月19日。佐世保湾外伏瀬灯台南方。

大正13（1924）年3月19日、佐世保鎮守府第1回基本演習が行われた。演習内容は甲軍と乙軍に分かれ、乙軍が航空機によって軍港に攻撃を加えるとともに、陸兵輸送隊を援護して相浦方面に上陸を行う計画で、甲軍はこれを阻止する任務であった。甲・乙両軍の編成は以下の通りである。

●甲軍：佐世保防備隊、第二十二潜水隊（第四一、第四二、第四三潜水艦）、航空機

●乙軍：軽巡「竜田（たつた）」、海防艦「見島（みしま）」（輸送船2隻と想定）、第二十八駆逐隊、第二十九駆逐隊第四一、第四二、第四三潜水艦は海中三型の3艦で、同型は合計10隻建造されており、当時としては最も同型艦の多い潜水艦だった。後に呂号第二三潜、同第二四潜、同第二五潜と各々改名している。

問題の第四三潜水艦（呂二五潜）は0700時に錨地を出港し、0727時に指

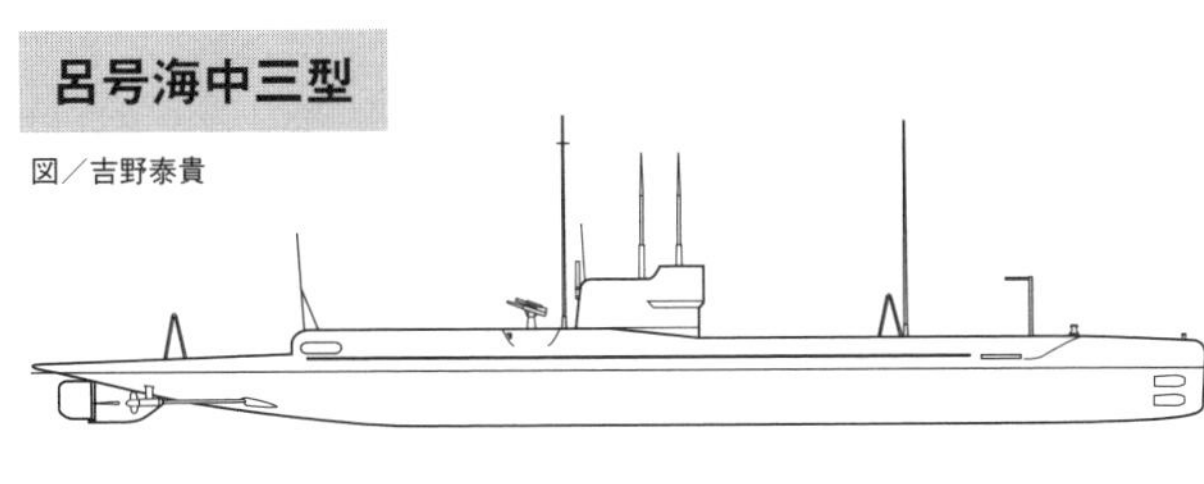

呂号海中三型

図／吉野泰貴

軽巡洋艦「龍田」。「天龍」型の2番艦で日本海軍が最初に建造した軽巡洋艦で、後に5,500トン型軽巡のベースとなった水雷戦隊旗艦用の高速巡洋艦だった。常に水雷戦隊の先頭に立つこと役割が第四三潜水艦との衝突事故を招いたとも言えるかもしれない

定配置点に着いた。そして上陸作戦を行う輸送船役の「見島」を襲撃するため潜航を開始した。

一方、乙軍は0800時に行動を開始し、相浦湾に向けて警戒航行に入った。0805時、航空機から「敵潜水艦黒島西方を南下中」との報告により「龍田」は0829時に北へ変針。蛇行運動を行いながら速度を上げ、0846時には戦闘速力15ノットとした。それと同時に総員を戦闘配置に就けて、一層見張りを厳とした。

0850時に北に変針して、2分後に北東へ変針するため面舵を行ってから舵を中央に戻したとき、突如として左前方距離約60mに潜望鏡を発見した。潜望鏡は「龍田」の針路に対し直角に進んでいるように見えたので、艦長は「面舵一杯」「両舷停止」を命じた。しかし60mの距離は両艦にとってあまりに近く、四三潜は「龍田」の左舷二番魚雷発射管後方に衝突。その後、四三潜は艦首を少し海面に現わしつつ沈没し、5度左に傾いて着底してしまった。損害は大きく、潜望鏡は折れて穴があき、司令塔の取り付け部にも亀裂が生じた。司令塔、発令所にも浸水があり、船体を叩いても応答がなかった。潜水艦の場合、艦の潜航・浮上等の機能は司令塔と発令所に集約されているので、自力浮上は絶望的

となった。

1304時に大量の空気が艦の全長にわたって噴き出したので、一時浮上するのではないかと思われたが、これは兵員室のハッチが吹き上げられたために艦内の空気が噴出したものだった。

だが1530時に発射管室と電動機室に応答があり、前後部2ヵ所に生存者がいることが判明した。ただちに外気を導入する空気管の取り付け作業が海上から行われたが、潮流が激しく、うまくいかない。沈没と同時に海面に浮上する救難浮標の電話で艦内と連絡を試み、1610時頃になってようやく連絡が取れたが、これは後部電動機室の救難浮標であった。

電話に出たのは小川昊(だい)機関大尉、穴見儀三郎(あなみぎさぶろう)機関兵曹長で、水上では潜水隊司令、四一潜水艦長、潜水隊機関長が交話した。1627時に「呼吸が苦しくなって山に登ったようです」、1755時には「兵員は静かによく命を奉じて努力しています。静かに泰然として各自配置に就いておりますから、司令から御上(おかみ)によく分かるようにくれぐれもお願いいたします」と伝えられ、やがて「一人倒れた。二人倒れた」と報告が入り、1930時には「天皇陛下万歳」を三唱する声が聞こえた。

2010時には、小川機関大尉から「一身上に関しては何も言うことなし。すでに決心しているから皆願わくば国家のため最善の努力を頼む」と伝言があり、その後2030時「ただ天命を待つ」、そして2045時の「早く早く」という声を最後に連絡が途絶えた。

一番前の発射管室にいた前部の生存者は、発射管室の後方に配置されていた兵員室の上の前部救難浮標を浮揚させることができなかったため、前部生存者の消息については知ることができなかった。

◆査問委員会による調査

事故原因の究明のため、すぐさま査問委員会が発足し、まずは沈没の状況が整理された。

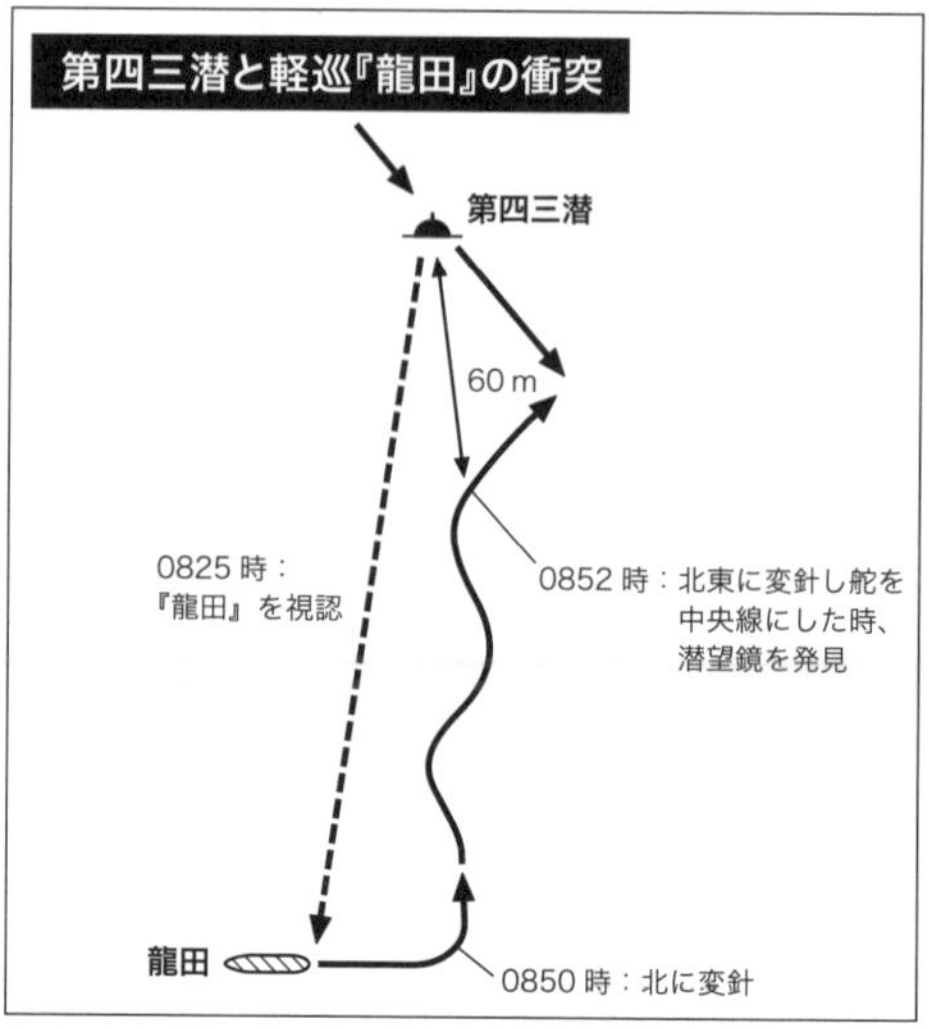

第四三潜と軽巡『龍田』の衝突

図はあくまでも状況からの推測図。第四三潜は0825時には「龍田」を視認したが、目標である海防艦「見島」に注意を払っていたため、「龍田」の変針と、その後の動きを見落としてしまった
図／おぐし篤

「龍田」から見たところによれば、四三潜の潜望鏡は発見から衝突に至るまで1～2フィート露頂しており、浮沈に大きな変化はなかった。四三潜は「龍田」が針路を北に変針する前の0825時に「龍田」を視認、「龍田」がそのまま直進すれば四三潜の艦尾後方を通過するので安全と判断して「龍田」の行動に注意を払わなかったか、あるいは最初から「龍田」の行動に注意を払わなかったかどちらかであろうと考えられた。

最終的に、第一目標である「見島」に注意を払っていたが、潜航中に突然、右舷至近距離に「龍田」の艦首を認め、すぐさま「取り舵一杯」「深さ50呎（15・24ｍ）」を発令したがすでに遅く、潜舵・縦舵も効かない中、潜望鏡を降ろす暇もなく衝突したと思われた。

損傷は致命的で、司令塔のコーミング（甲板開口部の周囲に海水が流入するのを防ぐため、甲板より一段高くしている縁材）は変形し、ハッチが半開きの状態になった。また第一潜望鏡の基部は司令塔上部の取り付け部から外れたため、両箇所から司令塔と発令所に海水が大量に侵入した。沈没後の艦内では、仮閉塞であった各防水扉を緊締したものの、海水は電纜貫通部や防水扉の間隙から侵入。ことに発令所から前部に至る通風管は、発令所——電信室間のスルースバルブが全開だったため、発令所の浸水はこれら前部の各室を満水させた。これらにより、発令所にいた艦長以下13名、発射管室にいた14名も浸水と窒息により死亡し、機械室の19名が生存していた。しかし前述のように、沈没した潜水艦から救難する有効な手段がなく、2045頃に全員が死亡した。

四三潜は24日後に特務艦「知床」により引き揚げられ、同年4月25日に再使用され、後に「呂号二五潜水艦」と改名された。その後、昭和11（1936）年4月1日に除籍されている。佐世保市の鵜渡越（うどごえ）町にある展望台近くには慰霊碑が建立され、現在でもその慰霊碑は見ることができる。

◆事故原因のまとめ

前述のように「見島」を注視し続けたあまり、「龍田」の存在を確認することが不十分となっていた。また演習中に潜水隊司令は水中信号機を使用し、各艦との連絡に努めたところ、散開線配備の外側に位置した四一潜、四潜、二潜とはしばしば通信し得たにもかかわらず、四三潜は、初期に四一潜と1〜2回応答したのみで、事後連絡がなかったことから、同艦の敵情判断並びに水中信号機の使用に欠けるところがあったか、故障と考えられる。

四三潜は演習の構成から「龍田」の行動は当然念頭に置くべきであった。また襲撃に際して潜望鏡を旋回して周囲の状況を観察し、あるいは水中聴音機により乙軍の動静を測定し、攻撃と同時に保安についても注意周到でなければならなかった。

東山海軍基地ではなく、佐世保市内鵜戸越の山頂にある第四三潜水艦慰霊碑。山頂の奥まったところにあることから訪れる人は少ないが、よく整備されている（写真提供／勝目純也）

ケース④

訓練からの帰投中に潜水艦同士の衝突により沈没

伊号第六三潜水艦（海大三型b）。昭和14（1939）年2月2日。豊後水道の水の子島灯台付近。

第二十八潜水隊の潜水艦3隻――伊六三潜、伊五九潜、伊六〇潜は、昭和14（1939）年2月2日、0428時に鵜来島付近における第三戦隊への夜間襲撃訓練を終了し、同日0730時に開始予定だった第一戦隊および第一水雷戦隊に対する襲撃訓練に対応するため、各艦単独で新配備点に向け通常航行中だった。

0550時、伊六三潜は水の子島灯台の310度（方位角。以下同じ）、6・2マイルに定められた新配備点に到着し、舷灯と艦尾灯のみ点出して漂泊中のところ、同じく新配備点に向かう伊六〇潜に衝突され、伊六三潜は瞬時にして沈没した。

◆伊六〇潜の状況

伊六〇潜は、新配備点である水の子島灯台の320度、9・5マイルに向け、舷灯と艦尾灯のみ点灯し、針路330度、速力原速12ノットで航行中であった。この時、訓練のためマストは倒してあった。実は同艦の海図には、航海長の錯誤により、配置点として伊六三潜の位置が記入してあったが、当直将校はこれに気付かず、伊六三潜の占位置に向けて航行を続けてしまっていた。

0530時頃、当直将校は左艦首に白灯二つを認め、このうち右一つは小型漁船、その左は艦種不明で遠距離と判断。自ら双眼鏡でこれを確かめ、特に艦長に報告するなどの処置はしなかった。しかし

伊号海大三型b

図／吉野泰貴

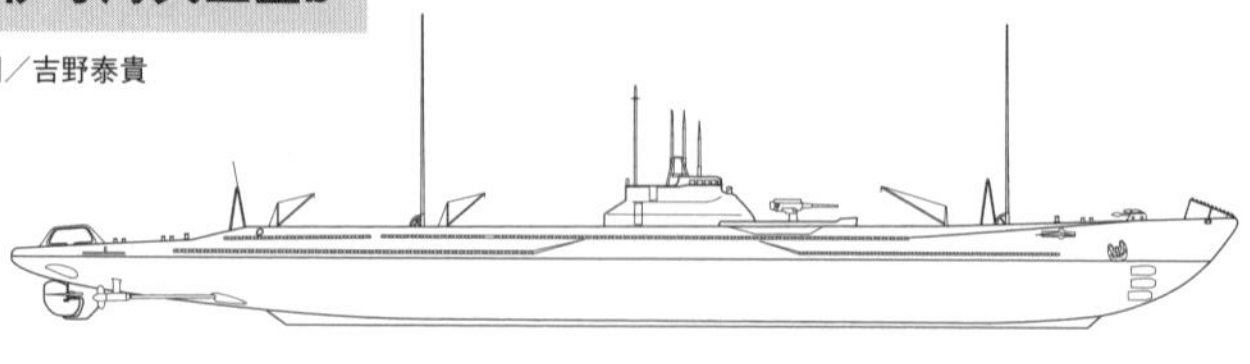

0600時頃、当直将校は、漁船と思った白灯との正横距離が意外に近いことに気が付いた。実はこの白灯は漁船ではなく、伊六三潜の艦尾灯だったのである。続いて同白灯の右、ほぼ艦首方向に緑灯を発見したが、白灯との距離が2マイル以上あると思い、しかも白灯から徐々に遠ざかっているように見えたので、右を航過する別の船舶と判断した。ところがこの緑灯は実は伊六三潜の右舷灯であり、徐々に離れているというのは錯覚だった（漂泊中であっても潮流の関係で動いていたのを移動と勘違いした）。当直将校はその船舶が少し右に変わってから面舵をとり、白灯を避けるつもりであった。

その後、緑灯付近からオルジス信号（発光方式の信号）で「誰、誰」との信号があったので「ワレ イ六〇」と返答すると、「ワレ イ六三……」と返信が来たが、伊六三以降の内容は了解できなかった。この時点で伊六三潜に注意しつつ見張りを続けたが、発光信号に幻惑されて、その姿を確認できないでいた。

次第に白灯に接近していたが、伊六三潜の緑灯はなお相当遠距離にあるように見え、少しずつ右に変わっている様子なので、このまま針路を保ち、両灯間を通過するのが適当と考えた（実際の伊六三潜の舷灯と艦尾灯との距離は約40m）。白灯との正横距離は依然として近く、面舵変針を考えたが、面舵とすれば伊六三潜への衝突の危険を感じ、反対に取り舵で白灯をかわすことは、容易であるが、さらに左方にある別の白灯との危険性が高まるだけでなく、交信中の伊六三潜から離れるのは得策ではないと判断し、そのまま航行を続けた。

その後、緑灯の方位変化は少なく、自艦とほとんど反航の姿勢と判断し（実際は漂泊中）、白灯を右にかわそうと取り舵を発令した。しかし、たとえ舵を一杯取っても十分な余裕をもって白灯をかわすのは難しいため、むしろ原針路のまま白灯をかわしてから伊六三潜との対勢を考えても遅きに失することはないと考え直し、10度左に回頭したところで「戻せ」を発令し、白灯に注意を注いだ。この時点で伊六三潜の信号灯の光力はますます強くなったが、当直将校は危険が切迫しているのに気が付かず、見張り員の「灯火近付きます、近付きます」との報告にも、一時的に少し白灯の方に転舵したので当然であろうと、特に意に介さなかった。

ところが至近距離からのサイレンを聞き「取舵一杯」を命じたものの時すでに遅く、0604時に水の子島灯台の319度5・5マイルにおいて伊六三潜の補機室右舷後部にほとんど直角で、原速力のまま艦首から衝突。伊六三潜は瞬時に沈没した。

◆伊六三潜の状況

0550時、伊六三潜は新配備点に達し、両舷電動機の準備をして、舷灯と艦尾灯のみを点灯して漂泊中であった。また伊六〇潜同様、マスト灯は出していなかった。

当時艦橋には当直将校である水雷長以下、7名がおり、見張りに従事していたが、まもなく見張り員は水の子島灯台の西方5km以上の距離に白灯1個を発見。次いで両舷灯も認めたことから、それが潜水艦であることを確認し、これを逐一当直将校に報告した。当直将校は潜水艦が自艦に向首・接近するのを認め、

伊六〇潜から見た当初の状況

白灯：小型漁船
（実際は伊六三潜の艦尾灯）
緑灯：別の艦船
（実際は伊六三潜の右舷側灯）
白灯：不明船
伊六〇潜

伊六〇潜は前方に二つの白灯と一つの緑灯を視認。この三つの灯火を3隻の船と判断した。しかし実際は、白灯一つと緑灯は伊六三潜の艦尾灯と右舷側灯だった

衝突前の状況

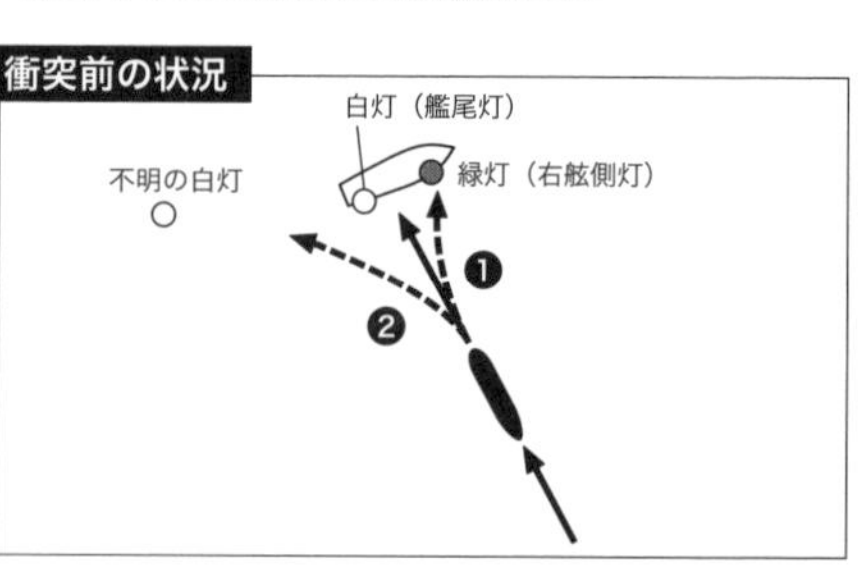

伊六〇潜の当直将校は、①面舵では緑灯の船とぶつかる、②取り舵では一番左の白灯の船（別の船と思われる）にぶつかると判断し、白灯と緑灯の間を通過しようとした。

図／おぐし篤

オルジス信号灯をもって「誰」を発信し、相手艦から「ワレ イ六〇」の返信を受けるやいなや「ワレ イ六三 ヒョウハクチュウ」を三連送した。しかし距離がますます接近するに及び「面舵をとられたし」の発信を命じ、「両舷前進原速」、次いで前進の機械の未だかからぬうちに今度は「両舷停止」を下令して、ここで始めて艦長に報告した。

艦長が艦橋に達した時は、すでに両艦の距離約150mで、伊六〇潜は方位角0度で伊六三潜の艦橋後部に向け交角90度で直進していた。ただちに伊六三潜の艦長は「両舷前進一杯」「面舵一杯」「サイレン」「防水」を下令したが時すでに遅く、衝突された伊六三潜は瞬時に沈没した。

◆事故原因のまとめ

見張りの不良、他艦船退避法の拙劣、特に速力の過大、新配備点記入の錯誤、艦長報告の遅延が考えられた。

伊六三潜は昭和15（1940）年1月22日に引き揚げられ、殉職者81名を収容した後、解体処分された。この事故では、伊六三潜の艦長は衝突時に艦橋にいたため助かり、伊六〇潜に救助されている。

ケース⑤

急速潜航をしたまま浮上せず

伊号第六七潜水艦（海大五型）。昭和15（1940）年8月29日。南鳥島南方。

伊六七潜は、第四潜水戦隊第三十潜水隊の司令潜水艦として連合艦隊第16回応用訓練（訓練には基礎訓練と応用訓練があり、基礎訓練の後に、さまざまな状況の下で実戦を想定して行うものを応用訓練という）への参加のため、8月25日に横須賀を出港し、館山湾に仮泊して即日、当地を出港。翌26日から応用訓練に参加した。８月29日１５４０時頃、南鳥島の１８８度、１８０マイル（約２９０km）付近で水上機母艦「瑞穂」の航空機の制圧を受け、急速潜航したまま消息を絶った。

８月30日２１００時、応用訓練を終了後、演習参加部隊の総力を挙げて伊六七潜の捜索に当たったが、何らの手がかりを得られず、９月25日に事故沈没と認定された。司令以下88名の乗員と審判官１名の全員が死亡したと推定された。

◆航空機と僚艦から見た伊六七潜の状況

29日の天候は曇りで雲量10、雲形は層積雲、雲高８００～２０００ｍ、風向東、風速３～５ｍ、波浪２～３ｍ、視界２万５０００ｍであり、海上も穏やかだったので、事故が発生しやすい天候ではなかった。ちなみに日没は１７０５時である。

１５３０時頃、「瑞穂」の航空機は後方３４０度20マイル（約32・２km）の地点で伊七〇潜に対して襲撃を行おうとした時、３００度方向10マイルに伊六七潜を発見した。そして１５３７時頃に伊七〇潜と伊六八潜を襲撃した同機は、伊六七潜の後方から一撃を加えようと旋回した瞬間、雲中から同艦が機関を停止し、潜航しつつあるのを発見した。すなわちディーゼル機関を止めて急速潜航に入ったのである。１５４２時、航空機は断雲中から同艦が侵洗（しんせん）状態（水面から艦橋が出ている状態）にあるのを確認して襲撃を行った。

航空機は伊六七潜の直上３００ｍに達した時、艦橋上半部が水上または水中にあって、前甲板の白色艦名は青白く見え、水面下約５ｍと観測した。潜入状態であったその時点では、異常は認められなかった。

伊号海大五型

図／吉野泰貴

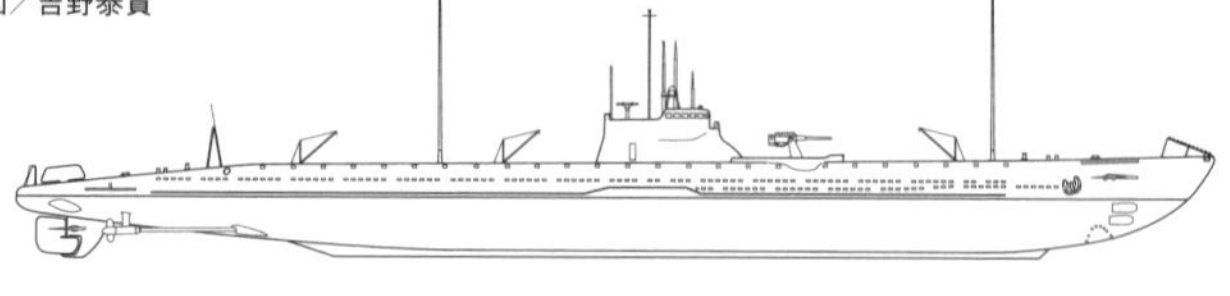

一方、伊六六潜は、同日1107時から自艦の左90度、6000〜9000mに伊六七潜がおおむね並行しつつあるのは認めていたが、1545時頃に哨戒長は伊六七潜の艦橋を認め、遠ざかるものとして艦長に報告している。この報告を耳にした見張り員は、その直後に肉眼で、さらに双眼鏡で見たところ、それは艦橋ではなく、水面上に仰角約30度で現れていた同艦の艦首であり、そこに描かれていた隊名の「三〇」を確認。その約15〜20秒後、急速に水面下に没したのを認めた。

1603時、航空機は攻撃を終了して帰途につき、伊六六潜、伊六八潜、伊七〇潜の各潜水艦が浮上しているのを確認したが、伊六七潜は発見できなかった。

◆事故の原因(推定)

生存者がいないので原因は不明である。状況から推定するなら、潜航の当初は大傾斜なく潜入したが、上甲板が水面下に没する頃から、いずれかの昇降口のハッチが開放されていたため浸水があり、しばらくは浮揚していたが、やがて艦尾を下にして急速に潜没したものと思われる。特に潜没時の仰角の状況から、後部昇降口の開放の可能性が大きい。演習中の浮上航行時とはいえ、合戦準備後に昇降口ハッチがなぜ開かれていたのか不明である。

＊　＊　＊

このほか、昭和16(1941)年10月2日に特設潜水母艦「りおでじゃねいろ丸」と衝突した伊号六一潜水艦の事故を含めた6件が、殉職者が発生した戦前の潜水艦の事故沈没である。これ以外に、大正12(1923)年10月30日に起こった第二六潜水艦(後の呂号第五二潜水艦)の事故が挙げられる。同艦は呉港繋留中に発射管の魚雷を引き出す作業をしていたところ、発射管前扉を開放したまま後扉を開いた際に突然魚雷が移動して発射管外に出た。海水が発射管前扉から浸水し艦は沈没したが、幸い乗員37名は脱出に成功して無事だった。
この事故では幸いにも人的損害はなかったが、先の6例の沈没事故だけで民間技術者も含めて３８７名もの犠牲者が出たのである。

■太平洋戦争中の事故

ケース⑥
潜水艦同士の衝突

呂号第六六潜水艦（L四型）。昭和16（1941）年12月17日。ウェーキ島周辺。

太平洋戦争開戦から間もない12月14日、第二十六潜水隊にウェーキ島の監視・哨戒任務が命ぜられた。第一次ウェーキ島攻略作戦は敵の予想外の抵抗に遭い失敗。第二十六潜水隊は、これに参加していた第二十七潜水隊と監視・哨戒任務を交代した。

両潜水隊は第七潜水戦隊に所属していた。配属潜水艦はL四型の旧式で、第二十六潜水隊は呂六〇潜、呂六一潜、呂六二潜で、第二十七潜水隊は呂六五潜、呂六六潜、呂六七潜で編成されていた。第二十六潜水隊の呂六二潜は司令潜水艦であり、第二十七潜水隊司令の深谷惣吉（ふかやそうきち）中佐が乗る呂六六潜と哨区を交代することとなっていた。

呂六二潜はウェーキ島に残存する敵機は少ないと判断し、その50浬（約93㎞）地点まで水上航走で進出後に潜航。17日午後には島にあるアンテナやクレーンの頂部が潜望鏡で確認できるまで接近し、哨戒を始めた。夜になってから浮上。空は満天

呂号L四型
図／吉野泰貴

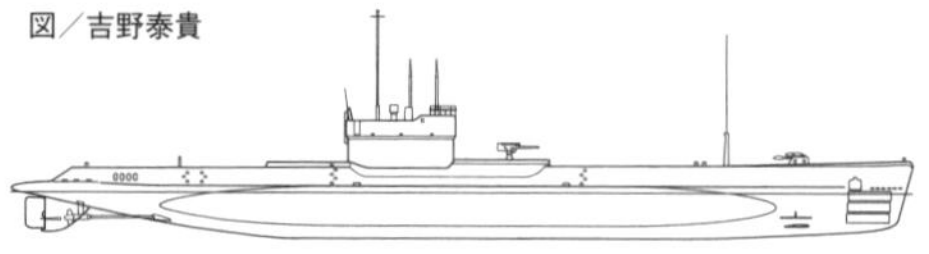

の星で月はなく、艦は低速で移動哨戒と充電を始めた。航海長の証言によれば水平線を頼りに天測位置を確認し、哨戒直を済ませて次直に引継ぎ、その日の記録を整理して一休みしていたという。

どのくらいしてからだろうか、突然激しい船体の振動で飛び起きた。真っ先に、座礁したと思ったそうだが、洋上なので座礁はありえない。２０３４時に急いで艦橋に上がったところ、すでに艦長の操艦で艦は後進をしていた。哨戒長の報告によれば、哨戒行動中にスコール帯に入り、視界は艦首も見えないほどだったという。

スコールが上がり始めた頃に、突然前方至近に黒い艦影が現れたのでただちに艦を停止させ後進を命じたが、止まらないまま交角30度で相手の右前部に衝突した。相手は潜水艦らしく、艦橋に「7」の数字が見えたという。衝突時からまもなく両艦平行の形となり、相手はその直後に姿を消した。この時は数字が見えたこともあり、米潜水艦に体当たりで沈めたと思ったが、左艦尾の方向から「おーい、おーい」と呼ぶ声が聞こえる。艦長はただちに艦側灯（左右の舷側に取り付けられた衝突予防用の灯火）の点灯を命じ、艦尾から泳者3名を助け上げたが、なんと日本人で呂六六潜の乗員だった。

助かった3人は艦橋の見入り員2名と機関科の先任兵曹であった。衝突時、呂六六潜の艦橋には深谷司令、艦長、哨戒長、見張り員3名、操舵員1名、その他2名の合計9名で、衝突直後、深谷司令は咄嗟に「俺は艦内の防水を見るから艦長はここに」と言い残して発令所に降りていった。司令潜水艦の艦橋には、座乗する司令の名前の頭文字を描くことになっており、数字の「7」に見えたのは深谷司令の名字の頭文字「フ」だったのである。

衝突後、呂六六潜は艦首から浮力を失って急速に沈み、艦橋にいた8名のうち救助されたのは3名のみだった。機関科の先任下士官はたまたま休息中で助かったが、司令、艦長以下63名が戦死した。

◆**事故の原因**

第二十七潜水隊に対して12日に発せられた基地帰投命令電を、呂六六潜のみ受信しておらず、そのまま任務を続行した。呂六六潜が同一哨区にいるとは知らずに呂六二潜が哨区に入り、衝突してしまったものである。

ケース⑦

戦時中に2回にわたって事故を起こした潜水艦

伊号第三三潜水艦（乙型）。昭和17（1942）年9月16日。トラック島泊地／昭和19（1944）年6月13日。伊予灘由利島（いよなだゆり）付近。

単なる偶然ではあるが、開戦から末尾三の潜水艦に損失が多く、いつしか潜水艦乗りの間では三の数字は縁起が悪いと言われるようになった。そうした中、伊三三潜が竣工したので、配属を嫌った人までいたといわれている。

昭和17年9月16日、伊三三潜はトラック泊地に補給のため入港し、工作艦「浦上丸」に横付けした。0845時頃に六番発射管維持針装置（発射管内において、魚雷を定位置に保持するための装置）の故障箇所などを検査・修理するため、掌水雷長は艦首を約30㎝浮揚することを先任将校に報告した。

当時、伊三三潜の所属する潜水隊司令は母艦におり、艦長と先任将校、機関長は打ち合わせのため「浦上丸」に集まることとなっていた。掌水雷長の報告を受け、先任将校は三番、四番のメインタンクの排水を考慮したが、この時同タンクは燃料

伊号乙型

図／吉野泰貴

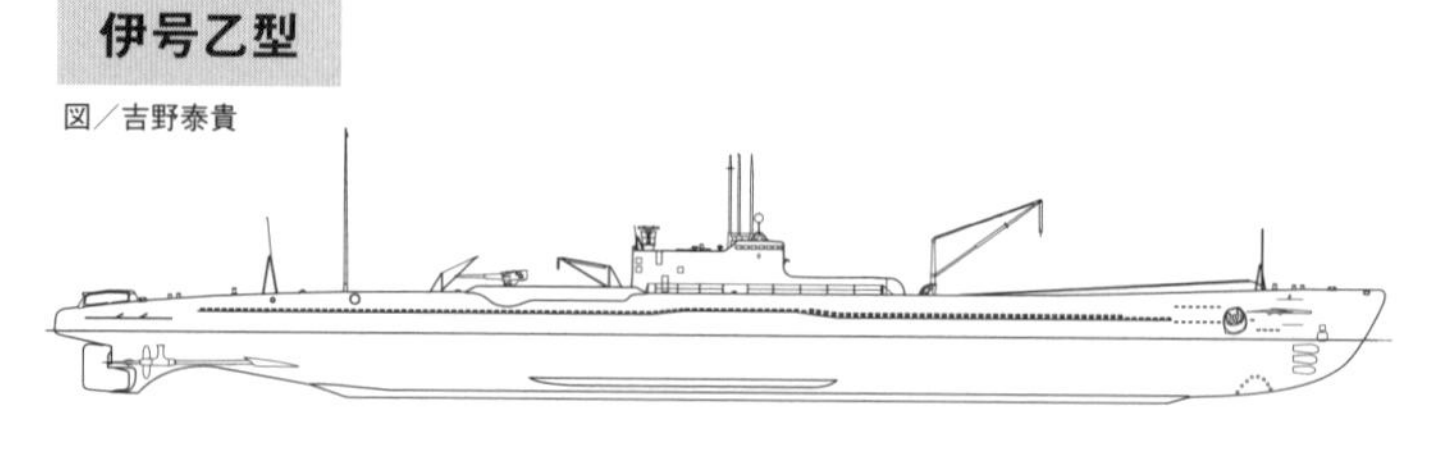

が満載だったため、前部釣り合いタンクからの移水を行い、なお不足の場合は後部にある十四番メインタンクを使用することを独断で申し渡して「浦上丸」に赴いた。

掌水雷長は前部釣り合いタンクだけでは不十分だったので十四番メインタンクも使用することとした。0921時、後部ベント弁開放の逃気音が聞こえたとたんに艦は艦尾から仰角80度もの急傾斜で沈降した。しかも後部昇降口のハッチが開いていたため、そこから浸水を起こした伊三三潜は約2分で沈没。この事故で乗員33名が死亡した。犠牲者の人数も33という数字で、「三三」という数字はますます因縁の数字となってしまった。

戦後に引き上げられた伊三三潜。単なる偶然とはいえ、末尾が3の数字の潜水艦が戦没することが多かったので、潜水艦乗りは3の潜水艦を敬遠するようになった。伊三三潜の二度の自己沈没は、そのジンクスを決定的にした（写真提供／勝目純也）

◆事故の原因

満載状態で予備浮力が少なかったにもかかわらず、後部昇降口のハッチを閉鎖することなく、十四番メインタンクベントを開き注水したことによる。

◆第二の事故

伊三三潜は12月29日に引き揚げられ、内地まで回航したのち呉海軍工廠で大修理・改装工事が行われた。そして昭和19（1944）年6月18日、第十一潜水戦隊に編入される前に単独訓練のため伊予灘に向かったが、0840時の急速潜航訓練の際、右舷機械室給気筒から浸水したため沈没した。着底後、艦橋ハッチを開放、司令塔にいた10名が脱出したが、最終的に救助されたのは2名で、92名が殉職した。

◆事故の原因

給気筒頭部弁と弁座の間に長さ2m、直径20㎜の円材が詰まっていた。頭部弁の配員が弁の閉塞が不十分なのに標示灯を点じ、弁の閉鎖を報告している。

また給気筒内殻弁を閉鎖していなかったが、それがなぜなのかは不明である。いずれにせよ二度にわたる事故沈没は極めて異例で、不運としか言いようがない。

なお、戦後の昭和28（1953）年、伊三三潜は引き上げられ、前部魚雷発射管室から乗員の遺体13名が収容された。さらに解体時、同所に入った元海軍の技術士官3名がガス中毒で命を落としている。

ケース⑧ キスカでの敵機襲来下での錨泊鎮座に失敗

呂号第六五潜水艦（L四型）。昭和17（1942）年11月4日。キスカ湾。

潜水艦が有利なのは、潜航して海底に沈座することで空襲を回避できる点である。呂六五潜は、キスカ湾在泊中に敵機の空襲を受け、この錨泊沈座を行ったが、艦橋ハッチが閉まっていないにもかかわらずベント弁を開いてしまった。

沈降の途中に信号員が伝声管のコックの締め忘れに気が付き、閉鎖のため艦橋に上がろうとした。だが、すでに海水はハッチから浸水しており、信号員は海水の勢いで押し返されたので下部のハッチを閉めた。この間に海水は艦内後部に移動。艦は30度の仰角をもって艦尾から着底し、発令所付近では火災が発生した。前部の60tポンプで3区、4区を排水したが5区は難しく、さらに火災による有毒ガスが乗員

呂号L四型

図／吉野泰貴

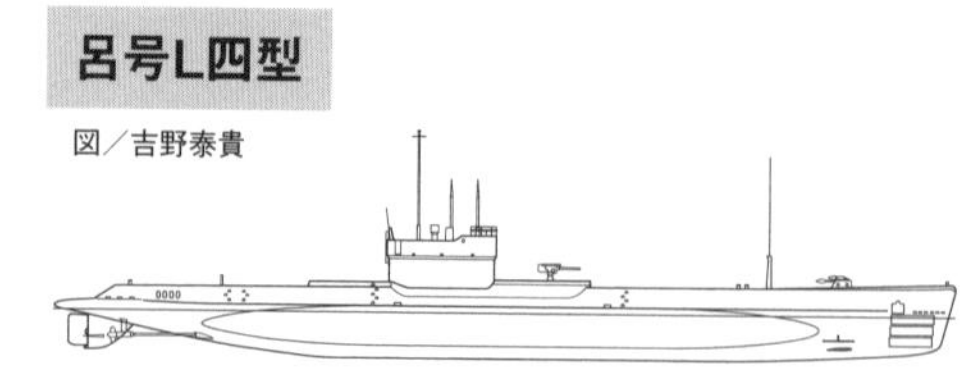

を苦しめた。結局、艦首が海面上にあるため発射管から脱出することとなり、前扉を開いて耐圧ポンプを発動させて換気を行い、０６２５時に脱出を開始した。

途中、錨鎖を切り離して前部の浮揚を図ったが、０７５５時に発射管からの浸水で沈没するに至った。機械室前方にいた者は２名を除き救助されたが、後方にいた17名は脱出不可能で戦死した。

◆事故の原因

艦橋ハッチが閉まらないうちにメインタンクベント弁を開けたため。仰角が30度もかかったのは海水が後部に移動したためだけでなく、錨泊沈座に対するツリム調整にも誤りがあったものと推定される。

ケース⑨
通気筒のバルブを閉じずに潜航して沈没

伊号第一六九潜水艦（海大六型a）。昭和19（1944）年4月4日。トラック島泊地。

伊一六九潜は、トラック島への空襲を回避するため、湾内に沈座を図ったが、キスカ湾での呂六五潜同様に浸水事故を起こし沈没した。当時6隻の潜水艦がトラックにおり、一斉に沈座したが、空襲警報解除後に伊一六九潜だけがいつまで経っても浮上せず、大騒ぎとなった。ただちに救難作業が開始され、潜水夫により沈没地点が確認され、艦外からの合図に対して艦内よりはっきりとした応答が得られた。

その後クレーンによる引き揚げが行われたが、艦首が一部海上に姿を現したとこ

伊号海大六型a

図／吉野泰貴

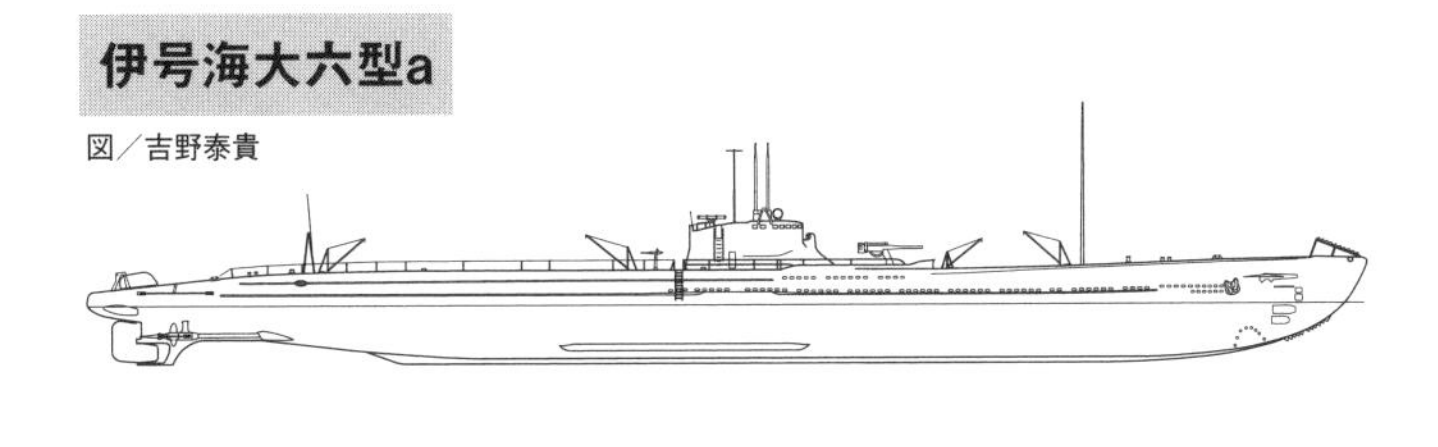

昭和19年4月、空襲下のトラック島。湾内で空襲を受けた際、潜水艦は海底に沈座して空襲を避けることができたが、伊一六九は配員の錯誤により浸水沈没してしまった。痛ましい戦時中の事故だが、戦地なので戦死扱いになる（Photo/USN）

ろで鉄索が切れ、再び海中に没してしまった。やがて艦内からの合図も刻々と微弱となり、ついに反応がなくなった。生存の可能性が絶望的となってからは、潜水夫がハッチを開いて遺体を収容したが、当時収容できた遺体は戦死者109名のうち32体に留まった。

戦後の昭和48（1973）年、政府遺骨収集調査団が派遣され、艦内から遺骨と遺品を回収。ハッチを永久固定して保存することとなった。

◆事故の原因

艦橋後部にある荒天通気筒のバルブが一部開かれたままで潜航したことによる浸水事故と考えられる。

ケース⑩
訓練中の試験潜航で吸気用ハンドルを誤操作

伊号第一八三潜水艦（海大七型）。昭和19（1944）年10月6日。広島湾。

伊一八三潜は単独訓練のため伊予灘に向け0930時に呉を出港。途中広島湾において試験潜航を実施した。「潜航急げ」の令により、機械室伝令は主機械給気筒頭部弁の閉鎖のためハンドルを一杯回した。限度まで回転してハンドルが止まったので「頭部弁よし」と報告した。それを受けて、機関科当直将校は司令塔への標示灯スイッチを入れた。続いて「ベント開け」が令されたが、突然、主機械給気筒頭部弁から浸水が起こった。
ただちに高圧空気によるメンタンクブローを行ったものの効果がなく、瞬時にして機械室が浸水し、ほとんど前後水平のまま着底した。事後、隣接区画への浸水を遮防しつつ艦の浮揚を図った結果、艦首が水面上に出た。このため1130時頃、一番発射管の前扉を開いて脱出を行い、後部に避難した者を除き脱出に成功したが、結局19名が艦内に取り残された。呉工廠も参加した救難作業が開始されたが、無事救出されたのは3名で、残る機関長付分隊長以下、16名は殉職した。

◆事故の原因

給気筒頭部弁はハンドルを右に回して閉めるが、配員が逆に左に回し、固くなったので完全閉鎖と錯覚してその旨を報告した。監督の機関科当直将校もこれに気が付かなかったと思われる。

給気筒内殻弁は装備されていたが、伊三三潜の事故同様に閉鎖されていなかった。また当時、給気筒頭部弁に限らず、開閉するものはハンドルの開閉所要回転数を提示するとともに、各配員に記憶させることをしていない。一番確実なのは開閉表示装置に、手動ではない電気的発信機を装備すべきであったが、当時の技術では発信機そのものに不安が多く、信頼性がなかった。

* * *

この他の戦中の事故としては、やはり急速浮上中のハッチ開放による浸水で昭和18(1943)年7月14日に国東半島東方海面で沈没したとされる伊一七九潜の事故(生存者なしにより原因は推定)がある。

伊号海大七型(新海大型)

図/吉野泰貴

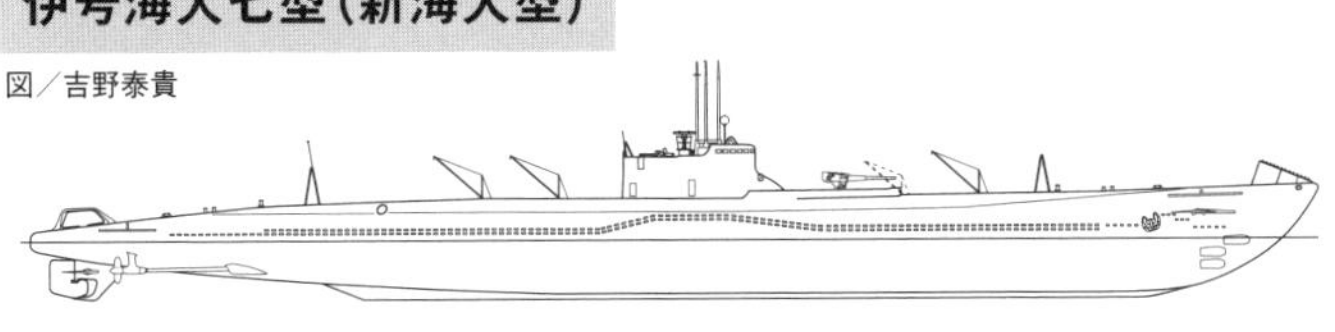

平穏な状況下で起こりやすい潜水艦の事故

潜水艦はもともと予備浮力が少ないため、わずかな浸水でも致命傷となり沈没を免れない。また沈没した潜水艦からの救助は極めて困難で、当時の技術では短時間かつ有効な救難手段が確立されていなかった。さらに事故を未然に防ぐ、今日でいう「フェイルセーフ」が技術的にも信頼性がなく、人的ミスをシステムで防止する手段がない状態だった。

潜水艦は限られた乗員で運用されるため、一人で何役もこなさなくてはならず、しかも一つの作業が階級や経験に関係なく重くのしかかっていた。いわば一人のミスが全員の死を意味したのである。ゆえに潜水艦乗りの結束と練度は高かったとされるが、一方で犠牲は少なくなかった。他の人的損失がなかった事故も含めると、その多くが戦闘時における困難な状況より、むしろ平穏な状態に頻発している。

事故は錯誤からの思い込み、油断の積み重ねで発生する。「こんなことが実際に起きうるのか?」とも思える潜水艦の事故は、今日の我々への警鐘ともなるのである。

第十三章

日本の潜水艦作戦
失敗の本質

優れた潜水艦を擁しながら
なぜ不振に終わったのか?

太平洋戦争において壊滅した日本海軍の潜水艦部隊——。
優秀な乗員や艦を揃えながらも目覚ましい戦果を得られず、
40年に及ぶ歴史を閉じた。その原因はどこにあったのだろうか。
組織・運用・艦政から、失敗の本質を徹底分析する。

潜在能力を無為にした日本潜水艦

太平洋戦争中、米太平洋艦隊司令長官および太平洋方面最高指揮官として対日作戦の指揮を執ったチェスター・W・ニミッツ海軍元帥の著作に『ニミッツの太平洋海戦史』がある。同書では、ニミッツが日米両国の資料を丹念に調べあげた上で自身の見解を記しているのだが、その中の「太平洋戦争と潜水艦」という章で、日本海軍の潜水艦にも触れている。

潜水艦屋だったニミッツは、「日本の伊号潜水艦は米国の艦隊型潜水艦に比べて、決して劣っているものではなかった」と述べ、さらに魚雷に関しては「米国のものより信頼性があった」と記している。しかし、その一方でニミッツは、日本の潜水艦作戦に対して次のような見解を述べている。

「日本海軍はその強力な潜水艦部隊を、連合国の商船隊攻撃という正統作戦に決して振り向けたことがなかった」とし、「米潜水艦が日本の貨物船に対する絶え間ない攻撃によって、その戦争潜在能力を涸渇させつつあるとき、日本側は、米海軍が依存していた脆弱な油槽船や貨物船には目もくれず、警戒充分な艦

1941年12月31日、潜水艦上で行われたニミッツの太平洋艦隊司令長官就任式。ニミッツは潜水艦乗りで、日本海軍の潜水艦の潜在能力を正しく評価し、日本海軍の潜水艦の使用法に批判的だった（Photo/USN）

隊ばかりを狙っていた」と解説して、結論をこう結んでいる。
「古今の戦争史において、主要な武器がその真の潜在能力を少しでも把握理解されずに使用されたという稀有の例を求めるとすれば、それこそまさに第二次世界大戦における日本海軍の潜水艦の場合である」と、厳しい評価を下しているのだ。

ただし米海軍にしても、潜水艦部隊が開戦から終始一貫、先見にあふれ、順調に戦果を挙げていったかといえば、必ずしもそうではない。後述するが、昭和18(1943)年頃までは、潜水艦部隊間の無益な縄張り争いのせいで、欠陥を抱えた魚雷の改善が遅れ、無駄な時間を費やしているし、結局、終戦に至るまで統一された潜水艦部隊は編成されなかった。

それでも戦争が終わってみれば、日米の戦果の差は大きく異なっている。艦艇・船舶への戦果だけを見てみると、日本海軍は、空母や巡洋艦などの艦艇撃沈が13隻、貨物船やタンカーなどの船舶が171隻、合計約85万tを撃沈した。これに対して、米海軍(他の連合国の艦によるものも含む)の潜水艦の戦果は、日本海軍の艦艇189隻、船舶に至っては1150隻、約486万tである。これほどの戦果の差がなぜ生じたのだろうか。

結論を先に示せば、その主因は、戦訓を活かせず、連合艦隊が従来の艦隊決戦の思想に基づいた潜水艦運用に拘泥したことにある。また昭和17(1942)年のガダルカナル島の戦い以降は、ニューギニアやアリューシャンなどへの輸送作戦という、潜水艦にとって最も不向きな作戦に従事させられ、潜水艦の特性を活かした任務を遂行できなかった。

さらに戦争後半、大西洋におけるUボートとの戦いで確立した、優れた対潜作戦を米海軍が太平洋でも展開したことも大きい。特にソナーやレーダー、新型爆雷の開発と導入は、日本海軍の潜水艦部隊を一方的に壊滅へと追い込んだのである。

日本海軍の潜水艦作戦の敗因を整理すると、次の5つに大別できよう。
①活用できなかった戦訓
②潜水艦に不向きな作戦
③潜水艦の人事
④潜水艦の艦政
⑤米海軍の対潜戦能力の向上
以下、それぞれの項目について具体的に検証していこう。

①活用できなかった戦訓

潜水艦の最大の特徴はその隠密性にあるが、日本海軍では、潜水艦部隊は敵に一発轟沈の恐怖を抱かせる魚雷襲撃を主任務とし、日米主力艦隊の決戦前に米主力艦を少しでも減ずる漸減作戦の重要部隊として期待されていた。

しかし、それがいかに困難であるかは、昭和14（1939）年の小演習ですでに実証されていた。2個潜水戦隊が紀伊水道で監視、追躡、触接を実施したものの、相手艦隊の厳しい対潜監視に監視はおろか追躡さえ困難となり、戦果を挙げることなく、逆に2隻の沈没判定を受けているのだ。

逆に、翌15（1940）年の特別大演習では、対馬海峡で第三潜水戦隊（三潜戦）、東京湾で第五潜水戦隊（五潜戦）によって民間航行船を利用した交通破壊戦の演習が行われたが、三潜戦は9隻参加で87隻、五潜戦は7隻参加で46隻撃沈という目覚ましい戦果を数えた。

これらの演習結果を踏まえ、各潜水艦隊は潜水艦部隊がこれまで想定していた敵の警戒厳重な海域での監視や追躡を行うのは困難であるとし、潜水艦が本来の能力を発揮しうるのは交通破壊戦においてであると判断した。しかし、新たな潜水艦戦術による戦備が整う前に日米開戦となり、潜水艦部隊による漸減作戦が根本的に見直されることもないまま戦うことになる。

開戦劈頭のハワイ作戦では、まず航空部隊が真珠湾を空襲し、ハワイ周辺を取り囲む潜水艦が退避する米艦船を追撃し、さらにオアフ島周辺で待ち伏せした3個潜水部隊25隻がそこを襲撃する手筈となっていた。

だが、結果的に潜水部隊は米艦艇を1隻も撃破することはできず、逆に伊七〇潜と特殊潜航艇5艇を失った。その原因はハワイにおける米軍の対潜警戒が極めて厳重であったことによる。

米軍は、ハワイ周辺に50隻の駆逐艦、旧式の駆逐艦を改造した小型敷設艇14隻、25個中隊（計247機）のカタリナ飛行艇、海兵隊の偵察機22機、陸軍の観測機37機を配備し、対潜パトロールを繰り返していたのである。これでは襲撃するどころか、常に急速潜航しなければならないほどの危険にさらされていたと言ってよい。

真珠湾攻撃後、オアフ島東岸ワイマナビーチに座礁した甲標的。度重なる座礁により艇首が破壊されているが、艇体はほぼ無傷のまま捕獲され、艇長の坂巻少尉は太平洋戦争初の捕虜となった（Photo/USN）

クェゼリンに帰投した第三潜水戦隊は研究会を行い、敵の警戒厳重な港湾に対する監視任務は極めて困難で、到底その目的を達することはできない、ゆえに潜水艦は交通破壊戦に主用すべきであるという意見を出した。これに対して、第三潜水部隊を司る第六艦隊司令部である先遣部隊司令部は、監視任務の困難さに理解を示しつつも、なお敵空母等に対する監視の必要性は変わらないと結論付けて、敵艦船への襲撃を主とする方針の変更を認めなかった。

また作戦行動中に連合艦隊司令部から、先遣部隊指揮下にある先遣支隊に対して直接指導も行われていた。敵発見の情報に接した連合艦隊司令部が過敏に反応し、先遣部隊に対して急な兵力の移動を命じるなど、指揮系統の不統一や、作戦行動の突然の変更が多く見られたのである。

こうした不手際はその後も続き、昭和17年6月のミッドウェー海戦においても日本の潜水部隊は予定期日までに哨戒配備に就けず、米機動部隊を捕捉できなかった。これについては散開線の用法に問題があったと結論されて、根本的な解決が図られることなく、その後の作戦においても同じ失敗を繰り返すことになる。

加えて潜水艦の運用方法自体にも問題があった。散開線の試行錯誤である。散開線とは敵の出現海域を予測し、そこに潜水艦を等間隔に配置するもので、いずれかの艦が敵を発見すると、僚艦にその情報を提供して、散開線に配備された潜水艦が次々と襲撃を加えるというものだ。

しかし、こうした散開線方式による敵艦邀撃が成功することは少なかった。というのも敵艦の発見情報や予測によって、上級司令部が頻繁に散開線の変更を行ったためである。

確かに敵艦の発見率を高めるべく変更を行うのは理解できるが、問題はそれを各潜水艦に伝達することが困難なことにある。敵の海上・航空優勢下にある状態では、各潜水艦は司令部からの命令を受信しにく、また他の艦との意思疎通も困難である。このような状態で散開線を変更しても、潜水艦の位置はバラバラとなってしまう。また、司令部が各艦に変更命令の受信完了電文を送るよう指示することもあった。

これでは潜水艦の長所である隠密性は維持できない。

その上、日本の散開線の規則的な配置パターンが米海軍に知られるところとなると、昭和19（1944）年5月のニューギニア島北方アドミラルティ諸島における「ナ散開線」の悲劇に見られるように、たった1隻の米駆逐艦に5隻の潜水艦が沈められる事態も起こった（第五章参照）。日本海軍も散開線方式では危険かつ成果が上がらないと気づき、ある程度の範囲を与えられて哨戒任務に当たる散開面方式に変更されたものの、戦争終結まで運用の方針は変わらなかった。

一方、米海軍の潜水艦は基本的に広い哨区を与えられ、弾薬や食料などが続く間は自由な行動を許し、情報は司令部からの一方通行で返信は求めなかった。テリトリーは決めるものの、獲物を捕らえるまでは自由行動を許したところに潜水艦の特性をよく把握していたことがうかがえる。

このように開戦初期段階から、日本海軍は潜水艦の運用や指揮系統について重要な戦訓を得ていたにもかかわらず、後の作戦に反映させた形跡がない。

米海軍のガトー級は戦争後半、日本の艦艇を次々と沈めた。写真の「シルバーサイズ」は第二次世界大戦において米潜水艦初の戦死者を出した艦だが、撃沈隻数で3位、総トン数で5位の成績を収め、戦後記念艦となっている（Photo/USN）

元軍令部参謀で潜水艦作戦や教育について担当した井浦祥二郎中佐（当時）の回想録に、いかに戦訓を活かせなかったかが分かる記述がある。

井浦中佐はミッドウェー作戦より前、まだ日本の戦局が有利な時期に軍令部作戦部へ意見を具申していた。その内容を抜粋・要約して記述すると、「旧式の潜水艦を艦隊の前方に配置しただけでは、余程の好機に恵まれない限り戦果を挙げることはできない。演習のように前路に潜水艦を散開させておきさえすれば、敵情の報告も得られ、敵を捕捉攻撃してくれると思っているかもしれないが、実戦ではそうはうまくいかない」と、断言している。

それならば、どのような用途が適切かとの問いに、井浦中佐は「敵の警戒のあまり厳重でない方面で交通破壊戦に使用すること」と具申し、「どうしても潜水艦を使いたいなら、優秀な潜水艦を敵部隊が必ず航過する戦略要点に配備すべき」と言い切っている。つまり当時の潜水艦の性能では、敵機動部隊を追尾して反復攻撃するようなことは不可能であり、全潜水艦を交通破壊戦に回すべきという所見である。

ミッドウェー作戦後、連合艦隊は、4個潜水戦隊の潜水艦をインド洋と南太平洋の交通破壊戦に振り向けるべく準備を進めたが、昭和17年8月、ガダルカナル島へ米軍が上陸すると、その計画は大きく修正を余儀なくされる。補給のための輸送作戦に多くの潜水艦が振り分けられてしまったのである。

まだ戦局が有利な段階から、潜水艦部隊は敵の輸送路を絶つ交通破壊戦に使用されるべきだと理解されていたにもかかわらず、これが採り上げられなかったことは残念極まりない。

②潜水艦に不向きな作戦

太平洋戦争当時の潜水艦は、水中速力が遅く、潜航時間も最長40時間程度と限られているため、通常は浮上航行していた。敵を襲撃する際や、敵に制圧されている場合など、必要なときに潜航することができる艦船、すなわち「可潜艦」の域を出なかった。つまり強みと弱点が明確であって、その強みを活かせる運用が必要であった。

しかし日本の潜水艦部隊は、その隠密性の高さゆえに、敵艦隊襲撃や交通破壊戦といった、いわば「本業」のほかに、さまざまな任務に従事させられた。輸送作戦、偵察、航空任務（偵察と爆撃）、陸上砲撃、ドイツへの派遣任務、特殊潜航艇「甲標的」や人間魚雷「回天」および輸送小型潜水艇の母潜水艦任務、特殊作戦の支援などである。その結果、日本海軍の潜水艦部隊は消耗が続き、数が不足していったため、潜水艦部隊が主体となるべき作戦を実施できなくなったことは否めない。

既述の通り、当初から交通破壊戦の重要性はよく認識されていたが、輸送作戦や母潜任務などへの転用により、日本の潜水艦による交通破壊戦は結果的に低調となった。

海大六型aの伊一六八潜（写真は戦前の伊六八潜時代）。ミッドウェー海戦で空母「ヨークタウン」を撃沈した殊勲艦である。日本海軍の潜水艦は米空母を3隻撃沈、2隻撃破しており、当初は米潜水艦より戦果を挙げていた（写真提供／勝目純也）

太平洋戦争において出撃した日本海軍の潜水艦は総計162隻で、そのうち交通破壊戦に従事した潜水艦数は59隻と、全体の36％でしかない。期間については、59隻の潜水艦が交通破壊戦に従事した合計月数はのべ203ヵ月で、海軍の全潜水艦の活動期間の合計、1049ヵ月の20％にも満たない。さらに個艦単位で見れば、交通破壊戦に従事した期間は、ほとんどの艦が半年以下に過ぎず、7ヵ月以上従事した潜水艦はわずか6隻である。このように日本の交通破壊戦は投入できた隻数や実施期間が少なく、おざなりに行われたと言われても仕方ないのが実態である。

しかも戦争末期に至っても、他の部隊から潜水艦隊に対して敵戦艦や空母等の撃沈戦果を要求する声が上げ続けられた。こうした海軍内部の交通破壊戦を軽視する風潮が、その継続にブレーキをかけたといえる。

その証拠の一つに、海軍功績調査部から発行された「潜水艦殊勲甲査定標準」なるものがある。これは潜水艦の戦果を数値化して査定するものだ。点数制になっており、査定は「行動点」と「作戦点」に分かれていた。「行動点」では、対敵任務の行動日数10日を経過するごとに3点が加点され、また敵と交戦、制圧を受けた場合、1日あたり1点を加点する制度になっていた。

一方の「作戦点」は、敵艦船を撃沈した際の加点であるが、3000t以上の輸送船を撃沈した場合、掃海艇や駆潜艇、特務艦より評価が低かった（下表参照）。しかもこの査定標準が下達されたのは、潜水艦部隊が甚大な被害を受けたマリアナ沖海戦後の昭和19年の9月である。

昭和19年4月から潜水艦による戦果は著しく停滞し、同年5月には既述の通りアドミラルティ諸島近海の「ナ散開線」で5隻の潜水艦を一挙に失っている。続く6月のマリアナ沖海戦では、出撃した21隻中、15隻が未帰還という大打撃を受けたにもかかわらず、敵艦隊襲撃に固執して対輸送船攻撃を軽視する姿勢には疑問を挟まざるを得ない。

そして潜水艦の作戦に最も深刻な停滞をもたらしたのが、輸送作戦である。米軍の海上・航空優勢下において、島嶼部で孤立した味方部隊に食糧や弾薬を輸送するのだが、そうした輸送任務は潜水艦にとって実に困難で、また不向きな任務でもあった。

1隻の潜水艦が1回に輸送できる物資量は限られており、大型潜水艦の場合でも、1回に積載できる量は15tから20tに過ぎない。後に輸送任務のため、艦内に65t、艦外に20t積載可能な丁型（伊三六一型）も建造されたが、駆逐艦1隻に130tを積載できたことを考えると、いかに潜水艦輸送の効率が悪いか

『潜水艦殊勲査定標準』の作戦点

戦果	撃沈	撃破
空母・戦艦	60	15
巡洋艦	30	8
駆逐艦・潜水艦	20	5
掃海艇・駆潜艇	10	3
魚雷艇	2	0
特務艦	10	2
輸送船（3000t以上）	7	1

が分かる。

陸軍一個大隊（約１０００名）で、１日あたりおおよそ10ｔの物資を消費するため、積載物資がすべて陸揚げされたとしても、１回の輸送では一個大隊２日分しか賄えない。それが連隊や旅団規模の補給ともなれば、輸送に多くの潜水艦が必要となる。結局、輸送作戦には延べ99隻が投入されて、３３２回に及ぶ輸送を実施、その結果、19隻の潜水艦を喪失した。

もう一つ、潜水艦に課せられた過酷な任務に母潜任務がある。航空機をはじめ、港湾に侵入し魚雷攻撃を行う特殊潜航艇「甲標的」や人間魚雷「回天」を搭載して実に広範囲に行動したが、犠牲も少なくなかった。

終戦後の昭和20年8月に撮影された伊三六潜。後甲板は回天搭載用に改装されている。日本の潜水艦は本来最も重視すべき交通破壊戦ではなく、便利にさまざまな任務へ駆り出されてしまった（写真提供／勝目純也）

当時の潜水艦に航空機や小型潜航艇を搭載した例は他国では見られず、特に航空機の母潜任務は苦労の多い任務だったという。航空機の発進・収容は、敵の行動圏内で隠密性を破って浮上する必要があるので、水上機搭乗員も大変なら、母潜の乗員も気が気ではない。

また「甲標的」の母潜任務について、ハワイ、シドニー及びディエゴスワレスへの第一次・第二次特別攻撃隊、そしてガダルカナル島の攻撃に発進した計18艇の「甲標的」の母潜となった潜水艦は６隻に及んだ。母潜には損害が出なかったものの、第一線で活躍するべき潜水艦をつぎ込んだ割に戦果は大きくなかった。

一方、「回天」の母潜は多大な犠牲を伴った。延べ32隻の潜水艦が母潜任務に従事したが、喪失8隻、812名の乗員が艦と運命を共にしている。

そのほかにも、搭載水上機による米本土爆撃、米・カナダ本土砲撃、大型飛行艇の長途爆撃の際の燃料補給、5隻のうち4隻が帰ることのなかった遣独任務など、日本の潜水艦は次々と異なる任務に従事し続けた。あまりに多岐にわたる作戦内容だが、投入した戦力に見合う戦果は得られなかった。

③潜水艦の人事

飛行機には、航空本部や横須賀航空隊など各部隊をリードする航空隊があり、航空参謀などの専門家が存在していたが、開戦時、連合艦隊には潜水艦参謀なるものは存在しなかった。潜水艦を担当する水雷参謀は駆逐艦出身者で、当時の海軍では、潜水艦は「その他の艦艇」であるから特別な扱いをする必要はないという傾向にあったのだ。

少々補足すると、日本海軍の艦船は「艦艇」「特務艦艇」「雑役船」に類別される。「艦艇」はさらに「軍艦」と「その他の艦艇」に分かれる。「軍艦」には戦艦、航空母艦、巡洋艦、敷設艦、水上機母艦、潜水母艦、練習艦、後に「その他の艦艇」に類別された海防艦と砲艦が属した。

一方の「その他の艦艇」とは駆逐艦、潜水艦、水雷艇、駆潜艇、掃海艇、敷設艇、哨戒艇、輸送艦を指す。つまり「その他の艦艇」である潜水艦に専門の参謀など置く必要がないという考えである。

水上艦艇とは異なり、潜水艦は隠密に海中を三次元行動するという特性を持つ、いわば「特殊兵器」である。潜水艦乗りが潜水艦作戦を指揮し、作戦計画を立案するという考えが当時の海軍には乏しかった(潜水艦作戦全般を担当する潜水艦関係主務参謀は少数存在した)。潜水艦部が海軍省外局の艦政本部第七部から航空本部に匹敵する海軍省直属の部として再編・設立されたのは、昭和18年5月である。
また、最前線の潜水部隊の人事にも問題があった。潜水艦長は少・中佐の配置のため、大佐進級に伴う異動が多かったのである。

太平洋戦争で潜水艦長を拝命した274名のうち、3ヵ月で交代した者が60人（21・9％）、半年で交代した者まで含めると120人（43・8％）となる。すなわち半数近くの艦長が、200日以内に異動しているのだ。

これでは新任の艦長が艦や乗員の特性を把握する時間が十分にとれない。そのためか、太平洋戦争中における127隻の損害のうち、艦長交代後3ヵ月以内に沈没した数は40隻、全体の31％に当たる。半年以内に沈没したものを含めれば、全体の62％、80隻もの潜水艦が艦長の初陣、もしくはそれに次ぐ作戦で沈没したことになる。

経験豊かな艦長不足の打開策として、大佐クラスが務める潜水隊司令の存在を見直す必要性があったのではないだろうか。戦前の作戦構想では、潜水隊司令が隷下にある潜水艦3隻のうち1隻に乗艦し、潜水隊を指揮することになっていた。

しかし潜水艦はその性質上、単艦行動が基本であり、駆逐隊のように司令が各艦を指揮することはできない。むし

丙型改の伊五八潜で撮影された、艦長以下、士官の記念撮影。本艦は終戦まで残存した武運長久艦である。潜水艦では水雷長が先任将校になるよう配置され、副長の役割を担った。艦長の交代が早過ぎるため、新たに艦長を迎えた潜水艦の半数以上が、艦長の初陣で撃沈されている（写真提供／勝目純也）

ろ司令搭乗艦では、艦の指揮を司令が執ったり、艦長が司令に遠慮したりするなど司令と艦長の間で問題が発生したとされる。

そのため、当時から司令乗艦の潜水艦の沈没が多いのではないかと評されており、事実、開戦から半年間の喪失艦6隻のうち、4隻が司令乗艦の潜水艦であった。結局、終戦までに司令が乗った潜水艦は19隻沈没している。

大佐クラスのベテラン潜水艦乗りを司令にではなく、戦時中の特例措置として艦長に任命した方が、経験不足の士官を艦長にして苛酷な戦場に投入するよりも、損害を抑え、成果が上がった可能性もある。そのような人事が軍制上困難なのであれば、せめて連合艦隊や海上護衛部隊、潜水艦部隊の司令部に潜水艦や対潜戦専門の参謀に大佐クラスの潜水艦乗りを配置すべきであった。その方が活躍する場は多かったであろう。

④潜水艦の艦政

日本海軍の大戦中における潜水艦戦備は実に混迷を極めた。通常、一つの艦型を大量生産すれば、建造期間の短縮化、教育・訓練の画一化が可能となり、メンテナンスの労力も少なくて済む。ドイツのUボートがまさしくその方針を貫いて、小型・迅速な艦が大量生産された。その結果、UボートⅦ型Cは実に659隻が建造され、交通破壊戦一本で突き進んだのである。

米海軍も基本方針はドイツと同様だった。設計変更禁止の命令を出してガ

ガトー級のネームシップ、1番艦「ガトー」。米海軍は本級を主力潜水艦に定めて生産を一本化、197隻が建造された。そのうち185隻が戦時中に建造されており、戦後も長期にわたって使用された（Photo/USN）

トー級潜水艦の大量生産を続けた。のちにガトー級の改良型であるバラオ級やテンチ級も建造されたが、基本性能や外観にはほとんど相違がない。米海軍はガトー級195隻（バラオ級も含む）、テンチ級31隻を建造して日本と戦った。

一方、日本海軍は国産化を進めていた段階から、巡潜型、海大型に改良を加えて型式を増やしてきた。ただし、改良に伴う型式の増加は、実用に耐えうる機関がなかったためというのが実情であろう。

そして昭和12（1937）年のロンドン海軍軍縮条約の失効後、開発・建造された甲型、乙型、丙型が日本海軍の潜水艦の完成形となり、日米開戦を迎える。しかし戦争中、建造された120隻の潜水艦は少数の型式を大量生産したものではなく、なんと、その型式は15種に及ぶ（上表参照）。

開戦後に竣工した各型

型式	艦名	変更・改造箇所	同型艦
甲型改1	伊12	甲型より製造容易な機関に変更	1隻
甲型改2	伊13型	水上攻撃機2機搭載型	2隻
乙型改1	伊40型	乙型より機関変更　戦時急造型	6隻
乙型改2	伊54型	乙型改1より製造容易な機関変更	3隻
丙型改	伊52型	丙型より機関変更　戦時急造型	4隻
海大7型	伊176型	新海大型	10隻
中型	呂35型	戦時急造呂号潜水艦	18隻
小型	呂100型	離島防衛用呂号潜水艦	18隻
潜補型	伊351型	航空燃料補給艦	1隻
潜特型	伊400型	世界最大　潜水空母	3隻
丁型	伊361型	輸送用潜水艦	12隻
丁型改	伊373型	航空ガソリン輸送力強化型	1隻
潜高型	伊201型	水中高速型	3隻
潜輸小型	波101型	近距離輸送用潜水艦	10隻
潜高小型	波201型	小型水中高速潜水艦	9隻

（※同型艦は竣工済の隻数）

燃料補給用潜水艦、輸送用潜水艦などが必要とされ、通常型の潜水艦の建造が大幅に削減されてしまったのである。さらに軍令部の要求により、米軍の対潜部隊の追撃を逃げ切れる水中高速型（潜高型）の量産にシフトするため、用兵側から評価の高かった中型（呂三五型）の量産を取り止めるなど、不安定な建造計画がますます潜水艦の量産を妨げたとい潜特型3番艦の伊四〇二潜。昭和20年7月24日に竣工したため実戦には投入されなかった。続く2隻、伊四〇三潜、伊四〇四潜も建造されたが、未完成で終わっている（Photo/USN）

える（結局、水中高速型は計画通りに建造が進まず、実戦には間に合わなかった）。

資源の乏しい日本が多種多様な潜水艦を造り、資源の豊かな米国が一つの艦種を大量に建造したわけだが、日本側の劣勢の要因はこうしたところにもあったと言わざるを得ない。

個艦単位で比較すれば、日本海軍の潜水艦の性能は、潜水艦先進国である独・米と比較しても決して劣っていたわけではない。早くから国産化に向けて努力を続け、わずか30年で船体・機関ともに国産化に漕ぎ着けただけでなく、司令部機能を充実させた型、航空機を搭載した型など、優れた潜水艦を建造した。極めつけは攻撃機の母潜として開発され、後に米海軍の潜水艦戦備にも影響を与えたといわれる伊四〇〇型の建造であろう。

他国には存在しない、こうした各種潜水艦の存在は各国にとって脅威であったに違いないが、敵主力艦への追躡と攻撃のための水上高速力を追及するあまり、日本の潜水艦は水中運動性能や静粛性に対して関心が薄かった。例えば、ドイツに無事到着した遣独潜水艦

甲型改二の伊一四潜（推定）の調理室であろうか。今日のように冷凍や粉末技術が発達しておらず、新鮮な野菜などはすぐに欠乏し、潜水艦の食事は缶詰が主食となっていた（Photo/USN）

（伊八潜）を、ドイツ側は「まるで太鼓を叩いて航海しているようだ」と評した。

また戦後、米海軍から貸与を受けたガトー級潜水艦を回航した日本海軍の潜水艦出身者は、日米の潜水艦の違いについて基本性能よりも居住性に大きな差異を見たという。シャワーや洗濯機、アイスクリーム製造器、そして食堂があるのも日本の潜水艦とは異なっていた。存外、居住性の差が乗員の疲労度や集中力に影響し、目に見えない形で戦果に表れたのかもしれない。

⑤米海軍の対潜能力の向上

レーダー開発の不調が、日本軍が太平洋戦争のあらゆる局面で苦戦を強いられた原因の一つであることは周知の事実だが、それは潜水艦においても同様だった。

昭和17年11月、伊一五潜が米軍のレーダー探知の結果、撃沈されたのを皮切りに、翌18年には性能を増したレーダーによって夜間や霧中で探知され、伊二四潜、伊九潜、伊七潜が次々と撃沈された。

またレーダーだけでなく、ソナー（水中探信儀）の性能も年々向上し、昭和19年にはレーダーの探知距離と同じ2万m先の目標を探知できるようになった。急速潜航した潜水艦をレーダーが失探しても、ソナーで再探知することが可能となったのである。

米海軍は、優れた情報収集能力で日本の潜水艦の配置地点や航路を予測し、捜索艦がレーダーとソナーを活用して探知を行い、攻撃艦が執拗に反復攻撃を続けることで、日本の潜水艦の行動をほぼ不可能とした。開戦から昭和18年までの間、レーダー被探知後に撃沈された潜水艦が9隻だったのに対し、昭和19年は24隻、昭和20（１９４５）年は15隻に上った。日本の潜水艦はレーダーによって浮上時の航行を制約された上に、ひとたび探知されれば、潜航してもソナーによる継続追尾で位置を捕捉されてしまったのだ。

そして、追い詰められた日本の潜水艦にとって、最も脅威となったのが、前投式の対潜兵器である7・2インチ対潜弾発射器、通称ヘッジホッグである。ヘッジホッグとは「ハリネズミ」の意で、その名の通り、対潜弾が装着軸6本4列、24本取り付けられており、それらを一度に投射することができた。

当時の水上艦艇の対潜兵器は、爆雷が主であったが、欠点を抱えていた。爆雷は目標の潜水艦の直上、あるいはその近くまで接近して投下しないと効果が薄く、また爆発すると、その衝撃で水上艦のソナーが失探してしまうのである。

こうした爆雷の問題点に対して、ヘッジホッグは対潜弾を真上からではなく、最大200m以上前方に発射できるため、高速航行中の即時対潜攻撃が可能となった。また、投下された爆雷があらかじめ設定しておいた水圧で起爆するのに対して、ヘッジホッグは触発式信管により目標の潜水艦に接触して爆発する。しかも1発でも爆発すれば残りの23発が誘爆して全弾炸裂するのだ。もし潜水艦に命中しなかった場合は、そのまま深い海底に行き着き沈んでしまうか、そこで爆発する。爆雷は潜水艦がいてもいなくても水圧で爆発するので命中の判定が難しいが、ヘッジホッグであれば、爆発すれば命中、爆発音がなければ外れたということになる。

ヘッジホッグは第二次世界大戦中、爆雷に代わって対潜主力兵器となった。24発の対潜弾はハート型に散らばって投射され、触発信管は潜水艦に当たらなければ起爆しないため探知を継続でき、1発でも命中すれば残りの23発も誘爆した(Photo/USN)

このようにレーダー、ソナーによって追い詰められた日本の潜水艦の多くが、ヘッジホッグを多数撃ち込まれて葬られた。そして、悲しいことに日本海軍はこの新型対潜兵器のことを、VT信管同様、終戦に至るまで存在を知ることはなかったのである。

米海軍潜水艦の場合

米海軍全体のわずか1・6％を占めるに過ぎない潜水艦乗員が挙げた戦果は、日本の全沈没艦艇・船舶の55％にも上るという。しかしながら、米潜水艦部隊が潜水艦の特性をよく理解し、開戦から全期間にわたり日本の艦船を苦しめ続けたのかというと、そうではない。

実は、米潜水艦が活躍できるようになったのは昭和19年以降である。そして、少なくとも昭和18年頃までは兵器の性能と戦果は日本の潜水艦の方が数段優れていたのだ。

その主因はMk14という魚雷の欠陥と、Mk6磁気起爆装置の不具合にあった。加えて複数の指揮官が潜水艦部隊を指揮しており、統一した指揮がなかなか実現できなかったため、前線の潜水艦長が再三にわたり魚雷の欠陥を具申しても、長期間その欠陥を是正することができなかったのである。

また潜水艦の指揮官同士の、低次元とも言えるいがみ合いも、是正の遅れに拍車をかけた。一方、日本海軍は、潜水艦隊である第六艦隊を昭和15年にすでに編成している。日本海軍だけが組織の硬直化や非合理性に苛まれていたわけではなかった。

とはいえ、開戦から2年近く経った昭和18年8月、米軍は懸案だったMk14の欠陥である深度維持装置、磁気起爆装置、着発起爆装置を改善し、指揮系統も以前よりはシンプルとなる。これには日本海軍にはない改善のスピードと努力が感じられる。

こうして昭和19年の1年間だけで、米潜水艦は開戦からの戦果を上回る603隻もの日本軍艦船を撃沈するに至る。前述の通り、レーダーとソナーの性能向上に、魚雷の欠陥解消が重なったためであった。また日本海軍の対潜能力が低かったことも、戦果拡大の主要因の一つであろう。

日本の潜水艦は劣っていたのか

戦争後半、米海軍はある疑問を持っていたという。彼らは南の島嶼を次々と占領し、飛び石伝いに日本本土に迫っていったが、そうなれば自然と後方の補給ラインは延びることになる。なぜ、日本軍はその補給ラインを潜水艦で攻撃に来ないのかという疑問である。もしかすると、もっと恐ろしい計画や作戦があるのではないかと、訝しんだという。

もし、サンフランシスコからオーストラリアに

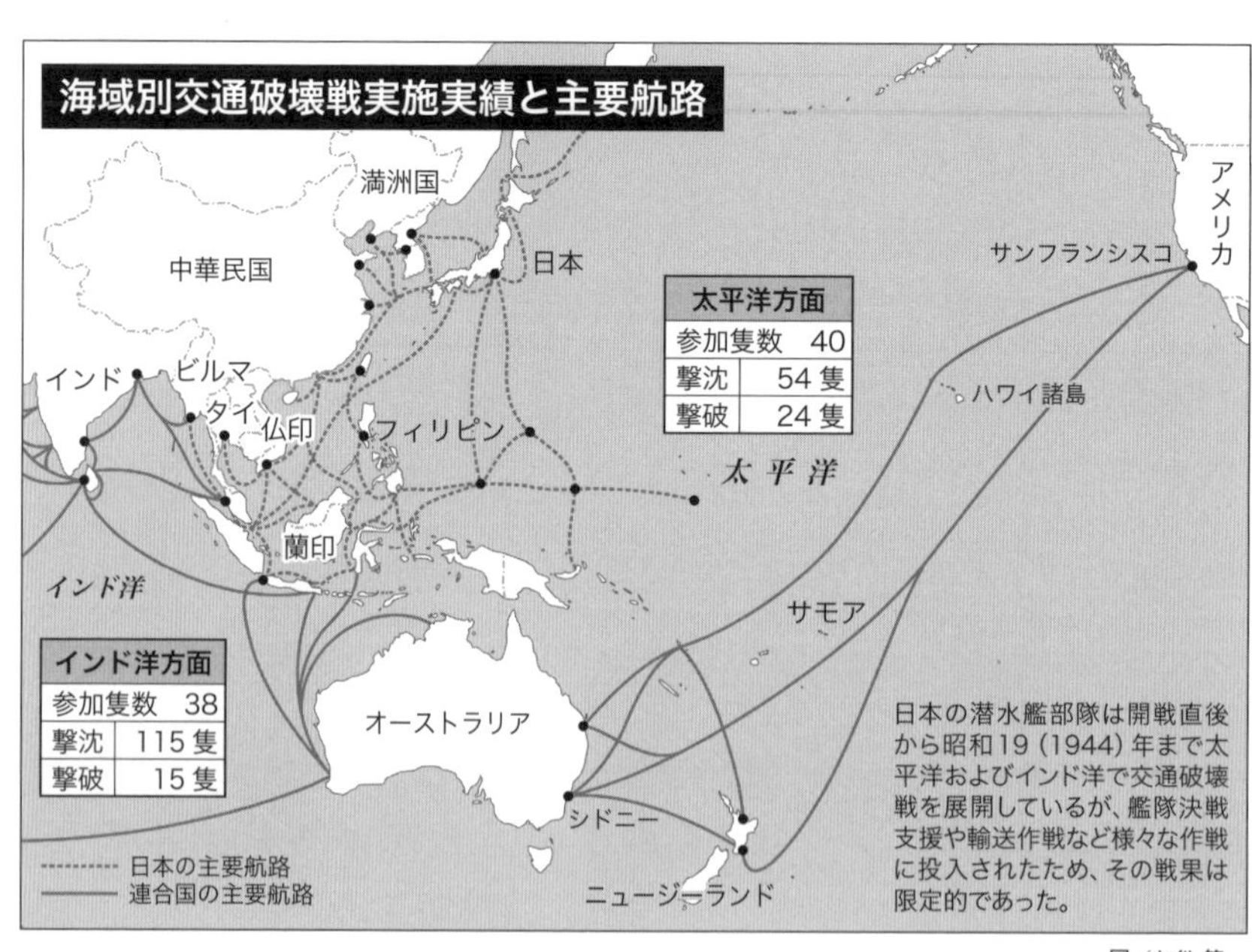

図／おぐし篤

終戦後に呉に残された残存潜水艦。写真に見えるのは伊五八潜、伊二〇三潜、波二〇三潜、波二〇四潜である。伊五八潜は終戦直前に米巡洋艦を撃沈し、水中高速艦として開発された伊二〇一型は結局終戦には間に合わなかった（Photo/USN）

至る主要航路、たとえばハワイ経由、あるいはサモアやニュージーランド経由の航路に、一個潜水戦隊を常時配備していたならば――戦果はどこまで挙がったかは別として――いつ出没・襲撃してくるか分からない日本の潜水艦のために、米軍は手厚い護衛艦艇を配備せざるを得ず、また前線への輸送にかかる日数も増えたはずだ。

米海軍は、日本海軍が航続距離の長い大型の潜水艦を多数保有していることを知っているだけに、攻撃に来ないのが不思議だったに違いない。

日本海軍が有した潜水艦で、最も魚雷搭載数が多い潜水艦は22本を搭載する巡潜一型で、しかも航続距離が2万4400マイル（約3万9000㎞）もあった。巡潜一型は元々ドイツの設計がベースで、彼らが交通破壊戦用に設計した大型潜水艦だったが、日本海軍はその利点を米軍の伸び切った補給ラインに向かわせることなく、輸送作戦に多用した。その結果、巡潜一型の4隻、すなわち伊一潜から伊四潜は、すべて輸送作戦中に沈没している。

これまで筆者は、元海軍の戦争体験者を多数取材してきた。その中で、潜水艦搭載の水上偵察機搭乗員に話を聞いたことがある。その方は予科練第一期生で、のちに戦闘機に転科、局地戦闘機「雷電」でB－29を撃墜した経験を持っている。

その方によれば、潜水艦に乗り組むまでは飛行機乗りが海軍で一番優秀だと思っていたが、潜水艦勤務となってからは、潜水艦乗りが一番優秀であると思えるようになったという。

潜水戦隊の旗艦に乗艦した時には、下士官の乗員が穏やかでかつ優秀な人達が多いことに驚いたそうだ。新米士官である自分がミスをしても「間違えておられたので、こうしておきました」とさりげなく報告され、何度も助けられたと語る。ごく一部のエピソードかもしれないが、総じて日本海軍の潜水艦乗りは仲間の絆が深く、忍耐強くて優秀な乗員が多かった。

これには疑問を挟む向きもあるかもしれないが、乗員を含む個艦単位で見れば、日本の潜水艦が著しく米海軍に劣っていたということは決してない。日本海軍の艦艇研究で有名な故・福井静夫氏の著作にも「わが潜水艦は昭和十六年、または二十年において、きわめて優秀であったことを、私は今日、確実な資料で示すことができる」と記されている。しかしながら、日本の潜水艦部隊は米軍の前に一方的に壊滅してしまった。

やはり軍令部や連合艦隊に、もう少し潜水艦の作戦を専門に考える参謀を早く置くべきではなかったか。日本の潜水艦がその本来の能力を発揮するためにも、航空本部同様、もう少し早期に潜水艦部を設置すべきだったろう。活躍の場を与えられなかった日本の潜水艦部隊の無念を思うと残念でならない。

巻末資料

資料一　日本海軍潜水艦年表

資料二　日本潜水艦要目一覧

資料一●日本海軍潜水艦年表

和暦	西暦	月日	事象
明治38年	1905年	7月31日	ホランド型第1潜水艇　組立完成
		1月13日	第1潜水艇隊編成
		10月23日	横浜沖日露戦争凱旋観艦式で潜水艇、天覧に供さる
明治39年	1906年	4月6日	ホランド型改　第6潜水艇竣工（川崎造船所）
明治41年	1908年	10月16日	潜水艇隊　呉に移転
明治42年	1909年	2月26日	英ヴィッカーズ社　C1型 第8潜水艇竣工
明治43年	1910年	4月15日	第6潜水艇（佐久間艇）瀬戸内海新湊沖で事故沈没（14名殉職）
大正元年	1912年	9月30日	川崎型 第13潜水艇竣工
大正5年	1916年	6月10日	仏シュナイダー社　S型　第15潜水艇竣工
大正8年	1919年	4月1日	潜水艇を潜水艦と呼称　1等から3等の等級を制定
			第1潜水戦隊編成
		6月18日	独戦利潜水艦　O1~O7 日本に到着
		7月31日	国産　海中1型　第19潜水艇　竣工
大正9年	1920年	3月31日	伊フイアット社　F1型　第18潜水艇竣工
		6月30日	英ヴイッカーズ社　L1型　第25潜水艦　竣工
		9月20日	潜水学校開校式
大正11年	1922年	2月6日	ワシントン軍縮条約締結
大正12年	1923年	8月21日	淡路島仮屋沖で第70潜水艦事故沈没（88名殉職）
		12月1日	末次信正少将（後に大将）第1潜水戦隊司令官に着任　潜水部隊の改革を実行
大正13年	1924年	3月19日	佐世保湾外で第43潜水艦事故沈没（46名殉職）
		6月20日	海大1型　伊51潜　竣工
		7月31日	潜水学校　陸上校舎竣工
		11月1日	等級から伊号呂号波号潜水艦と命名
大正15年	1926年	3月10日	巡潜1型　伊1潜　竣工
昭和2年	1927年	3月31日	機雷潜型　伊21潜　竣工
		9月	伊21潜で初の小型水上偵察機発着実験
昭和4年	1929年		小型水偵を搭載した伊51潜が演習に参加
昭和5年	1930年	4月22日	ロンドン軍縮条約締結
昭和7年	1932年	1月29日	潜水艦搭載用　91式水上偵察機正式採用
昭和9年	1934年	7月31日	海大6型　伊68潜竣工　初の国産機関を搭載
昭和10年	1935年	5月15日	巡潜2型　伊6潜竣工　巡潜型にも国産機関を搭載
昭和11年	1936年	7月31日	潜水艦搭載用　96式水上偵察機正式採用
昭和14年	1939年	2月2日	伊63潜　伊60潜に衝突され沈没（81名殉職）
昭和15年	1940年	3月20日	丙型　伊16潜竣工
		8月29日	伊167潜　訓練中に急速潜航時の事故により沈没（89名殉職）
		9月30日	乙型　伊15潜竣工
		11月15日	第6艦隊編成
		12月	潜水艦搭載用　零式小型水上偵察機制式採用
昭和16年	1941年	2月13日	甲型　伊9潜竣工
		10月5日	伊161潜　砲艦「木曽丸」と衝突し沈没（69名殉職）
		12月8日	日米開戦　第1第2第3潜水戦隊　ハワイ周辺配備
			特殊潜航艇5艇　真珠湾　第1次特別攻撃隊実施
		12月9日	マレー沖海戦　第4潜水戦隊　英戦艦発見
		12月25日	米西海岸交通破壊戦実施
		12月末	マレー・比島・スマトラ・豪州交通破壊戦実施

和暦	西暦	月日	事象
昭和17年	1942年	1月11日	伊6潜 米空母「サラトガ」撃破
		2月22日	伊17潜 米本土砲撃
		3月4日	2式大艇によるハワイ空襲「K作戦」支援
			第8潜水戦隊編成
		5月31日	特殊潜航艇3艇　豪州シドニー湾　第2次特別攻撃隊実施
			特殊潜航艇2艇　マダガスカル島ディゴスワレス湾 第2次特別攻撃隊実施
		6月5日	ミッドウェー作戦・アリューシャン作戦
		6月7日	伊168潜 米空母「ヨークタウン」、駆逐艦撃沈
		6月11日	伊25潜　伊26潜 米本土砲撃
		8月6日	遣独潜水艦　伊30潜 独逸到着
		8月7日	米軍ガタルカナル島上陸　交通破壊戦大幅縮小
		8月31日	伊26潜　米空母「サラトガ」撃破
		9月11日	伊25潜　米本土空襲
		9月15日	伊19潜 米空母「ワスプ」撃沈 戦艦「ノースカロライナ」撃破駆逐艦撃沈
		10月20日	伊176潜 米重巡「チェスター」撃破
		11月13日	伊26潜　米軽巡「ジュノー」撃沈
		11月7日	ガ島　甲標的作戦開始
		11月16日	ガタルカナル島　潜水艦輸送開始
		12月9日	ニューギニア方面ブナ　潜水艦輸送開始
昭和18年	1943年	1月4日	ニューギニア方面ラエ　潜水艦輸送開始　ガ島撤退作戦支援
		2月1日	アリューシャン方面　潜水艦強化　防備・輸送作戦実施
		2月25日	南太平洋・豪州東方海域　交通破壊戦実施
		7月20日	伊11潜 米軽巡「ホバート」撃破
		5月1日	艦政本部第7部を潜水艦部に改編
		8月末	アデン湾・ベンガル湾　交通破壊戦実施
		8月28日	呂61潜 米水上機母艦「カスコ」撃破
		11月19日	米軍　タラワ・マキン上陸
		11月24日	伊175潜 米護衛空母「リスカムベイ」撃沈
		12月21日	伊8潜 遣独任務往復路成功
昭和19年	1944年	3月31日	伊29潜　遣独潜水艦　独逸に到着
		5月11日	ナ散開線で潜水艦5隻喪失
		6月6日	あ号作戦発動　第6艦隊司令部サイパンに進出
		6月15日	米軍　サイパン島に上陸
			中部太平洋潜水艦作戦で20隻喪失
		10月18日	捷一号作戦発動
		10月20日	米軍レイテ湾上陸
			比島　セブ島　甲標的作戦実施
		10月25日	伊56潜 米護衛空母「サンティ」撃破
		11月3日	伊41潜 米軽巡「レノー」撃破
		11月20日	回天作戦　実施　菊水隊　突入
昭和20年	1945年	2月19日	米軍硫黄島上陸　硫黄島回天作戦
		4月1日	米軍沖縄上陸　沖縄回天作戦
			沖縄　甲標的作戦実施
		7月26日	伊400潜　伊401潜　「晴嵐」を搭載して嵐作戦のためウルシーに出撃
		7月30日	伊58潜 米重巡「インディアナポリス」撃沈
		8月15日	終戦　嵐作戦中止

計画年:戦・戦時艦船建造補充計画（マル戦計画）昭和19・20年度臨時軍事予算
建造:横・横須賀海軍工廠、川崎・川崎造船所、ヴ・ヴィッカーズ、シ・シュナイダー、呉・呉海軍工廠、佐・佐世保海軍工廠、三菱・三菱神戸造船所
年:M・明治、T・大正、S・昭和

計画年	建造所	竣工	機関	除籍
M37	横	M38.7.31	オットー式ガソリン	T10.4.30
M37	横	M38.9.5	オットー式ガソリン	T10.4.30
M37	横	M38.9.5	オットー式ガソリン	T10.4.30
M37	横	M38.10.1	オットー式ガソリン	T10.4.30
M37	横	M38.10.1	オットー式ガソリン	T10.4.30
M37	川崎	M39.4.5	スタンダード式ガソリン	T9.12.1
M37	川崎	M39.4.5	スタンダード式ガソリン	T9.12.1
M37	ヴ	M42.2.26	ヴィッカーズ式ガソリン	S4.4.1
M37	ヴ	M42.3.9	ヴィッカーズ式ガソリン	S4.4.1
M37	呉	M44.8.21	ヴィッカーズ式ガソリン	S4.4.1
M37	呉	M44.8.26	ヴィッカーズ式ガソリン	S4.4.1
M37	呉	M44.8.31	ヴィッカーズ式ガソリン	S4.4.1
M37	川崎	T1.9.30	スタンダード式ガソリン	S4.4.1
T4	呉	T5.10.31	ヴィッカーズ式ガソリン	S4.4.1
T4	呉	T6.2.20	ヴィッカーズ式ガソリン	S4.4.1
M40	呉	T9.4.20	シュナイダー式石油	S4.4.1
M40	シ	T6.7.20	シュナイダー式石油	S4.4.1
T4	川崎	T9.3.31	フィアット式ディーゼル	S7.4.1
T4	川崎	T9.4.20	フィアット式ディーゼル	S7.4.1
T6	川崎	T11.7.15	フィアット式ディーゼル	S7.4.1
T6	川崎	T11.5.5	フィアット式ディーゼル	S7.4.1
T6	川崎	T11.3.9	フィアット式ディーゼル	S7.4.1
T5	呉	T8.7.31	ズ式2号	S7.4.1
T5	呉	T8.9.18	ズ式2号	S7.4.1
T6	呉	T9.9.30	ズ式2号	S8.9.1
T6	呉	T10.2.17	ズ式2号	S8.9.1
T6	呉	T10.6.30	ズ式2号	S8.9.1
T6	呉	T11.4.29	ズ式2号	S8.9.1
T6	呉	T10.10.20	ズ式2号	S11.4.1
T6	呉	T10.12.15	ズ式2号	S11.4.1
T6	呉	T11.3.15	ズ式2号	S11.4.1
T6	横	T11.2.2	ズ式2号	S9.9.1
T6	横	T11.2.2	ズ式2号	S9.9.1
T7	横	T11.10.10	ズ式2号	S9.9.1
T7	横	T12.4.28	ズ式2号	S10.4.1
T7	佐	T9.11.30	ズ式2号	S10.4.1
T7	佐	T10.10.25	ズ式2号	S11.4.1
T7	佐	T12.1.25	ズ式2号	S15.4.1
T7	横	T13.7.31	ズ式2号	S15.4.1
T7	佐	T12.11.30	ズ式2号	S15.4.1
T7	川崎	T12.9.15	ズ式2号	S11.4.1
T7	川崎	T13.4.29	ズ式2号	S17.4.1
T7	川崎	T13.5.31	ズ式2号	S17.4.1
T6	三菱	T9.6.30	ヴィッカーズ式ディーゼル	S15.4.1
T6	三菱	T9.11.30	ヴィッカーズ式ディーゼル	S7.4.1
T6	三菱	T10.3.10	ヴィッカーズ式ディーゼル	S15.4.1
T6	三菱	T10.9.10	ヴィッカーズ式ディーゼル	S15.4.1

資料二●日本潜水艦要目一覧

◆非参戦艦

艦名	艦型	排水量(t)	全長(m)	全幅(m)	速度(kt・水上/水中)	備砲(cm)	発射管
第1潜水艇	ホ	103	20.42	3.63	8 / 7	なし	1
第2潜水艇	ホ	103	20.42	3.63	8 / 7	なし	1
第3潜水艇	ホ	103	20.42	3.63	8 / 7	なし	1
第4潜水艇	ホ	103	20.42	3.63	8 / 7	なし	1
第5潜水艇	ホ	103	20.42	3.63	8 / 7	なし	1
第6潜水艇	ホ改	57	22.25	2.13	8.5 / 4	なし	1
第7潜水艇	ホ改	78	25.47	2.43	8.5 / 4	なし	1
波1潜	C1	286	43.33	4.14	12 / 8.5	なし	2
波2潜	C1	286	43.33	4.14	12 / 8.5	なし	2
波3潜	C2	291	43.33	4.14	12 / 8.5	なし	2
波4潜	C2	291	43.33	4.14	12 / 8.5	なし	2
波5潜	C2	291	43.33	4.14	12 / 8.5	なし	2
波6潜	川崎	304	38.63	3.84	10 / 8	なし	2
波7潜	C3	290	43.73	4.14	12 / 8.5	なし	4
波8潜	C3	290	43.73	4.14	12 / 8.5	なし	4
波9潜	S	480	58.60	5.18	16.5 / 10	5x1	6
波10潜	S	450	56.74	5.21	17 / 10	5x1	6
呂1潜	F1	689	65.58	6.07	17.8 / 8.2	7.5X1	5
呂2潜	F1	689	65.58	6.07	17.8 / 8.2	7.5X1	5
呂3潜	F2	689	65.58	6.07	14.3 / 8	7.6X1	5
呂4潜	F2	689	65.58	6.07	14.3 / 8	7.6X1	5
呂5潜	F2	689	65.58	6.07	14.4 / 8	7.6X1	5
呂11潜	中1	720	69.19	6.35	18.2 / 9.1	7.6X1	6
呂12潜	中1	720	69.19	6.35	18.2 / 9.1	7.6X1	6
呂13潜	中2	740	70.10	6.10	16.5 / 8.5	7.6X1	6
呂14潜	中2	740	70.10	6.10	16.5 / 8.5	7.6X1	6
呂15潜	中2	740	70.10	6.10	16.5 / 8.5	7.6X1	6
呂16潜	中3	772	70.10	6.12	16.5 / 8.5	7.6X1	6
呂17潜	中3	772	70.10	6.12	16.5 / 8.5	7.6X1	6
呂18潜	中3	772	70.10	6.12	16.5 / 8.5	7.6X1	6
呂19潜	中3	772	70.10	6.12	16.5 / 8.5	7.6X1	6
呂20潜	中3	772	70.10	6.12	16.5 / 8.5	7.6X1	6
呂21潜	中3	772	70.10	6.12	16.5 / 8.5	7.6X1	6
呂22潜	中3	772	70.10	6.12	16.5 / 8.5	7.6X1	6
呂23潜	中3	772	70.10	6.12	16.5 / 8.5	7.6X1	6
呂24潜	中3	772	70.10	6.12	16.5 / 8.5	7.6X1	6
呂25潜	中3	772	70.10	6.12	16.5 / 8.5	7.6X1	6
呂26潜	中4	805	74.22	6.12	16 / 8.5	8X1	4
呂27潜	中4	805	74.22	6.12	16 / 8.5	8X1	4
呂28潜	中4	805	74.22	6.12	16 / 8.5	8X1	4
呂29潜	特中	852	74.22	6.12	13 / 8.5	12X1	4
呂30潜	特中	852	74.22	6.12	13 / 8.5	12X1	4
呂32潜	特中	852	74.22	6.12	13 / 8.5	12X1	4
呂51潜	L1	886	70.59	7.16	17 / 10.2	7.6X1	6
呂52潜	L1	886	70.59	7.16	17 / 10.2	7.6X1	6
呂53潜	L2	893	70.59	7.16	17.3 / 10.4	7.6X1	6
呂54潜	L2	893	70.59	7.16	17.3 / 10.4	7.6X1	6

計画年	建造所	竣工	機関	除籍
T6	三菱	T10.11.15	ヴィッカーズ式ディーゼル	S15.4.1
T6	三菱	T11.1.16	ヴィッカーズ式ディーゼル	S15.4.1
		T7.9.4	マン式ディーゼル	
		T4.12.17	マン式ディーゼル	
		T5.6.8	マン式ディーゼル	
		T7.7.15	マン式ディーゼル	
		T7.9.20	マン式ディーゼル	
		T7.5.18	ベンツ式ディーゼル	
		T7.10.3	ベンツ式ディーゼル	
T7	呉	T13.6.20	ズ式2号	残存
T12	三菱	S4.4.6	ラ式2号	S16.10.2（日本海）
T12	佐	S3.12.20	ズ式3号	S14.2.2（豊後水道）
S5	三菱	S7.8.2	ズ式3号	S15.8.29（南鳥島沖）
T12	呉	T14.5.20	ズ式3号	残存
④	川崎	S18.6.18	艦本1号乙8	S18.7.14（瀬戸内海）
戦	呉	S20.2.2	マ式1号	残存
戦	呉	S20.2.14	マ式1号	残存
戦	呉	S20.6.20	マ式1号	残存
⑤	佐	S20.7.24	艦本22号10	残存
		S17.5.9	マン式ディーゼル	
		S18.10.7	マン式ディーゼル	
		S14.9.23	フィアット式ディーゼル	
		S15.5.15	アドリアティコ式ディーゼル	
		S17.12.12	ゲルマニア式ディーゼル	
		S17.9.5	ゲルマニア式ディーゼル	
戦	三菱	S17.12.26	中速400型ディーゼル	残存
戦	川崎	S18.4.20	中速400型ディーゼル	残存
戦	三菱	S18.4.29	中速400型ディーゼル	残存
戦	三菱	S20.7.13	中速400型ディーゼル	残存
戦	佐	S20.5.31	中速400型ディーゼル	残存
戦	佐	S20.5.31	中速400型ディーゼル	残存
戦	佐	S20.6.26	中速400型ディーゼル	残存
戦	佐	S20.6.25	中速400型ディーゼル	残存
戦	佐	S20.7.3	中速400型ディーゼル	残存
戦	佐	S20.8.14	中速400型ディーゼル	残存
戦	佐	S20.8.4	中速400型ディーゼル	残存
戦	佐	S20.8.4	中速400型ディーゼル	残存
戦	佐	S20.8.11	中速400型ディーゼル	残存
戦	佐	S20.8.16	中速400型ディーゼル	残存

計画年:○数・各○数次補充計画、追・マル追計画、急・マル急計画、、戦・戦時艦船建造補充計画（マル戦計画）昭和19・20年度臨時軍事予算、臨・マル臨計画
建造所:川崎・川崎造船所、呉・呉海軍工廠、横・横須賀海軍工廠、佐・佐世保海軍工廠、三菱・三菱神戸造船所、三井・三井玉野造船所、独・ドイチェ・ヴェルフト
年:M・明治、T・大正、S・昭和

計画年	建造所	竣工	機関	喪失日（喪失場所）
T12	川崎	T15.3.10	ラ式2号	S18.1.29（カミンボ）
T12	川崎	T15.7.24	ラ式2号	S19.5.4（ニューアイルランド）
T12	川崎	T15.11.30	ラ式2号	S17.12.9（カミンボ）
T12	川崎	S4.12.24	ラ式2号	S18.1.5（ガ島）
T12	川崎	S7.7.31	ラ式2号	S19.7.19（サイパン）
①	川崎	S10.5.15	艦本1号甲7	S19.6.30（サイパン）
②	呉	S12.3.31	艦本1号甲10	S18.6.23（キスカ）

艦名	艦型	排水量(t)	全長(m)	全幅(m)	速度(kt·水上/水中)	備砲(cm)	発射管
呂55潜	L2	893	70.59	7.16	17.3 / 10.4	7.6X1	6
呂56潜	L2	893	70.59	7.16	17.3 / 10.4	7.6X1	6
O1	戦利	1,163	82.00	7.40	11.5 / 8	15x2	4
O2	戦利	725	65.00	6.20	15.2 / 9.7	10.5X1	4
O3	戦利	786	65.20	6.40	17.1 / 9.1	10.5X1	4
O4	戦利	491	56.50	5.50	11.5 / 6.6	10.5X1	3
O5	戦利	491	56.50	5.50	11.5 / 6.6	10.5X1	3
O6	戦利	512	55.90	5.80	13.9 / 7.6	8.8X1	5
O7	戦利	523	55.90	5.80	13.5 / 7.5	10.5X1	5
伊51潜	海1	1,390	91.44	8.81	18.4 / 8.4	12×1	6 / 2
伊61潜	海4	1,635	97.70	7.80	20 / 8.5	12×1	4 / 2
伊63潜	海3b	1,635	101.00	7.90	20 / 8	12×1	6 / 2
伊67潜	海5	1,575	97.70	8.20	20.5 / 8.2	10×1	4 / 2
伊152潜	海2	1,390	100.85	7.64	20.1 / 7.7	12×1	6 / 2
伊179潜	海7	1,630	105.50	8.25	23.1 / 8.0	12×1	6
伊201潜	潜高	1,070	79.00	5.80	15.8 / 19.0	機銃	4
伊202潜	潜高	1,070	79.00	5.80	15.8 / 19.0	機銃	4
伊203潜	潜高	1,070	79.00	5.80	15.8 / 19.0	機銃	4
伊402潜	潜特	3,530	122.00	12.00	18.7 / 6.5	14×1	8
伊501潜	戦利	1,616	87.58	7.50	19.2 / 6.9	10.5X1	6
伊502潜	戦利	1,616	87.58	7.50	19.2 / 6.9	10.5X1	6
伊503潜	戦利	1,060	73.10	8.15	17.4 / 8.0	10X2	8
伊504潜	戦利	1,191	76.04	7.91	18.0 / 8.0	10X1	8
伊505潜	戦利	1,763	89.80	9.20	17.0 / 7.0	10.5X1	2
伊506潜	戦利	1,610	87.58	7.50	18.3 / 6.9	機銃	なし
波107潜	潜輸小	370	44.50	6.10	10.0 / 5.0	機銃	なし
波108潜	潜輸小	370	44.50	6.10	10.0 / 5.0	機銃	なし
波109潜	潜輸小	370	44.50	6.10	10.0 / 5.0	機銃	なし
波111潜	潜輸小	370	44.50	6.10	10.0 / 5.0	機銃	なし
波201潜	潜高小	320	53.00	4.00	11.8 / 13.9	機銃	2
波202潜	潜高小	320	53.00	4.00	11.8 / 13.9	機銃	2
波203潜	潜高小	320	53.00	4.00	11.8 / 13.9	機銃	2
波204潜	潜高小	320	53.00	4.00	11.8 / 13.9	機銃	2
波205潜	潜高小	320	53.00	4.00	11.8 / 13.9	機銃	2
波207潜	潜高小	320	53.00	4.00	11.8 / 13.9	機銃	2
波208潜	潜高小	320	53.00	4.00	11.8 / 13.9	機銃	2
波209潜	潜高小	320	53.00	4.00	11.8 / 13.9	機銃	2
波210潜	潜高小	320	53.00	4.00	11.8 / 13.9	機銃	2
波216潜	潜高小	320	53.00	4.00	11.8 / 13.9	機銃	2

◆参戦艦

艦名	艦型	排水量(t)	全長(m)	全幅(m)	速度(kt·水上/水中)	備砲(cm)	発射管
伊1潜	巡1	1,970	97.50	9.22	18.8 / 8.1	14×2	4 / 2
伊2潜	巡1	1,970	97.50	9.22	18.8 / 8.1	14×2	4 / 2
伊3潜	巡1	1,970	97.50	9.22	18.8 / 8.1	14×2	4 / 2
伊4潜	巡1	1,970	97.50	9.22	18.8 / 8.1	14×2	4 / 2
伊5潜	巡1	1,970	97.50	9.22	18.8 / 8.1	14×2	4 / 2
伊6潜	巡2	1,900	98.50	9.06	21 / 7.5	12.7×1	4 / 2
伊7潜	巡3	2,231	109.30	9.10	23 / 8	14連×1	6

	計画年	建造所	竣工	機関	喪失日（喪失場所）
	②	川崎	S13.12.5	艦本1号甲10	S20.4.15（沖縄）
	③	呉	S16.2.13	艦本2号10	S18.6.15（キスカ）
	③	川崎	S16.10.31	艦本2号10	S19.7.2（サイパン）
	④	川崎	S17.5.16	艦本2号10	S19.3.20（モリス諸島）
	追	川崎	S19.5.25	艦本22号10	S20.1.31（中部太平洋）
	追	川崎	S19.12.16	艦本22号10	S20.8.1（中部太平洋）
	⑤	川崎	S20.3.14	艦本22号10	残存
	③	呉	S15.9.30	艦本2号10	S17.12.15（ガ島）
	③	呉	S15.3.30	艦本2号10	S19.6.25（ソロモン）
	③	横	S16.1.24	艦本2号10	S18.10.24（豪州）
	③	佐	S16.1.31	艦本2号10	S18.2.11（ガ島）
	③	三菱	S16.4.28	艦本2号10	S19.2.2（ギルバート）
	③	三菱	S15.9.26	艦本2号10	S18.11.18（エスピリットサント）
	③	川崎	S16.7.15	艦本2号10	S18.11.24（ギルバート）
	③	川崎	S16.3.10	艦本2号10	S17.11.12（ソロモン）
	③	横	S16.9.27	艦本2号10	S17.2.28（ハワイ）
	③	佐	S16.10.31	艦本2号10	S18.6.11（キスカ）
	③	三菱	S16.10.15	艦本2号10	S18.10.24（フィジー）
	④	呉	S16.11.6	艦本2号10	S19.11.21（比島）
	④	佐	S17.2.24	艦本2号10	S19.5.15（インド洋）
	④	三菱	S17.2.6	艦本2号10	S17.5.16（トラック）
	④	横	S17.2.27	艦本2号10	S19.7.26（バシー海峡）
	④	呉	S17.2.28	艦本2号10	S17.10.13（昭南）
	④	横	S17.5.30	艦本2号10	S18.5.14（アッツ島）
	④	佐	S17.4.26	艦本2号10	S19.6.10（マーシャル）
	④	三菱	S17.6.10	艦本2号10	S19.6.13（瀬戸内）
	④	佐	S17.8.31	艦本2号10	S18.11.13（ペナン）
	④	三菱	S17.8.31	艦本2号10	S19.1.10（ギルバート）
	④	横	S17.9.30	艦本2号10	残存
	④	呉	S18.3.10	艦本2号10	S19.12.6（パラオ）
	④	佐	S18.1.31	艦本2号10	S19.12.6（比島）
	④	佐	S18.4.22	艦本2号10	S19.2.20（ギルバート）
	急	呉	S18.7.31	艦本1号甲10	S19.2.21（ギルバート）
	急	呉	S18.9.18	艦本1号甲10	S19.12.2（比島）
	急	呉	S18.11.3	艦本1号甲10	S19.4.27（アドミラルティ島）
	急	佐	S18.11.5	艦本1号甲10	S19.4.8（トラック）
	急	横	S19.1.31	艦本1号甲10	S20.5.2（沖縄）
	急	佐	S18.12.28	艦本1号甲10	S19.11.21（比島）
	急	佐	S19.2.29	艦本2号10	S19.12.2（比島）
	急	佐	S19.7.10	艦本2号10	残存
	急	佐	S19.9.5	艦本2号10	S20.1.21（ウルシー）
	追	横	S18.12.28	艦本22号10	S19.8.2（ビスカヤ湾）
	追	呉	S19.2.20	艦本22号10	残存
	追	横	S19.3.31	艦本22号10	S19.11.20（比島）
	追	呉	S19.4.20	艦本22号10	S19.7.15（サイパン）
	追	横	S19.6.8	艦本22号10	S20.5.2（沖縄）
	追	横	S19.9.7	艦本22号10	残存
	T12	佐	S4.12.24	ズ式3号	S17.1.17（スンダ海峡）
	①	佐	S10.11.9	艦本1号甲8	S16.12.10（ハワイ）
	①	川崎	S12.1.7	艦本1号甲8	S17.1.27（ハワイ）
	T12	川崎	S2.3.31	ラ式1号	残存
	T12	川崎	S2.10.28	ラ式1号	S20.6.10（日本海）

艦名	艦型	排水量(t)	全長(m)	全幅(m)	速度(kt・水上/水中)	備砲(cm)	発射管
伊8潜	巡3	2,231	109.30	9.10	23 / 8	14連×1	6
伊9潜	甲	2,434	113.70	9.55	23.5 / 8	14×1	6
伊10潜	甲	2,434	113.70	9.55	23.5 / 8	14×1	6
伊11潜	甲	2,434	113.70	9.55	23.5 / 8	14×1	6
伊12潜	甲改1	2,390	113.70	9.55	17.7 / 6.2	14×1	6
伊13潜	甲改2	2,620	113.70	11.70	16.7 / 5.5	14×1	6
伊14潜	甲改2	2,620	113.70	11.70	16.7 / 5.5	14×1	6
伊15潜	乙	2,198	108.70	9.30	23.6 / 8.0	14×1	6
伊16潜	丙	2,184	109.30	9.10	23.6 / 8.0	14×1	8
伊17潜	乙	2,198	108.70	9.30	23.6 / 8.0	14×1	6
伊18潜	丙	2,184	109.30	9.10	23.6 / 8.0	14×1	8
伊19潜	乙	2,198	108.70	9.30	23.6 / 8.0	14×1	6
伊20潜	丙	2,184	109.30	9.10	23.6 / 8.0	14×1	8
伊21潜	乙	2,198	108.70	9.30	23.6 / 8.0	14×1	6
伊22潜	丙	2,184	109.30	9.10	23.6 / 8.0	14×1	8
伊23潜	乙	2,198	108.70	9.30	23.6 / 8.0	14×1	6
伊24潜	丙	2,184	109.30	9.10	23.6 / 8.0	14×1	8
伊25潜	乙	2,198	108.70	9.30	23.6 / 8.0	14×1	6
伊26潜	乙	2,198	108.70	9.30	23.6 / 8.0	14×1	6
伊27潜	乙	2,198	108.70	9.30	23.6 / 8.0	14×1	6
伊28潜	乙	2,198	108.70	9.30	23.6 / 8.0	14×1	6
伊29潜	乙	2,198	108.70	9.30	23.6 / 8.0	14×1	6
伊30潜	乙	2,198	108.70	9.30	23.6 / 8.0	14×1	6
伊31潜	乙	2,198	108.70	9.30	23.6 / 8.0	14×1	6
伊32潜	乙	2,198	108.70	9.30	23.6 / 8.0	14×1	6
伊33潜	乙	2,198	108.70	9.30	23.6 / 8.0	14×1	6
伊34潜	乙	2,198	108.70	9.30	23.6 / 8.0	14×1	6
伊35潜	乙	2,198	108.70	9.30	23.6 / 8.0	14×1	6
伊36潜	乙	2,198	108.70	9.30	23.6 / 8.0	14×1	6
伊37潜	乙	2,198	108.70	9.30	23.6 / 8.0	14×1	6
伊38潜	乙	2,198	108.70	9.30	23.6 / 8.0	14×1	6
伊39潜	乙	2,198	108.70	9.30	23.6 / 8.0	14×1	6
伊40潜	乙改1	2,230	108.70	9.30	23.5 / 8.0	14×1	6
伊41潜	乙改1	2,230	108.70	9.30	23.5 / 8.0	14×1	6
伊42潜	乙改1	2,230	108.70	9.30	23.5 / 8.0	14×1	6
伊43潜	乙改1	2,230	108.70	9.30	23.5 / 8.0	14×1	6
伊44潜	乙改1	2,230	108.70	9.30	23.5 / 8.0	14×1	6
伊45潜	乙改1	2,230	108.70	9.30	23.5 / 8.0	14×1	6
伊46潜	丙	2,184	109.30	9.10	23.6 / 8.0	14×1	8
伊47潜	丙	2,184	109.30	9.10	23.6 / 8.0	14×1	8
伊48潜	丙	2,184	109.30	9.10	23.6 / 8.0	14×1	8
伊52潜	丙改	2,095	108.70	9.30	17.7 / 6.5	14×1	6
伊53潜	丙改	2,095	108.70	9.30	17.7 / 6.5	14×1	6
伊54潜	乙改2	2,140	108.70	9.30	17.7 / 6.5	14×1	6
伊55潜	丙改	2,184	108.70	9.30	17.7 / 6.5	14×1	6
伊56潜	乙改2	2,140	108.70	9.30	17.7 / 6.5	14×1	6
伊58潜	乙改2	2,140	108.70	9.30	17.7 / 6.5	14×1	6
伊60潜	海3b	1,635	101.00	7.90	20 / 8	12×1	6 / 2
伊70潜	海6a	1,400	104.70	8.20	23.0 / 8.0	10×1	4 / 2
伊73潜	海6a	1,400	104.70	8.20	23.0 / 8.0	10×1	4 / 2
伊121潜	機潜	1,142	85.20	7.52	14.9 / 6.5	14×1	4
伊122潜	機潜	1,142	85.20	7.52	14.9 / 6.5	14×1	4

	計画年	建造所	竣工	機関	喪失日（喪失場所）
	T12	川崎	S3.4.28	ラ式1号	S17.9.1（ガ島）
	T12	川崎	S3.12.10	ラ式1号	S17.1.20（ポートモレスビー）
	T12	呉	S2.3.20	ズ式3号	残存
	T12	佐	S2.12.15	ズ式3号	残存
	T12	呉	S2.9.5	ズ式3号	残存
	T12	呉	S4.3.31	ズ式3号	残存
	T12	呉	S4.12.24	ズ式3号	残存
	T12	横	S3.3.15	ズ式3号	残存
	T12	横	S5.3.31	ズ式3号	残存
	T12	三菱	S5.4.24	ラ式2号	残存
	T12	呉	S5.8.30	ラ式2号	S17.5.25（南洋諸島）
	S5	呉	S7.12.1	ズ式3号	S20.7.29（マリアナ）
	S5	佐	S7.11.10	ズ式3号	S19.7.17（マラッカ海峡）
	①	呉	S9.7.31	艦本1号甲8	S18.9.10（ビスマーク諸島）
	①	三菱	S10.9.28	艦本1号甲8	S19.4.4（トラック）
	①	川崎	S10.12.24	艦本1号甲8	S19.3.12（ブカ）
	①	川崎	S12.1.7	艦本1号甲8	S17.11.27（ガ島）
	②	佐	S13.8.15	艦本1号甲8	S19.4.13（ギルバート）
	②	三菱	S13.12.18	艦本1号甲8	S19.3.26（クェゼリン）
	④	呉	S17.8.4	艦本1号乙8	S19.6.11（ソロモン）
	④	川崎	S17.12.28	艦本1号乙8	S19.11.18（パラオ）
	④	三菱	S17.12.26	艦本1号乙8	S18.8.4（ソロモン）
	④	横	S18.1.15	艦本1号乙8	S19.3.20（コジャック）
	④	呉	S18.5.24	艦本1号乙8	S19.3.1（ニューギニア）
	④	横	S18.5.10	艦本1号乙8	S18.10.22（エスピリットサント）
	④	川崎	S18.10.3	艦本1号乙8	S19.5.28（中部太平洋）
	④	横	S18.10.15	艦本1号乙8	S19.7.12（サイパン）
	④	横	S18.9.23	艦本1号乙8	S19.7.12（サイパン）
	追	呉	S20.1.28	艦本22号10	S20.7.31（南支那海）
	⑤	呉	S19.5.25	艦本23号乙8	S20.6.25（沖縄）
	⑤	三菱	S19.5.25	艦本23号乙8	S20.3.15（カロリン）
	⑤	呉	S19.7.8	艦本23号乙8	残存
	⑤	三菱	S19.6.14	艦本23号乙8	S19.10.31（内南洋）
	⑤	横	S19.8.1	艦本23号乙8	S19.12.10（小笠原）
	⑤	三菱	S19.8.3	艦本23号乙8	残存
	⑤	三菱	S19.8.15	艦本23号乙8	残存
	⑤	横	S19.8.25	艦本23号乙8	S20.3.14（硫黄島）
	⑤	横	S19.10.9	艦本23号乙8	残存
	⑤	三菱	S19.9.4	艦本23号乙8	S20.3.14（硫黄島）
	⑤	三菱	S19.10.2	艦本23号乙8	S20.3.12（トラック）
	戦	横	S19.11.8	艦本23号乙8	S20.7.18（横須賀）
	戦	横	S20.4.14	艦本23号乙8	S20.8.14（東シナ海）
	⑤	呉	S19.12.30	艦本22号10	残存
	⑤	佐	S20.1.8	艦本22号10	残存
	T7	川崎	S2.5.10	ズ式2号	S20.5.25
	①	呉	S10.10.7	艦本21号8	S17.9.1（ポートモレスビー）
	①	三菱	S12.5.31	艦本21号8	S18.5.2（ソロモン）
	臨	三菱	S18.3.25	艦本22号10	S18.10.2（エスピリットサント）
	臨	三菱	S18.5.27	艦本22号10	S19.7.12（サイパン）
	臨	佐	S18.6.30	艦本22号10	S19.2.17（エスピリットサント）
	臨	三菱	S18.7.24	艦本22号10	S19.1.2（ギルバート）
	臨	三菱	S18.9.12	艦本22号10	S19.3.5（ウォッゼ）

艦名	艦型	排水量(t)	全長(m)	全幅(m)	速度(kt･水上/水中)	備砲(cm)	発射管
伊123潜	機潜	1,142	85.20	7.52	14.9 / 6.5	14×1	4
伊124潜	機潜	1,142	85.20	7.52	14.9 / 6.5	14×1	4
伊153潜	海3a	1,635	100.58	7.98	20 / 8	12×1	6 / 2
伊154潜	海3a	1,635	100.58	7.98	20 / 8	12×1	6 / 2
伊155潜	海3a	1,635	100.58	7.98	20 / 8	12×1	6 / 2
伊156潜	海3b	1,635	101.00	7.90	20 / 8	12×1	6 / 2
伊157潜	海3b	1,635	101.00	7.90	20 / 8	12×1	6 / 2
伊158潜	海3a	1,535	100.58	7.98	20 / 8	12×1	6 / 2
伊159潜	海3b	1,635	101.00	7.90	20 / 8	12×1	6 / 2
伊162潜	海4	1,635	97.70	7.80	20 / 8.5	12×1	4 / 2
伊164潜	海4	1,635	97.70	7.80	20 / 8.5	12×1	4 / 2
伊165潜	海5	1,575	97.70	8.20	20.5 / 8.2	10×1	4 / 2
伊166潜	海5	1,575	97.70	8.20	20.5 / 8.2	10×1	4 / 2
伊168潜	海6a	1,400	104.70	8.20	23.0 / 8.2	10×1	4 / 2
伊169潜	海6a	1,400	104.70	8.20	23.0 / 8.2	10×1	4 / 2
伊171潜	海6a	1,400	104.70	8.20	23.0 / 8.2	10×1	4 / 2
伊172潜	海6a	1,400	104.70	8.20	23.0 / 8.2	10×1	4 / 2
伊174潜	海6b	1,420	105.00	8.20	23.0 / 8.2	12×1	4 / 2
伊175潜	海6b	1,420	105.00	8.20	23.0 / 8.2	12×1	4 / 2
伊176潜	海7	1,630	105.50	8.25	23.1 / 8.0	12×1	6
伊177潜	海7	1,630	105.50	8.25	23.1 / 8.0	12×1	6
伊178潜	海7	1,630	105.50	8.25	23.1 / 8.0	12×1	6
伊180潜	海7	1,630	105.50	8.25	23.1 / 8.0	12×1	6
伊181潜	海7	1,630	105.50	8.25	23.1 / 8.0	12×1	6
伊182潜	海7	1,630	105.50	8.25	23.1 / 8.0	12×1	6
伊183潜	海7	1,630	105.50	8.25	23.1 / 8.0	12×1	6
伊184潜	海7	1,630	105.50	8.25	23.1 / 8.0	12×1	6
伊185潜	海7	1,630	105.50	8.25	23.1 / 8.0	12×1	6
伊351潜	潜補	2,650	111.00	10.15	15.8 / 6.3	機銃	4
伊361潜	丁	1,440	73.50	8.90	13.0 / 6.5	機銃	2
伊362潜	丁	1,440	73.50	8.90	13.0 / 6.5	機銃	2
伊363潜	丁	1,440	73.50	8.90	13.0 / 6.5	機銃	2
伊364潜	丁	1,440	73.50	8.90	13.0 / 6.5	機銃	2
伊365潜	丁	1,440	73.50	8.90	13.0 / 6.5	機銃	2
伊366潜	丁	1,440	73.50	8.90	13.0 / 6.5	機銃	2
伊367潜	丁	1,440	73.50	8.90	13.0 / 6.5	機銃	2
伊368潜	丁	1,440	73.50	8.90	13.0 / 6.5	機銃	2
伊369潜	丁	1,440	73.50	8.90	13.0 / 6.5	機銃	2
伊370潜	丁	1,440	73.50	8.90	13.0 / 6.5	機銃	2
伊371潜	丁	1,440	73.50	8.90	13.0 / 6.5	機銃	2
伊372潜	丁	1,440	73.50	8.90	13.0 / 6.5	機銃	なし
伊373潜	丁改	1,660	74.00	8.90	13.0 / 6.5	機銃	なし
伊400潜	潜特	3,530	122.00	12.00	18.7 / 6.5	14×1	8
伊401潜	潜特	3,530	122.00	12.00	18.7 / 6.5	14×1	8
呂31潜	特中	852	74.22	6.12	13 / 8.5	12X1	4
呂33潜	中5	700	73.00	6.70	19.0 / 8.2	8×1	4
呂34潜	中5	700	73.00	6.70	19.0 / 8.2	8×1	4
呂35潜	中型	960	80.50	7.05	19.8 / 8.0	7.6×1	4
呂36潜	中型	960	80.50	7.05	19.8 / 8.0	7.6×1	4
呂37潜	中型	960	80.50	7.05	19.8 / 8.0	7.6×1	4
呂38潜	中型	960	80.50	7.05	19.8 / 8.0	7.6×1	4
呂39潜	中型	960	80.50	7.05	19.8 / 8.0	7.6×1	4

計画年	建造所	竣工	機関	喪失日(喪失場所)
臨	三菱	S18.9.28	艦本22号10	S19.3.28(ギルバート)
臨	三菱	S18.11.26	艦本22号10	S20.4.15(沖縄)
臨	佐	S18.8.31	艦本22号10	S19.7.12(サイパン)
臨	三菱	S18.12.16	艦本22号10	S20.3.14(硫黄島)
急	三井	S18.9.13	艦本22号10	S19.7.12(サイパン)
急	三菱	S19.1.11	艦本22号10	S19.5.20(トラック)
急	三井	S19.2.19	艦本22号10	S20.5.2(沖縄)
急	三菱	S19.1.31	艦本22号10	S19.11.2(パラオ)
急	三菱	S19.3.31	艦本22号10	S19.7.15(サイパン)
急	三井	S19.5.19	艦本22号10	S20.4.15(沖縄)
急	三井	S19.7.31	艦本22号10	残存
急	三井	S19.9.30	艦本22号10	S20.3.1(比島)
追	三井	S19.11.15	艦本22号10	S20.4.15(沖縄)
T7	三菱	T11.7.30	ヴィッカーズ式ディーゼル	S20.11.20
T7	三菱	T11.11.25	ヴィッカーズ式ディーゼル	S20.9.15
T7	三菱	T12.3.20	ヴィッカーズ式ディーゼル	S20.11.20
T7	三菱	T12.9.17	ヴ式	S16.12.29(ケゼリン)
T7	三菱	T13.2.9	ヴ式	S17.9.1(ナザン湾)
T7	三菱	T13.7.24	ヴ式	残存
T7	三菱	T13.12.20	ヴ式	残存
T7	三菱	T14.4.30	ヴ式	S20.4.12(瀬戸内海)
T7	三菱	T15.6.30	ヴ式	S17.11.4(キスカ)
T7	三菱	S2.7.28	ヴ式	S16.12.17(ウェーキ)
T7	三菱	T15.12.15	ヴ式	残存
T7	三菱	T14.10.29	ヴ式	残存
臨	呉	S17.9.23	艦本24号6	S18.11.25(ブーゲンビル)
臨	川崎	S17.10.31	艦本24号6	S18.10.11(ソロモン)
臨	川崎	S17.11.17	艦本24号6	S18.6.2(ニューギニア)
臨	川崎	S17.10.21	艦本24号6	S18.8.10(ソロモン)
臨	川崎	S18.2.25	艦本24号6	S19.6.25(アドミラルティ)
臨	川崎	S18.3.5	艦本24号6	S19.6.25(アドミラルティ)
臨	川崎	S17.12.26	艦本24号6	S19.6.25(アドミラルティ)
臨	呉	S17.12.26	艦本24号6	S18.8.1(ソロモン)
臨	川崎	S18.4.20	艦本24号6	S19.6.25(アドミラルティ)
急	川崎	S18.4.29	艦本24号6	S19.3.15(沖縄)
急	川崎	S18.7.6	艦本24号6	S19.3.15(ベンガル湾)
急	川崎	S18.7.19	艦本24号6	S19.7.12(サイパン)
急	川崎	S18.9.14	艦本24号6	S20.2.20(比島)
急	川崎	S18.10.2	艦本24号6	S20.2.20(比島)
急	川崎	S18.11.20	艦本24号6	S19.7.12(サイパン)
急	川崎	S18.11.30	艦本24号6	S20.2.21(比島)
急	川崎	S19.1.21	艦本24号6	S19.6.25(アドミラルティ)
急	川崎	S19.1.31	艦本24号6	S19.7.12(サイパン)
	独	S18.9.16	マ式	残存
	独	S19.2.15	マ式	S19.8.26(大西洋)
戦	川崎	S19.11.22	中速400型ディーゼル	残存
戦	川崎	S19.12.6	中速400型ディーゼル	残存
戦	川崎	S20.2.3	中速400型ディーゼル	残存
戦	三菱	S18.2.25	中速400型ディーゼル	残存
戦	川崎	S18.3.5	中速400型ディーゼル	残存
戦	三菱	S17.12.26	中速400型ディーゼル	残存

※喪失日は「喪失認定日」で実際の沈没日には諸説がある。

艦名	艦型	排水量(t)	全長(m)	全幅(m)	速度(kt・水上/水中)	備砲(cm)	発射管
呂40潜	中型	960	80.50	7.05	19.8 / 8.0	7.6×1	4
呂41潜	中型	960	80.50	7.05	19.8 / 8.0	7.6×1	4
呂42潜	中型	960	80.50	7.05	19.8 / 8.0	7.6×1	4
呂43潜	中型	960	80.50	7.05	19.8 / 8.0	7.6×1	4
呂44潜	中型	960	80.50	7.05	19.8 / 8.0	7.6×1	4
呂45潜	中型	960	80.50	7.05	19.8 / 8.0	7.6×1	4
呂46潜	中型	960	80.50	7.05	19.8 / 8.0	7.6×1	4
呂47潜	中型	960	80.50	7.05	19.8 / 8.0	7.6×1	4
呂48潜	中型	960	80.50	7.05	19.8 / 8.0	7.6×1	4
呂49潜	中型	960	80.50	7.05	19.8 / 8.0	7.6×1	4
呂50潜	中型	960	80.50	7.05	19.8 / 8.0	7.6×1	4
呂55潜	中型	960	80.50	7.05	19.8 / 8.0	7.6×1	4
呂56潜	中型	960	80.50	7.05	19.8 / 8.0	7.6×1	4
呂57潜	L3	889	72.72	7.16	17.1 / 9.1	7.6×1	4
呂58潜	L3	889	72.72	7.16	17.1 / 9.1	7.6×1	4
呂59潜	L3	889	72.72	7.16	17.1 / 9.1	7.6×1	4
呂60潜	L4	988	76.20	7.38	15.7 / 8.6	8×1	6
呂61潜	L4	988	76.20	7.38	15.7 / 8.6	8×1	6
呂62潜	L4	988	76.20	7.38	15.7 / 8.6	8×1	6
呂63潜	L4	988	76.20	7.38	15.7 / 8.6	8×1	6
呂64潜	L4	988	76.20	7.38	15.7 / 8.6	8×1	6
呂65潜	L4	988	76.20	7.38	15.7 / 8.6	8×1	6
呂66潜	L4	988	76.20	7.38	15.7 / 8.6	8×1	6
呂67潜	L4	988	76.20	7.38	15.7 / 8.6	8×1	6
呂68潜	L4	988	76.20	7.38	15.7 / 8.6	8×1	6
呂100潜	小型	525	60.90	3.51	14.2 / 8.0	機銃	4
呂101潜	小型	525	60.90	3.51	14.2 / 8.0	機銃	4
呂102潜	小型	525	60.90	3.51	14.2 / 8.0	機銃	4
呂103潜	小型	525	60.90	3.51	14.2 / 8.0	機銃	4
呂104潜	小型	525	60.90	3.51	14.2 / 8.0	機銃	4
呂105潜	小型	525	60.90	3.51	14.2 / 8.0	機銃	4
呂106潜	小型	525	60.90	3.51	14.2 / 8.0	機銃	4
呂107潜	小型	525	60.90	3.51	14.2 / 8.0	機銃	4
呂108潜	小型	525	60.90	3.51	14.2 / 8.0	機銃	4
呂109潜	小型	525	60.90	3.51	14.2 / 8.0	機銃	4
呂110潜	小型	525	60.90	3.51	14.2 / 8.0	機銃	4
呂111潜	小型	525	60.90	3.51	14.2 / 8.0	機銃	4
呂112潜	小型	525	60.90	3.51	14.2 / 8.0	機銃	4
呂113潜	小型	525	60.90	3.51	14.2 / 8.0	機銃	4
呂114潜	小型	525	60.90	3.51	14.2 / 8.0	機銃	4
呂115潜	小型	525	60.90	3.51	14.2 / 8.0	機銃	4
呂116潜	小型	525	60.90	3.51	14.2 / 8.0	機銃	4
呂117潜	小型	525	60.90	3.51	14.2 / 8.0	機銃	4
呂500潜	独	1,120	76.76	6.76	18.3 / 7.3	10.5X1	6
呂501潜	独	1,144	76.76	6.86	18.3 / 7.3	10.5X1	6
波101潜	潜輸小	370	44.50	6.10	10.0 / 5.0	機銃	なし
波102潜	潜輸小	370	44.50	6.10	10.0 / 5.0	機銃	なし
波103潜	潜輸小	370	44.50	6.10	10.0 / 5.0	機銃	なし
波104潜	潜輸小	370	44.50	6.10	10.0 / 5.0	機銃	なし
波105潜	潜輸小	370	44.50	6.10	10.0 / 5.0	機銃	なし
波106潜	潜輸小	370	44.50	6.10	10.0 / 5.0	機銃	なし

著者紹介
勝目純也（かつめ じゅんや）
昭和34（1959）年、神奈川県鎌倉市出身
元日本海軍潜水艦出身者交友会「伊呂波会」事務局長
潜水艦殉国者慰霊顕彰会 理事
東郷会 常務理事
公益財団法人三笠保存会 評議員
海上自衛隊幹部学校 戦史統率研究室 客員研究員

イラスト・図版 ──── おぐし篤　吉野泰貴　田村紀雄
装丁・本文デザイン ─ 村上千津子（イカロス出版）
編集協力 ───── 伊藤久美

日本海軍 潜水艦戦記
2021年2月28日 発行

著　者────勝目純也
発行人────塩谷茂代
発行所────イカロス出版株式会社
〒162-8616 東京都新宿区市谷本村町 2-3
［電話］ 販売部 03-3267-2766
編集部 03-3267-2868
［URL］ https://www.ikaros.jp/
印刷所────大日本印刷株式会社
Printed in Japan